CONTENTS

www.rf-world.jp　トランジスタ技術 増刊
本文イラスト: 神崎 真理子

発行人　櫻田 洋一　　編集人　小串 伸一
発行所　CQ出版株式会社　〒112-8619 東京都文京区千石4-29-14
電　話　編集　(03)5395-2123　FAX (03)5395-2022
販売　(03)5395-2141　FAX (03)5395-2106
広告　(03)5395-2131　FAX (03)5395-2104
ISBN978-4-7898-4729-2

印刷所　三晃印刷(株)

➡ 1ページから続く

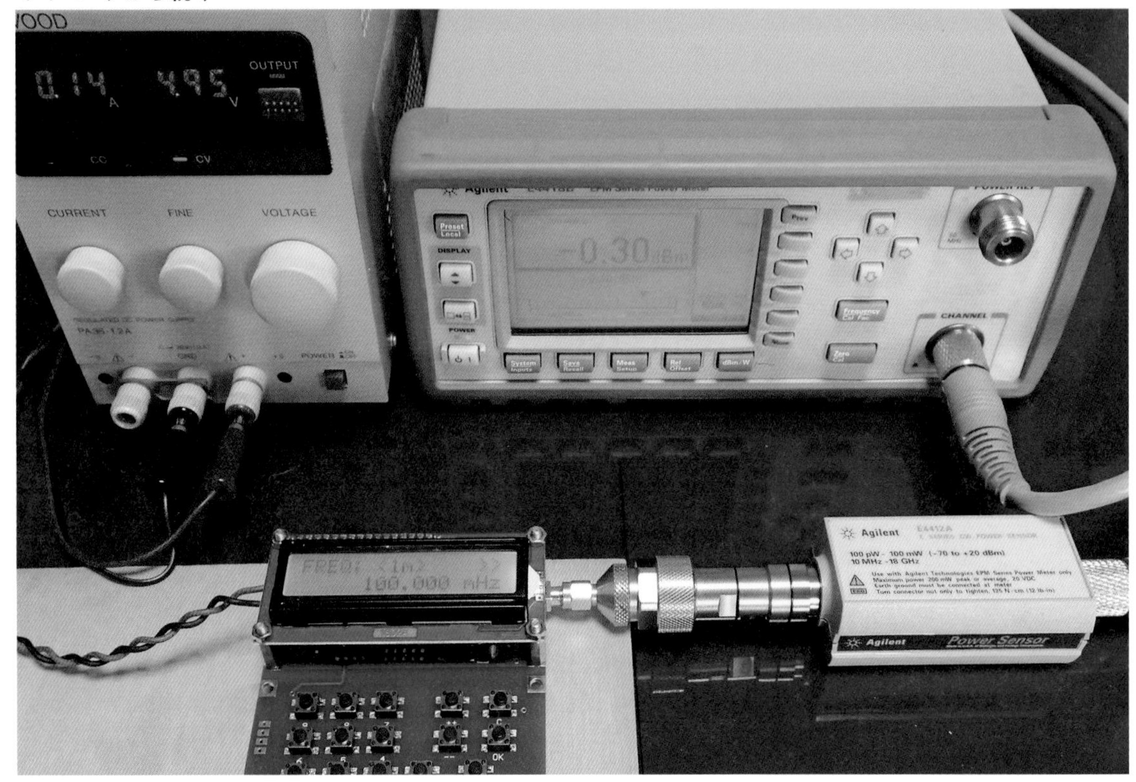

〈写真3〉 ADF4351マイクロ波SGの周波数特性を評価するようす(特集 第6章)

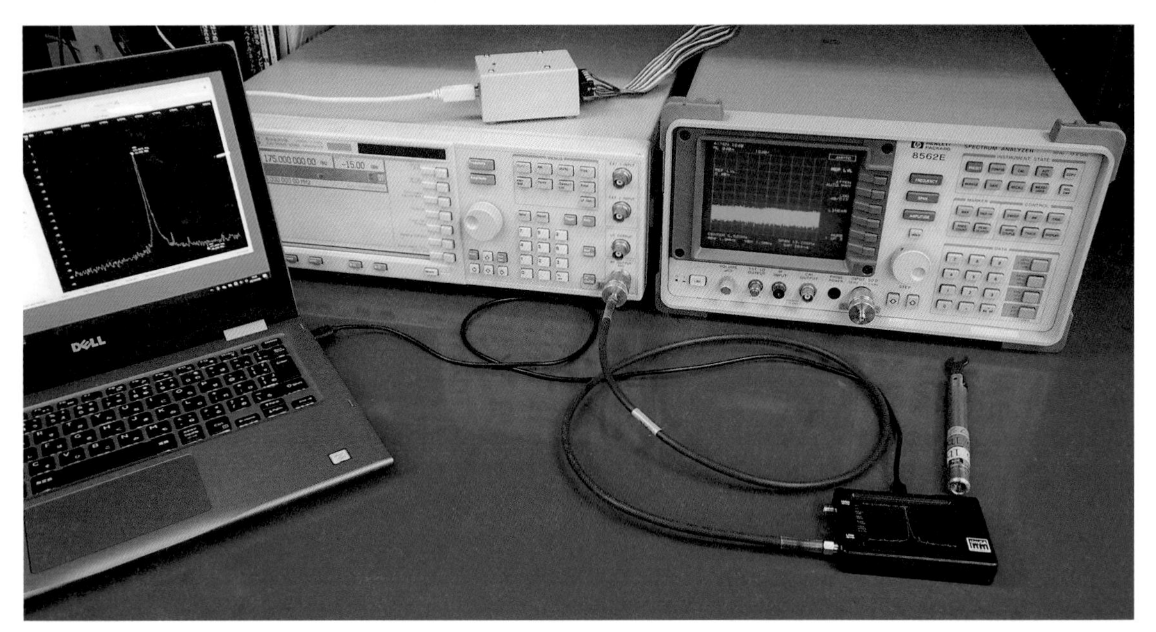

〈写真4〉 tinySAを評価測定するようす(特集 第2章)

クローズアップRFワールド

掲載記事の写真の一部をフルカラーでご覧ください．〈編集部〉

4ページへ続く ➡

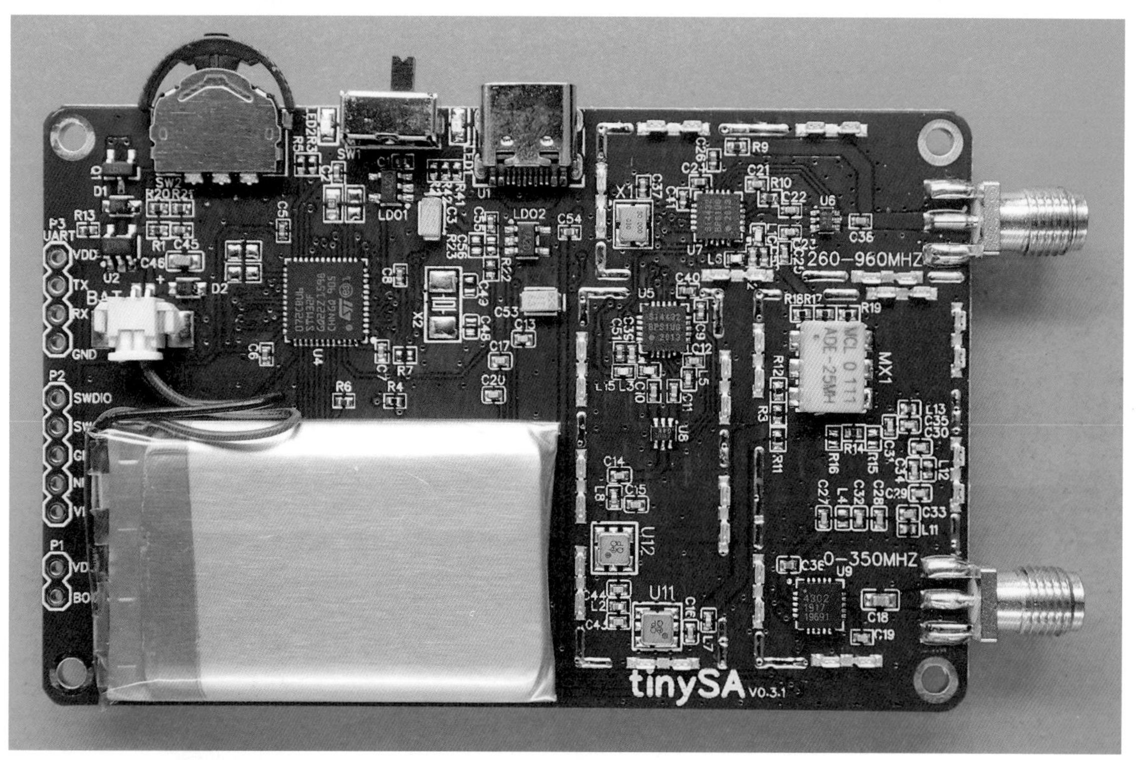

〈写真1〉 tinySAの内部基板（特集 第2章）

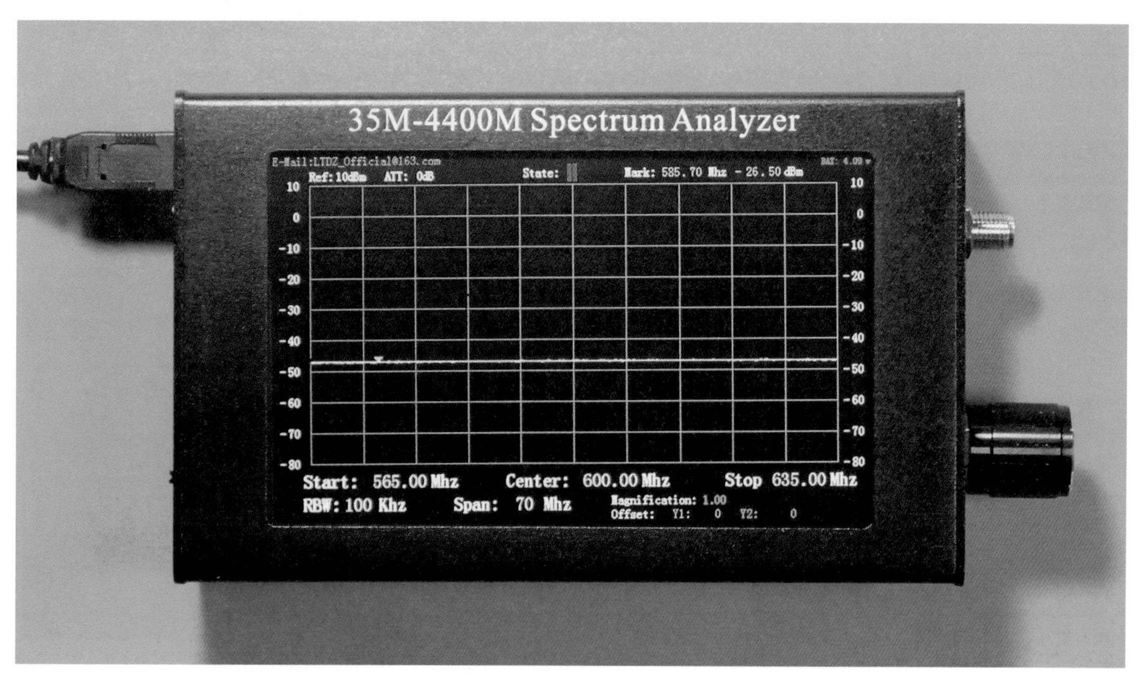

〈写真2〉 LTDZ 35M-4400Mハンドヘルド・スペアナの外観（特集 第3章）

無線と高周波の技術解説マガジン
RFワールド
RADIO FREQUENCY

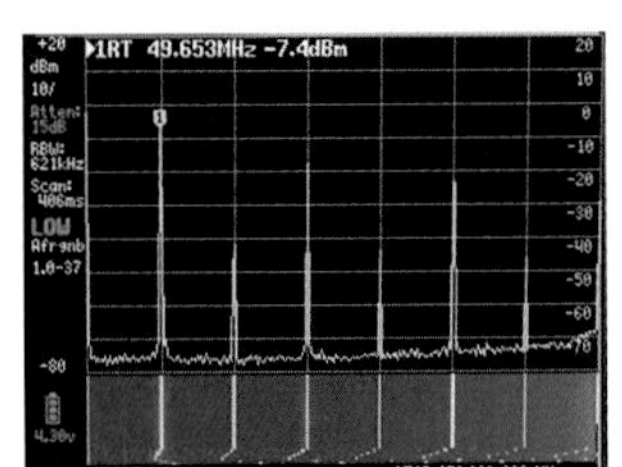

通販ガジェッツで広がるRF測定の世界

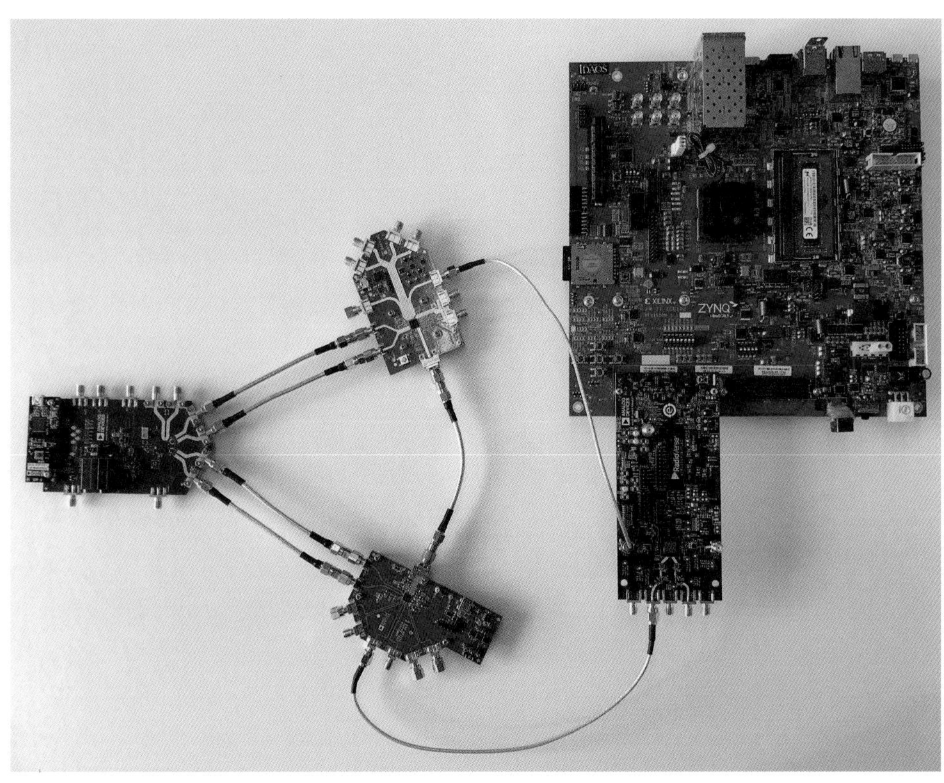

〈写真5〉 28 GHz帯ミリ波5G信号再生実験の構成(p.94)

〈写真6〉 ADRV9026評価ボードとFPGAボード(p.94)

クローズアップRFワールド

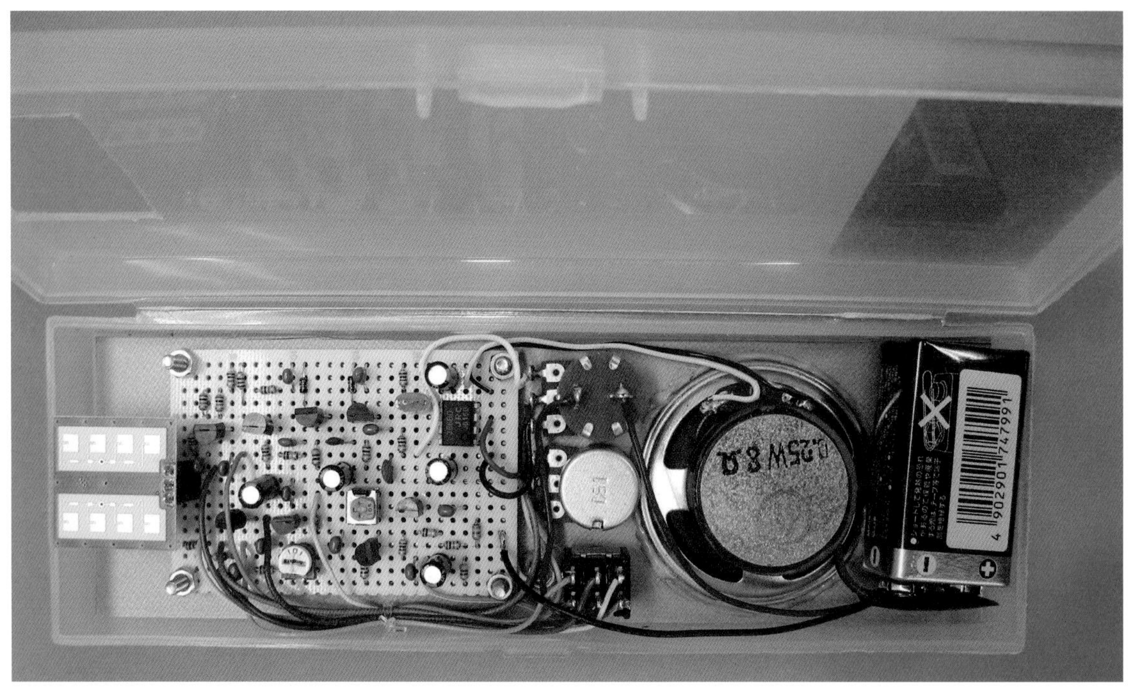

〈写真7〉 ケースに収納した24 GHz帯FMトランシーバ(p.110)

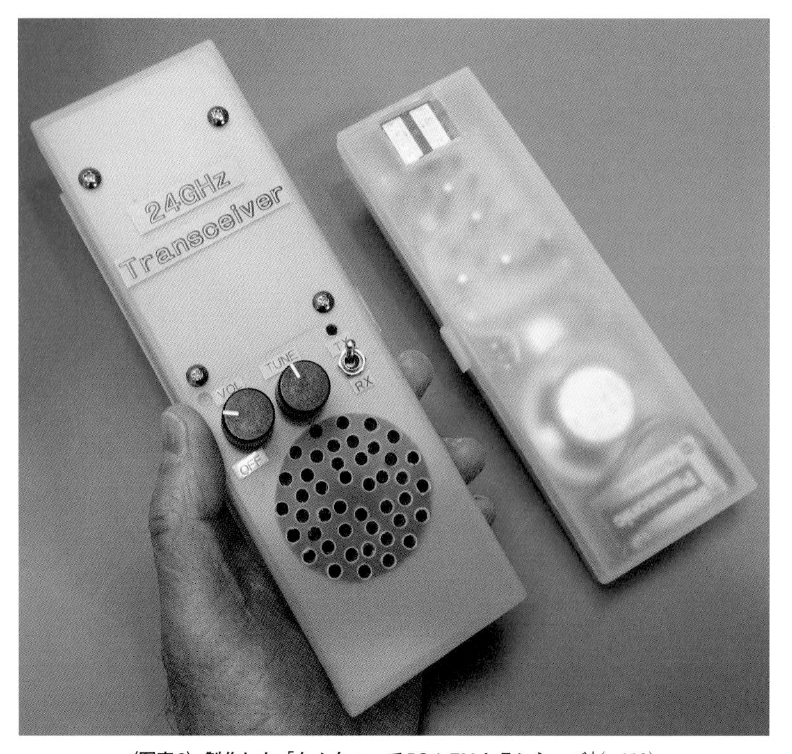

〈写真8〉 製作した「なんちゃって5G！ FMトランシーバ」(p.110)

〈写真9〉 IPM-165の送受信アンテナ(p.110)

〈写真10〉 IPM-165の内部基板(p.110)

特◎集

スペアナ，VNA，SG，パワー・メータ，広帯域アンプなど

通販ガジェッツで広がるRF測定の世界

ネット通販を見ていると，数GHzまで測れる小型スペアナ，NanoVNAとその改良品，RFパワー・メータ，広帯域アンプなど，海外で生産された安価な完成品に目を奪われます．果たして，これらは使い物になるのでしょうか？それとも単なる安物買いの銭失いでしょうか？次号では，これらRF測定ガジェッツの実力を検証するとともに，ちょっとした実験や研究への応用を模索します．

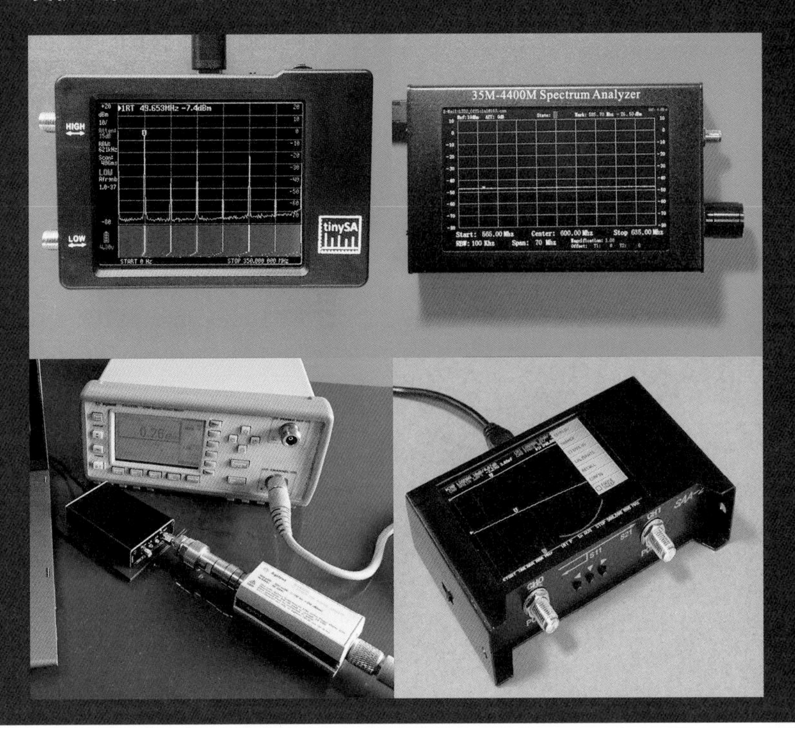

第1部　スペクトラム・アナライザ編

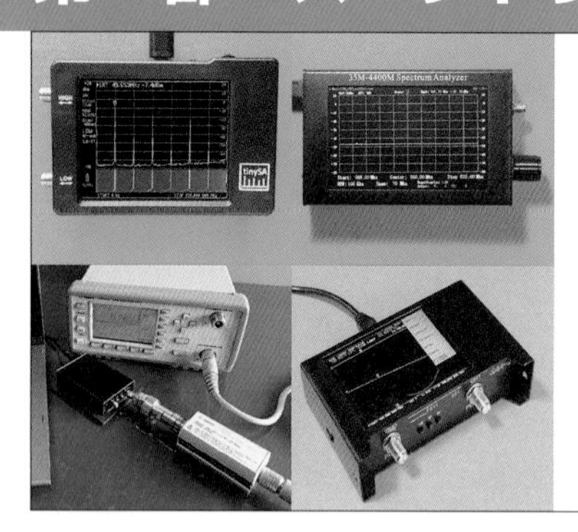

第1章　100 k～960 MHzのスペアナ＋AM/FM/CW信号発生器

NanoVNAサイズの簡易スペクトラム・アナライザ“tinySA”

高橋 知宏
Tomohiro Takahashi

スペクトラム・アナライザは，RFの実験や評価に欠かせない測定器の一つです．2020年の中頃から“tinySA”(**写真1**)という簡易スペクトラム・アナライザ(以下，SA)が登場しました．おもにホビー向けですが，数十ドル(国内通販では8,000円前後)という価格を考えると大変良くできています．中身を眺めてみたところ，なかなか面白い構成で作られていることがわかりました．DMMのように，どこでも気軽に使える手のひらサイズのRF測定器の一つとして，tinySAを紹介します．

1 概要

tinySAはオランダのエンジニアErik (Erik Kaashoek氏)により設計され，中国のHugen氏により製造されている簡易スペクトラム・アナライザです．

LiPo(Lithium-ion polymer)バッテリを内蔵しており，スタンド・アローンで使用可能です．RF端子としてLOWとHIGHの二つを持っており，周波数帯に応じて使い分けます．

スイッチONで即座に動作を開始し，機動性はなかなかのものです．簡易的なSG(Signal Generator)(信号発生器)としての機能も持っており，実験用の信号源として使えます．ただし，後述するように内部回路はSAと共用しているため，SAとSGを同時に使用することはできません．そのため，トラッキング・ジェネレータとして使えるわけではありません．

tinySAの仕様を**表1**と**表2**に示します．細かな仕様や，活用するにあたっての注意事項が公式サイトであるtinysa.orgにまとめられていますので，一読しておいたほうが良いでしょう．第三者が販売しているものには粗悪品があるようなので，公式サイトからリンクされている販売先から購入するのが安心です．

〈表1〉tinySAの仕様

項目	仕様
サイズ	58.7×91.3×17.1 mm
ディスプレイ	2.8インチTFT液晶(320×240)，抵抗膜タッチ・パネル
測定周波数	Low: 100 k～350 MHz High: 240 M～960 MHz
最大入力電力	＋10 dBm
測定ポイント数	51，101，145，290のいずれか
分解能帯域幅(RBW)	3，10，30，100，300，600 kHz，Auto(57ステップ)
インターフェース	USB type-C
電源	USB 5 V 200 mA
バッテリ	LiPo内蔵，650 mAh，動作時間：2時間
マーカ数	4
設定保存数	5
その他	信号発生器(AM/FM変調可)，CAL，セルフ・テスト

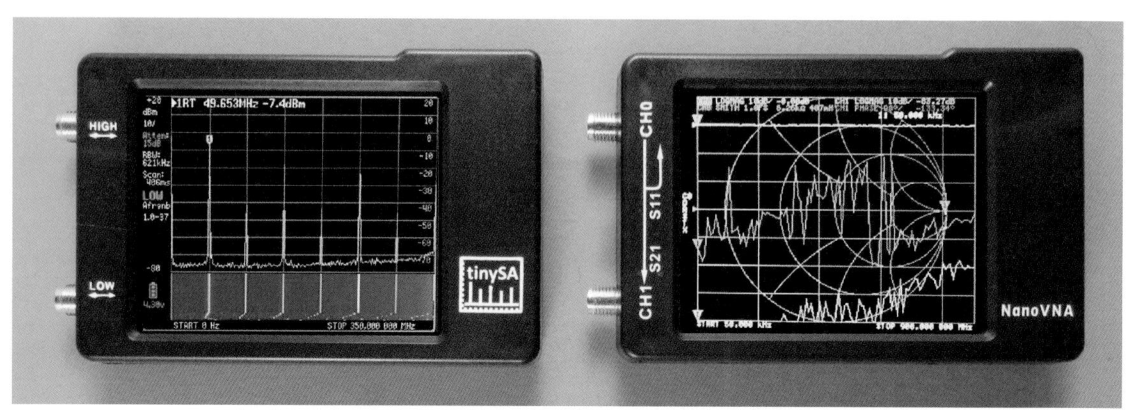

〈写真1〉tinySA(左)とNanoVNA-H(右)

〈表2〉
tinySAの内蔵SG機能の仕様

項目	Low Output Mode	High Output Mode	Cal Output
出力周波数	100 k～350 MHz	240M～960MHz	30, 15, 10, 4, 2, 1 MHz
出力電力	−76～−6 dBm (1 dBステップ)	−31～+13 dBm (16ステップ)	−25 dBm
波形	正弦波	矩形波	矩形波
ポート	Low	High	High
変調	AM, ナローFM, ワイドFM		−
その他	スイープ		−

2 内部構成

2.1　二つのトランシーバIC Si4432で構成

tinySAの中身を見てみましょう．基板を**写真2**に示します．特徴的なのはシリコン・ラボラトリーズ社のトランシーバIC Si4432が使われていることです．Si4432は，VHF/UHF帯向けのワイヤレス・リモコンやセンサ向けのICで，内部にはPLLやミキサ，ADCが統合されています．データ・シートから引用したSi4432の内部ブロック図が**図1**です．tinySAは，Si4432の受信部を使って，スペクトラム・アナライザを構成しているだけではなく，送信部も活用してSG機能を提供しています．tinySAの現物から書き起こしたブロック図が**図2**です．

2.2　スペアナを構成するための工夫

図3(p.11)はtinySAの受信信号経路です．Si4432は，VHF/UHF帯の240～930 MHzをカバーしていますが，スペクトラム・アナライザとして使いたい低い周波数帯が含まれていません．そこで低い周波数帯をカバーするために，ミキサを入れてアップコンバージョンしています．この構成は，ヘテロダイン方式のスペクトラム・アナライザとしてはごく普通の構成です．tinySAの構成で面白いのはキー・デバイスのSi4432が二つ使われていて，もう一つのSi4432の送信部をアップコンバージョンのローカル・オシレータとして使っていることです．

Si4432は送信機として最大20 dBm程度のパワーを出すことができ，DBMを十分に駆動できます．ミキサには，ミニサーキッツ社のDBMが奢(おご)られています．そして周波数変換後のフィルタとして，SAWフィルタを2段重ねて通していますが，これは430 MHz帯ワイヤレス・リモコン向けの安価なものです．このように安価なパーツを使いながらも，スペクトラム・アナライザの性能(フラットネスやひずみ等)に直結する初段ミキサには，ちゃんとしたDBMを採用しているなど，製品の販売価格を顧みれば贅沢な回路構成となっていると思います．

2.3　SG機能の工夫

さらに面白いのが，SG機能です．LOにSi4432の送信機能を活用しているのは前述しました．実はSi4432の出力は方形波であり，ハーモニクス(高調波)を大量に含んでいます．tinySAの面白いところは，前述のミキサやSAWの信号経路を逆向きにも通す構成となっていることです．Si4432で430 MHz付近の信号を出力し，まずSAWフィルタを通すことで，ハーモニクスを取り除き綺麗な正弦波にクリーンアップしていま

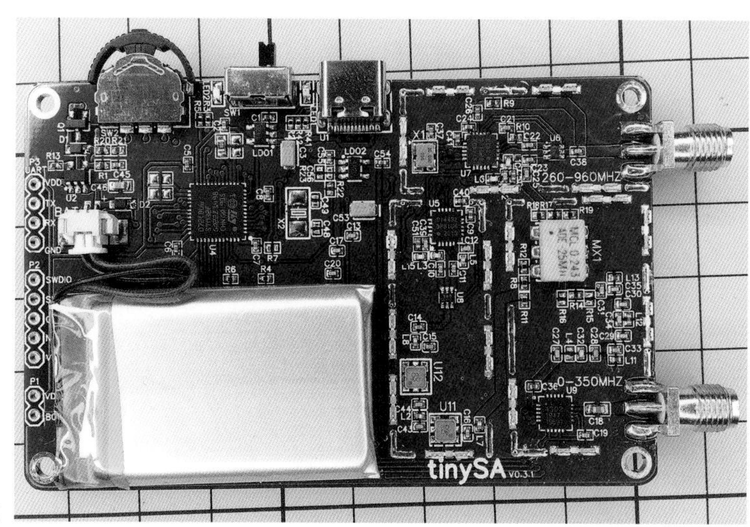

〈写真2〉
tinySAの内部基板

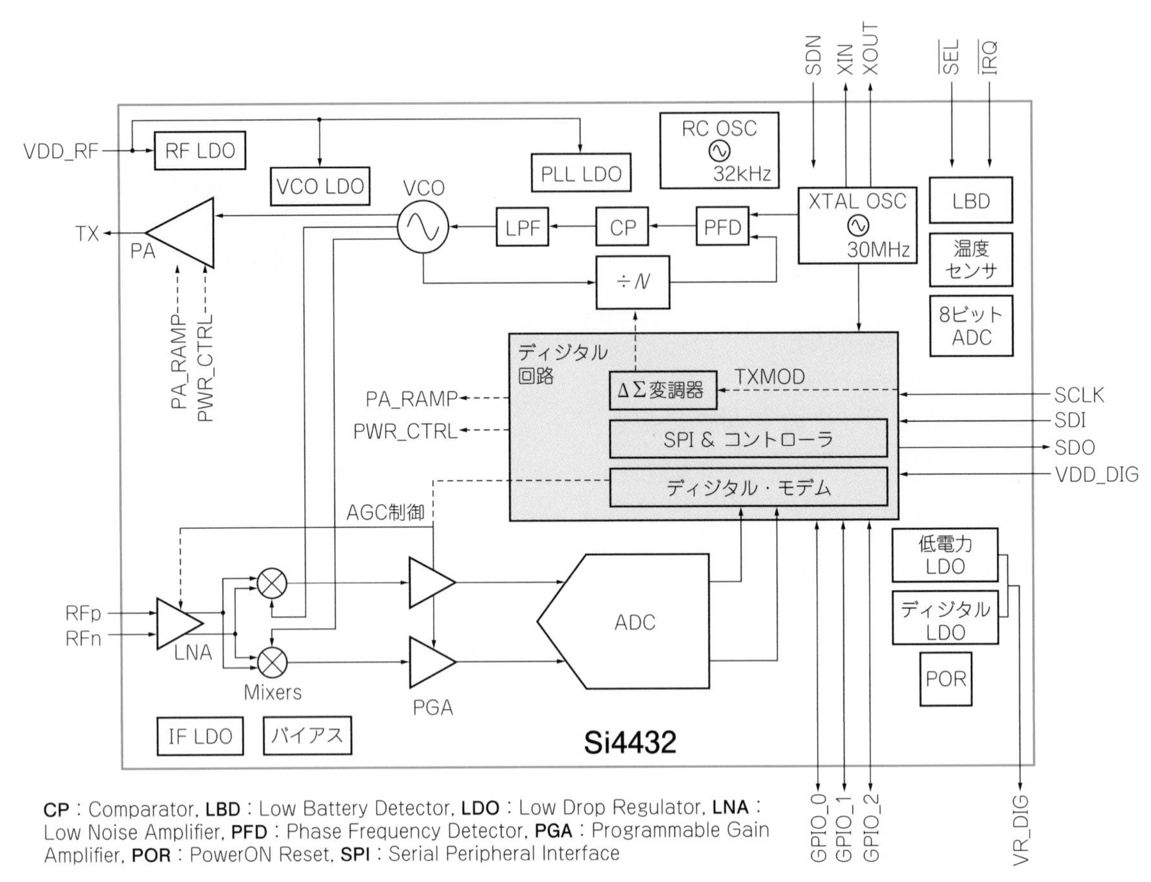

〈図1〉 V/UHF帯トランシーバIC Si4432の内部ブロック

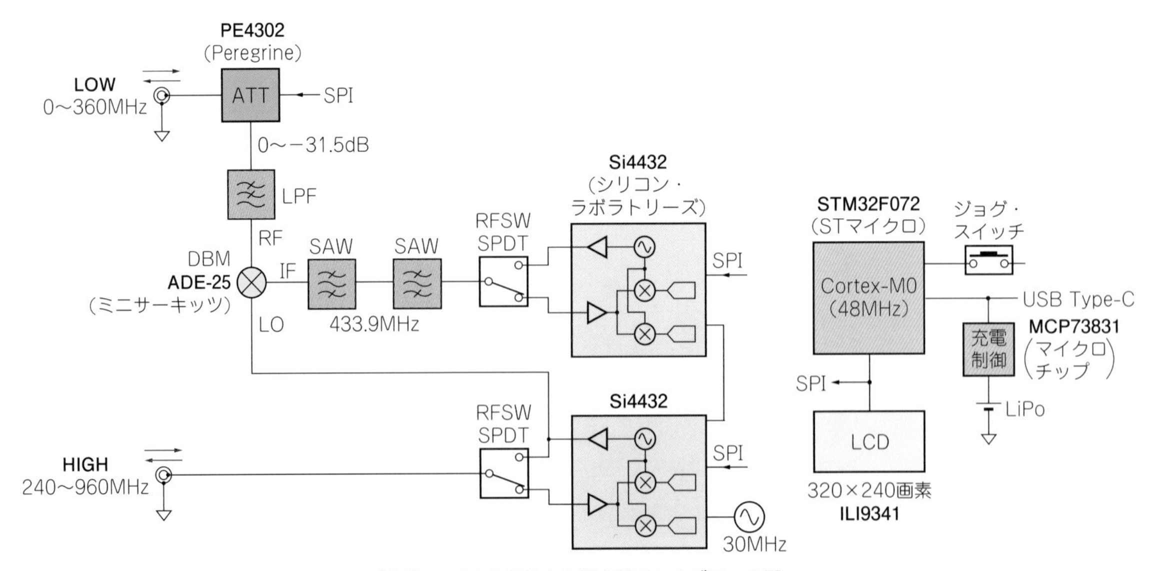

〈図2〉 tinySAの現物から書き起こしたブロック図

す．それをDBMでダウンコンバートすることでLowバンドのSG出力として十分クリーンな正弦波を得ています．ホビー向けによくある安価な信号源は，方形波そのままだったり，DDSの場合はエイリアスが残るなど望ましくないスプリアスが混じりがちです．それに対して，tinySAは(Lowバンドに限り)，SGとしては正統的な構成となっており，信号品質もそこそこ良いものになっていると思います．

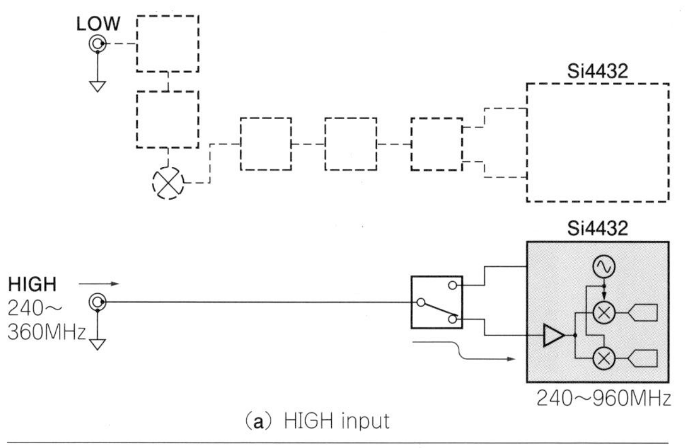

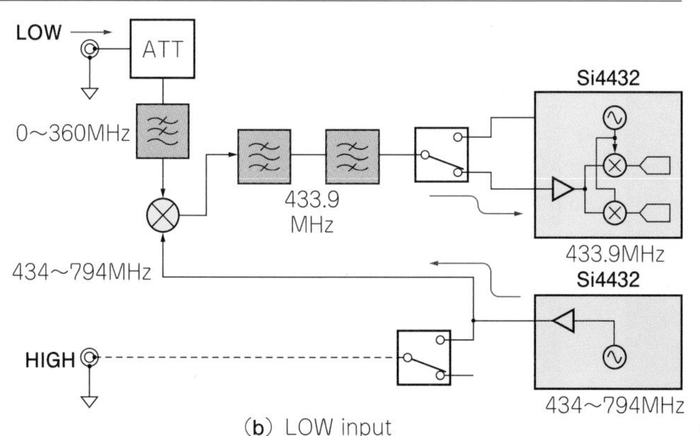

〈図3〉tinySAの受信信号経路

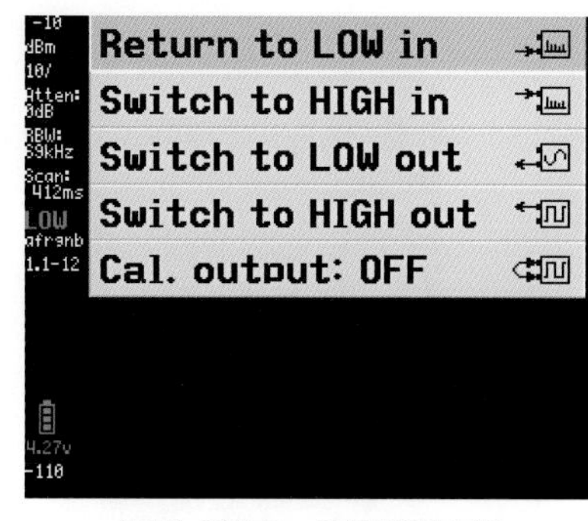

〈図4〉動作モード切り替え画面

2.4　SAとSGは同時には使用できない

DBMやフィルタをバイラテラル(bi-lateral)(双方向)な回路構成とし，スペクトラム・アナライザならびにSGの両方で活用する構成は面白い工夫だと思います．一方で，このような構成からくる制約として，スペクトラム・アナライザとSGは同時には機能せず，排他的な利用となります．ユーザ・インターフェースも，はっきりとモード切り替えにしているのはそのためでしょう．モード切り替え画面では**図4**のようにアイコンで信号接続がわかりやすく示されています．

2.5　ディジタル・アッテネータPE4302

Lowバンド側のRF端子には，ディジタル・アッテネータPE4302(Peregrine Semiconductor)が挿入されています．ハードウェア的には0.5 dBステップで6ビット(64段階)の設定が可能です．スペクトラム・アナライザ入力の減衰量調整とSG出力のレベル調整が可能です．

このように，安価な無線用ICを上手に活用し，さらにバイラテラル構成で使うことで，スペクトラム・アナライザとSGを構成しているのです．

3 実測例

3.1　Lowバンドの測定

無信号時のフルスパン表示

tinySAの測定例を示します．**図5**はLOW inputモードで，何も接続していない(無信号時の)フルスパンです．0 Hzの応答が見えているほかは，ほとんどスプリアスは見えず，十分に綺麗なプロットが得られています．300 MHzを越えるとわずかにノイズ・レベルが上昇しているくらいです．

100 MHzの無変調波をフルスパンで表示

図6は，別のSG(ローデ・シュワルツ社CMU200)から100 MHzで－30 dBmの無変調波を入力した表示です．フルスパンでは十分に綺麗な単一ピークの波形が得られています．レベルもほぼ一致しています．とくにHF帯から50 MHzくらいの信号を対象にした広帯域の観測では，350 MHzという上限はちょうどよく，5〜7倍までの高調波を十分カバーするので，威力を発揮しそうです．

100 MHzの無変調波をスパン10 MHz/1 MHz/100 kHz/10 kHzで表示

一方，狭帯域ではどうでしょうか．**図7**は同じ100

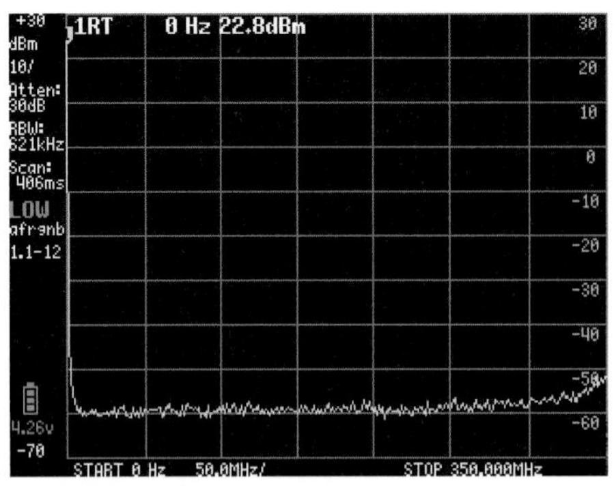

〈図5〉LOW inputモードで無信号時のフルスパン表示（0〜350 MHz, 10 dB/div.）

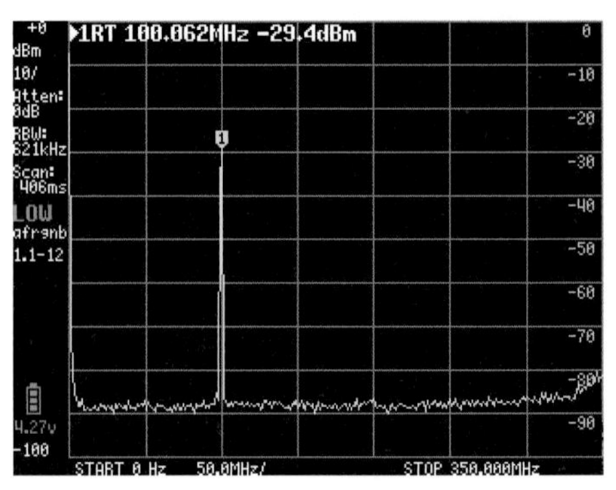

〈図6〉100 MHzで−30 dBmの無変調波をフルスパン表示（0〜350 MHz, 10 dB/div.）

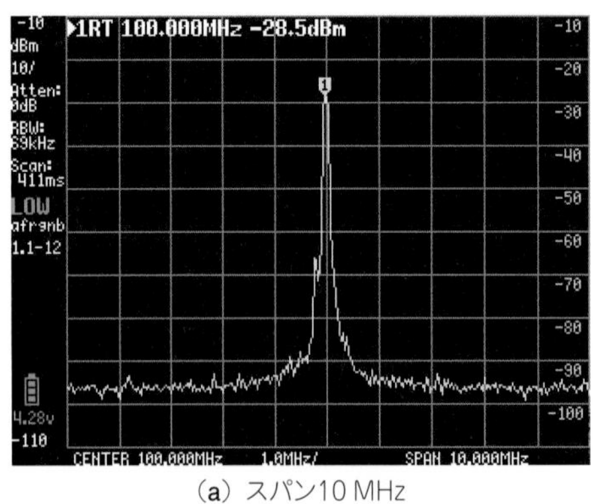

（a）スパン10 MHz

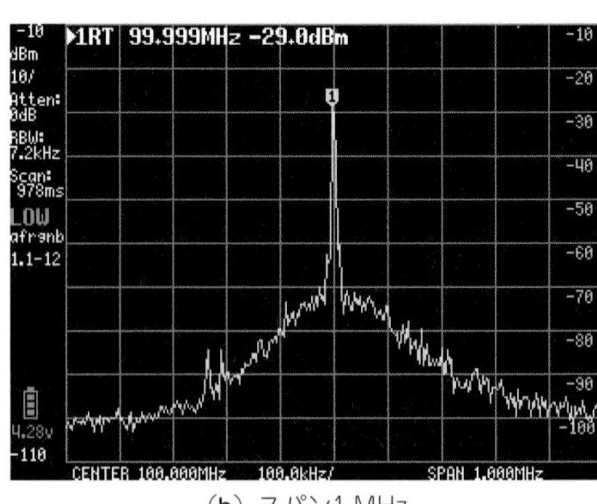

（b）スパン1 MHz

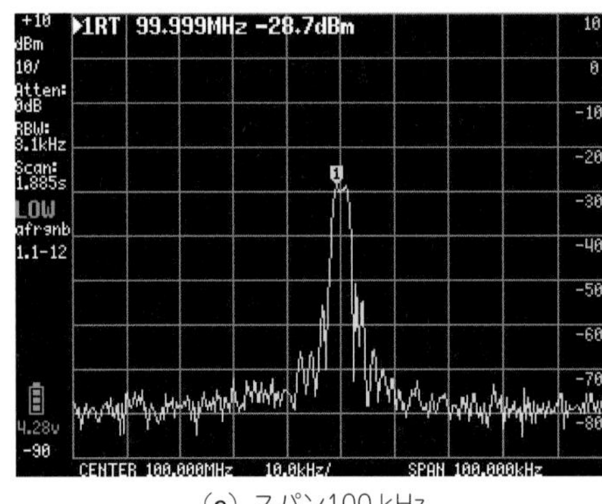

（c）スパン100 kHz

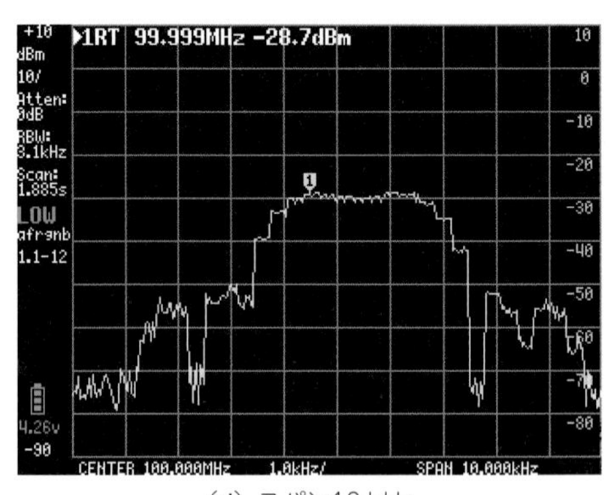

（d）スパン10 kHz

スパン100 kHz以下の狭帯域では入力信号の波形ではなく，IFフィルタの特性が見えていることに注意．

〈図7〉100 MHzで−30 dBmの無変調波をスパン10 MHz/1 MHz/100 kHz/10 kHzで表示（中心周波数100 MHz, 10 dB/div.）

MHzの−30 dBmを入力し，スパンを10 MHz/1 MHz/100 kHz/10 kHzで観測したものです．スパン1 MHzの設定では，キャリヤの両側に三角形の位相ノイズが目立っています．Si4432は低速ディジタル通信向けのトランシーバ・チップなので要求スペックは低いため，PLL周波数シンセサイザの信号純度はあまりよくありません．tinySAのスペックでも100 kHzで90 dBc/Hzとなっています．tinySAには付加機能として位相ノイズの測定機能があるのですが，測定限界はPLLの位相ノイズに制約されてしまうことに注意が必要です．

最小のRBWが3 kHz程度なので，50 kHz以下のスパンは実用的ではないでしょう．

● RBWの設定値と観測されるスペクトルについて

RBW（分解能帯域幅：Resolution Band Width）は既定値（Auto）の場合は，600 kHzから3 kHzの範囲で自動で切り替わります．RBWの最小は少し広めで3 kHzです．スパンに対してRBWが広い場合には，本来は単一のピークとして見えるはずの単純な正弦波がtinySAではちょっと変なスペクトルとして見えます．

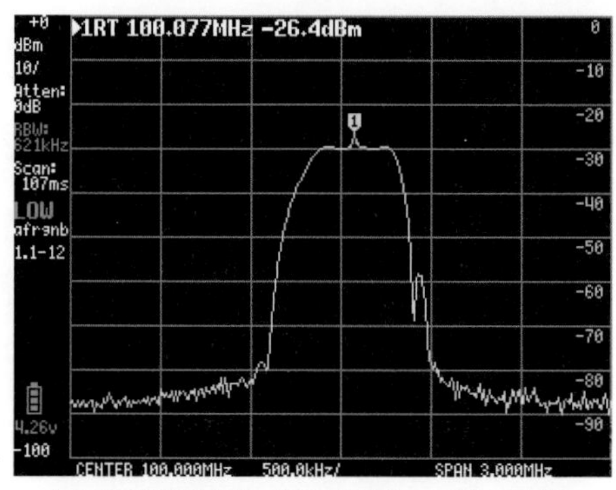

(a) RBW600 kHz (621 kHz)，スパン3 MHz

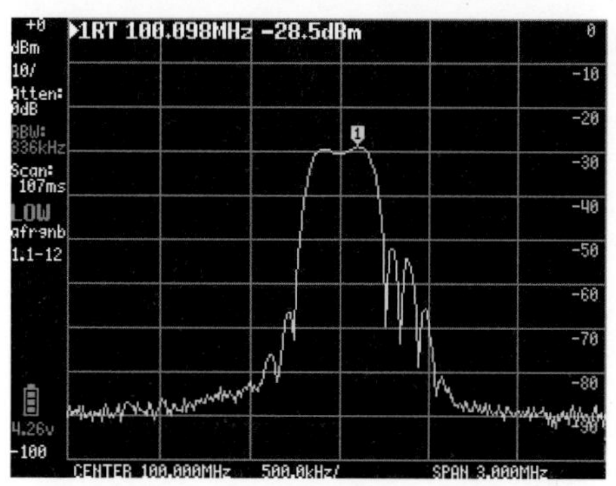

(b) RBW300 kHz (336 kHz)，スパン3 MHz

(c) RBW100 kHz (112 kHz)，スパン3 MHz

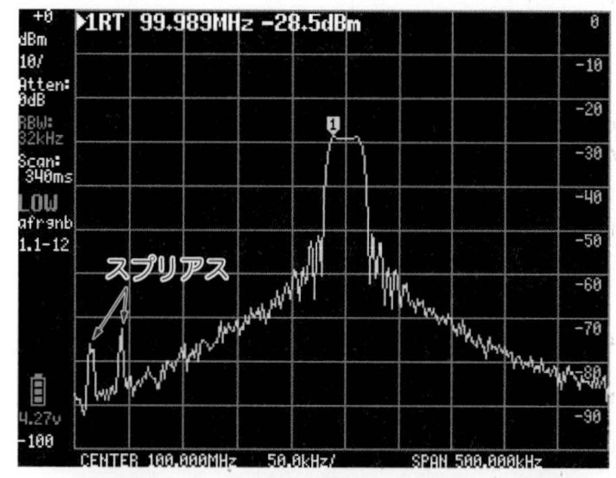

(d) RBW30 kHz (32 kHz)，スパン500 kHz

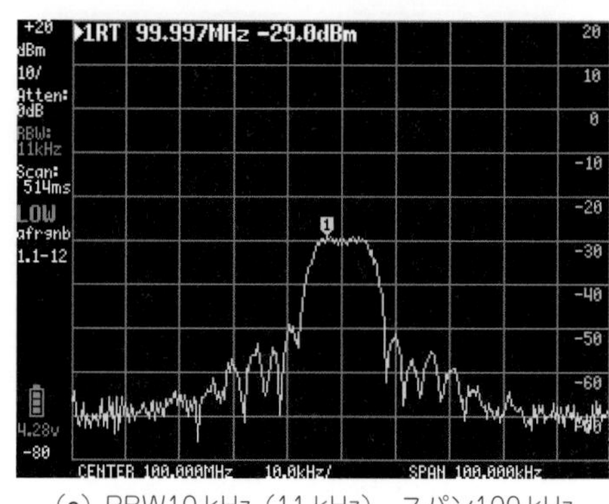

(e) RBW10 kHz (11 kHz)，スパン100 kHz

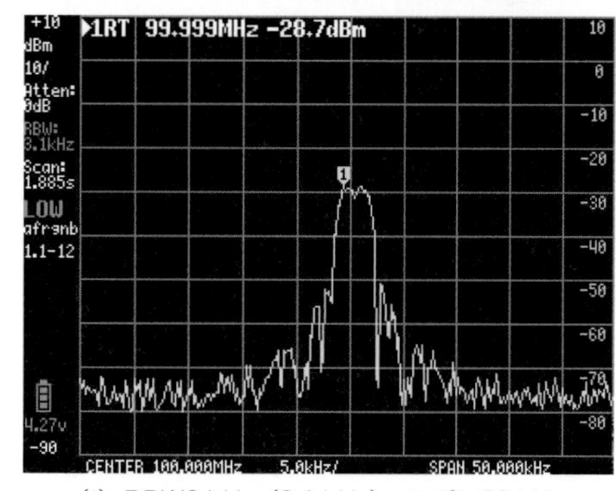

(f) RBW3 kHz (3.1 kHz)，スパン50 kHz

フィルタ特性は良くない（双峰，左右非対称，減衰域のリプル）

〈図8〉 100 MHzで－30 dBmの無変調波をRBWを変えて表示（中心周波数100 MHz，10 dB/div.）

これはSi4432受信部のフィルタの特性によるものです．本来ならばスペクトラム・アナライザの応答は，ガウシアン特性であることが理想的ですが，あいにくtinySAではそうなっていません．Si4432はトランシーバ・チップとしてディジタル信号の受信用に必要十分な，フラットな（実際には少し双峰気味の）特性を持っているようです．

測定器としてはピークや阻止域の特性が気になるところですが，tinySAはDSP処理を自前では実装していないので，低レート通信用途のSi4432の特性そのままです．RBWを手動で設定可能な600 kHz/300 kHz/100 kHz/30 kHz/10 kHz/3 kHzそれぞれの特性の形が見えるようにスパンを設定したものが，**図8**です．ただし，実際には設定値に近い621 kHz/336 kHz/112 kHz/32 kHz/11 kHz/3.1 kHzがそれぞれ採用されます．

いずれのRBW設定でもその特性は，双峰気味だったり，非対称だったり，または阻止域にヌルがあるなど綺麗な形ではありません．

RBWがAutoの場合はフィルタの通過特性が気にならない狭めのRBWが選択されるようです．一方で，スパンを狭めたとしてもフィルタの特性上，ピークの位置が不明なので，kHz単位での周波数を読み取るの

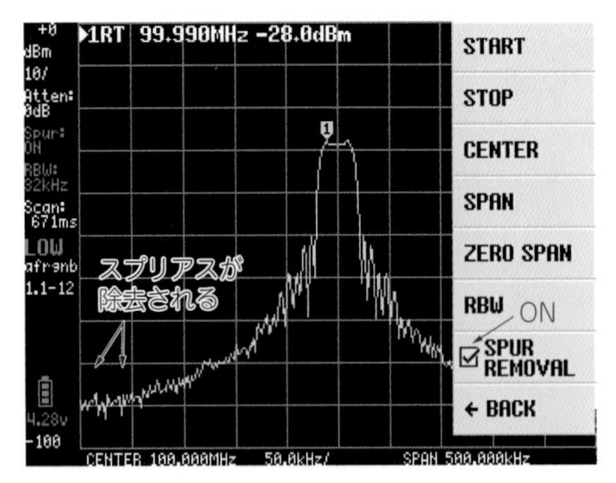

〈図9〉 図8(d)のスプリアスを除去したときの表示例

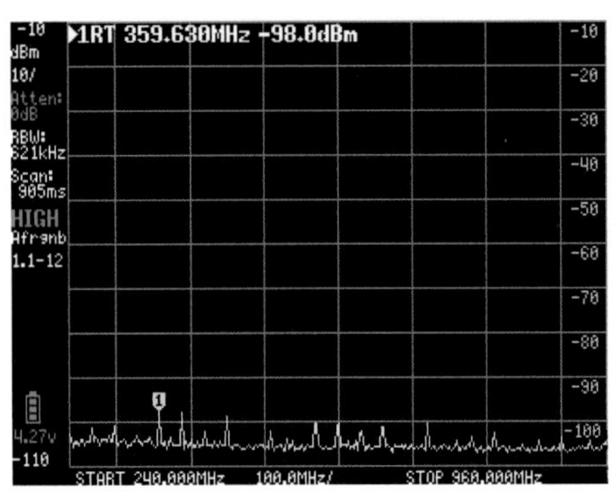

〈図10〉 HIGH inputモードで無信号時のフルスパン表示(240～960 MHz, 10 dB/div.)

は困難です.

● スプリアス除去機能

スパンを1 MHz前後に設定した場合, ピークの200 kHz下に－40 dB程度のスプリアスが出るようです. このようなスプリアスは資源を十分に投入できない簡易型の測定器につき, ある程度は仕方ありません.

実はメニューの“SPUR REMOVAL”の設定(**図9**)をONにすることで, スプリアスが目立たないよう除去できます. **図8(d)**と比べて左端の小さな二つの応答が除去されたことがわかります.

ただし, 本来存在する信号を隠してしまう可能性もあるので, 必要に応じてONにするのが良さそうです.

3.2 Highバンドの測定

HIGH側のコネクタは, 240～960 MHzの周波数帯をカバーします.

● 観測上の注意

無信号フルスパンのようすを**図10**に, 300 MHz, 500 MHz, 800 MHzをそれぞれ－30 dBmの強度で入力したようすが**図11**です. SG由来ではない3倍の高調波ひずみが見られます. また, ローカル・オシレータ由来の1/2や1/3のスプリアスが見られます. これらはSi4432内部のミキサがスイッチング動作していることによるものです.

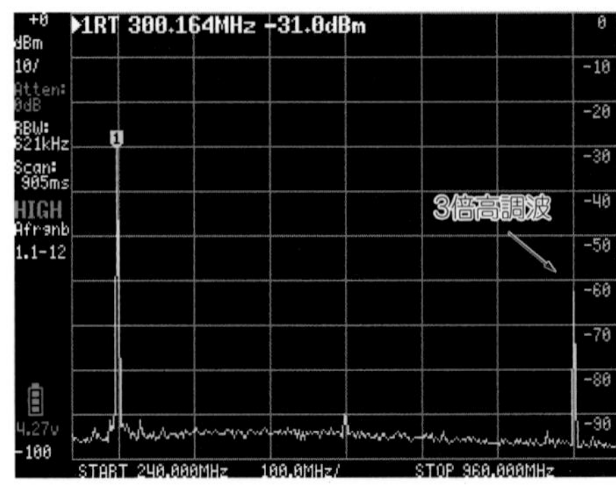

(a) 300 MHzの無変調波

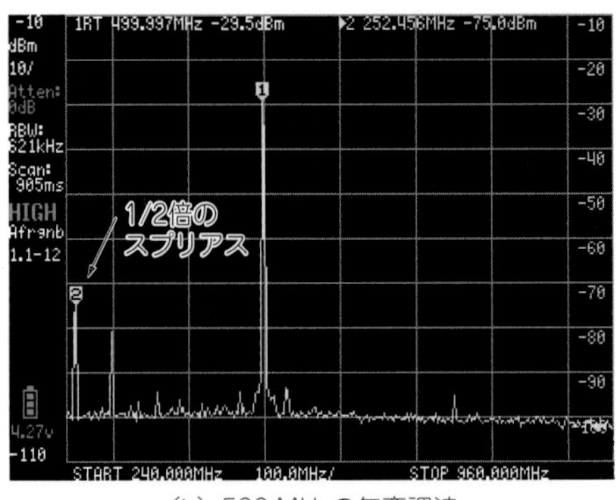

(b) 500 MHzの無変調波

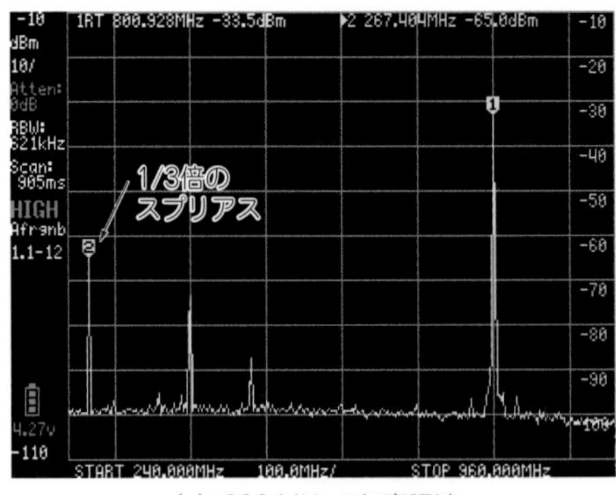

(c) 800 MHzの無変調波

〈図11〉 HIGH inputモードで－30dBmの無変調波を入力した画面(240～960 MHz, 10 dB/div.)

このような応答特性があることと, Highバンドには帯域外フィルタがないため, 240 MHz以下または960 MHz以上の帯域外の信号が入力された場合, 本来は存在しない信号が見える可能性があることに注意が必要です.

● ミラー・マスク機能(MIRROR MASKING)

Lowバンドと同様にスプリアスを隠す機能がHighバンドにも設けられています. こちらは“MIRROR MASKING”と名付けられています. ヘテロダインの逆サイドを除去するように機能するようです.

図12(a)では10 MHz程度のスパンに設定した場合にスプリアス応答が見えていますが, マスキングを

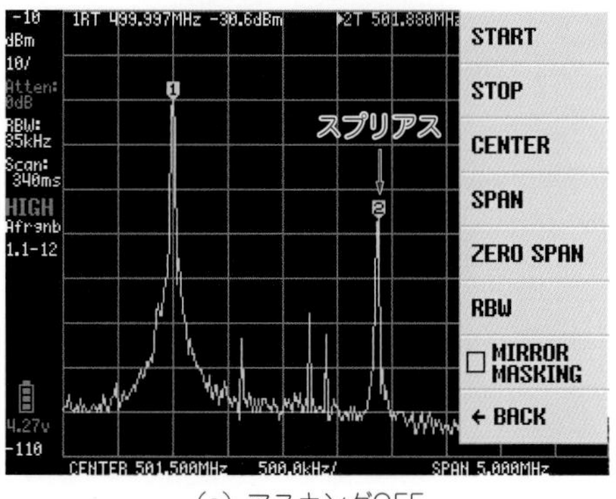

(a) マスキングOFF

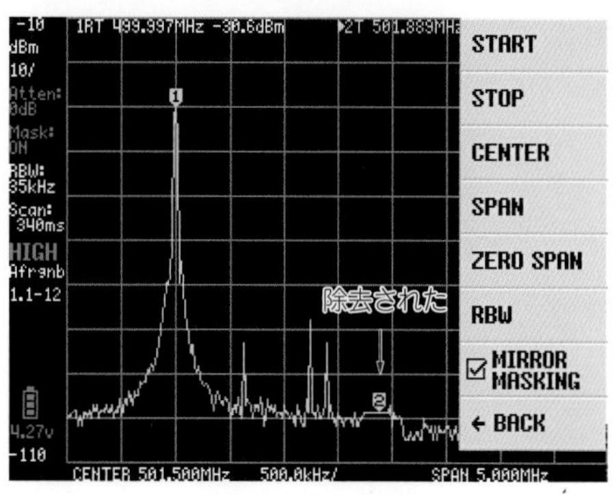

(b) マスキングON

〈図12〉ミラー・マスク機能の表示例

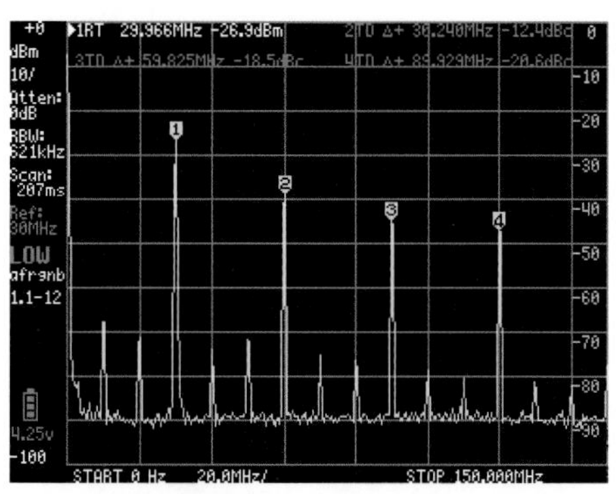

〈図13〉高調波測定機能．基本波の周波数を設定すると，マーカが自動設定されて各次数のレベルを確認できる

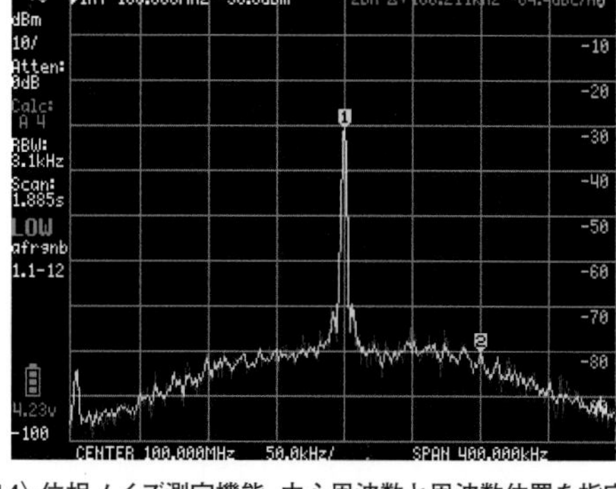

〈図14〉位相ノイズ測定機能．中心周波数と周波数位置を指定するとアベレージングを行い，位相ノイズをdBc/Hz単位で読み取れる

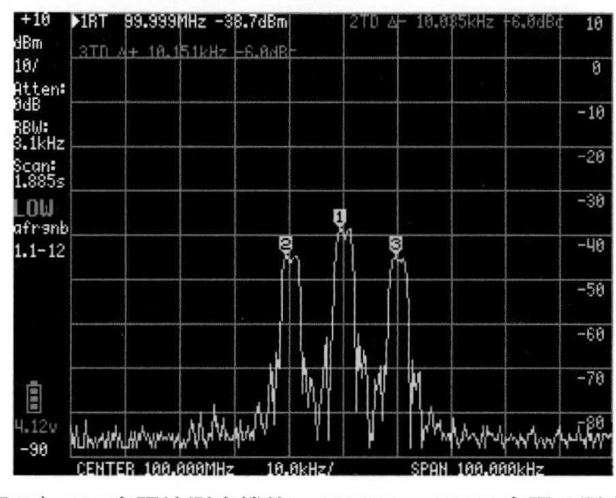

〈図15〉AM変調波測定機能．100 kHz，100％変調の測定例
（最小RBWが3 kHzと大きいので，音声信号への適用は困難）

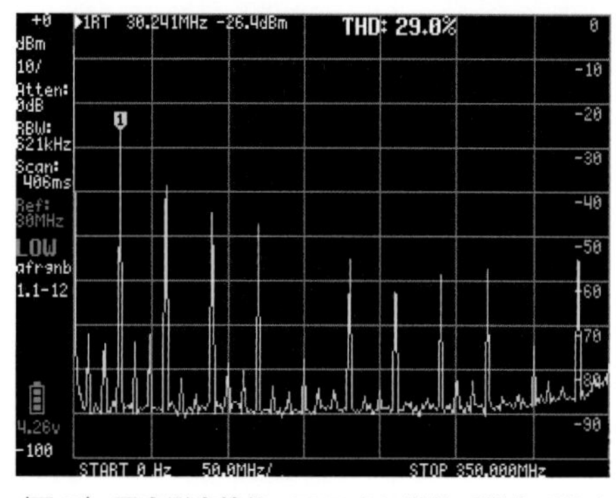

〈図16〉歪率測定機能．THDを％単位で測定できる
（この例は矩形波CAL信号なので歪が大きい）

ONすると**図12(b)**のようにスプリアスが消えています．なお，マスキングをONした場合，除去処理のためにスイープ範囲を広く取るためか測定周期が長くなります．

4 付加機能

各種の測定機能が提供されています．メニューには，高調波(Harmonic)，3次インターセプト・ポイント(OIP3)，位相ノイズ(Phase Noise)，信号ノイズ比(SNR)，帯域幅(−3 dB BW)，AM，FM，全高調波ひずみ率(THD)という項目が並んでいます．マーカやアベレージングを活用して測定できます．

ひずみ率が数値で得られる機能は，パワー・アンプ試作時の調整等で活用できそうです．一方で，位相ノイズの測定などは測定器そのものの限界が低いため，結果を見るときには注意が必要です．ただしtinySA自身の性能測定には便利です．

性能的な限界はありますが，高度な機能を提供しようというチャレンジ精神が素晴らしいです．一部の測

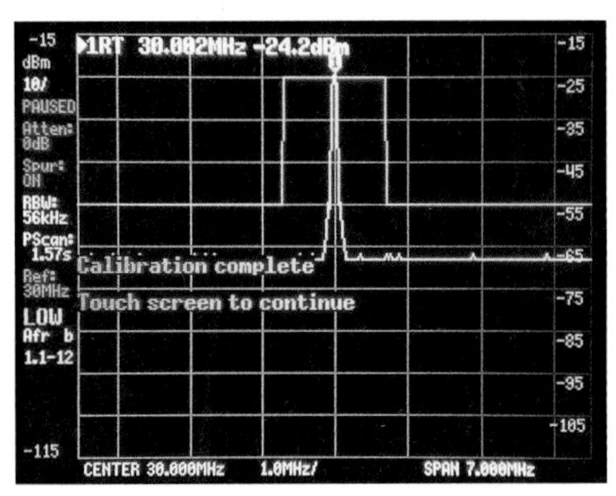

〈写真3〉CAL完了直後の画面．CAL信号はHIGH端子から出力されるので，ジャンプ・ケーブルでLOW端子と接続して行う．

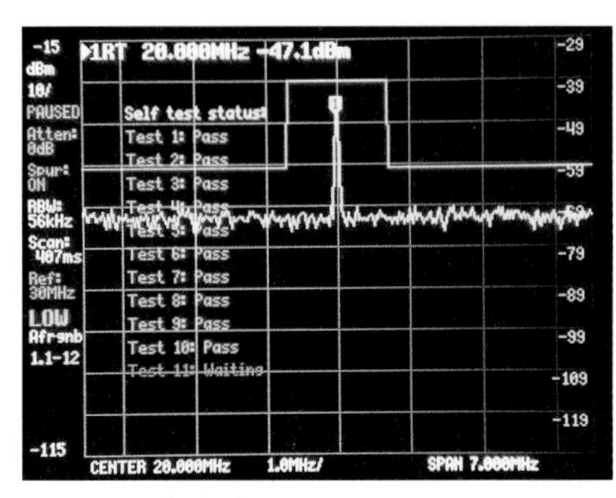

〈写真4〉セルフ・テスト画面

定例を図13～図16に示します．

5 レベル校正

スペクトラム・アナライザは信号強度を測る測定器なので，正確さは大事なポイントです．LOW input/HIG input共にスペックでは±1 dBとなっています．

tinySAにはCAL信号を出力する機能があります．Si4432に内蔵する30 MHz/－25 dBmの振幅一定の信号がHIGH端子に出力されます．HIGH端子とLOW端子をジャンプ・ケーブルで直結し，メニューからCONFIG>LEVEL CALを選択するとLOW inputの絶対レベル校正が本体だけで行えます．**写真3**はCAL中の画面です．

外部信号源を使った校正も可能です．レベルが既知の信号を入力し，CONFIG>EXPERT CONFIG>ACTUAL POWERからそのレベル数値をdBm単位で入力します．HIGH inputはこちらの方法で校正する必要があります．校正の実施状況は，画面左のLOWまたはHIGHの文字の色でわかります．未実施なら赤，実施後は緑となります．操作後，PRESETの保存操作(対象は任意)をすると，次回起動時に校正値が読み込まれます．

上記のレベル校正による補正は周波数帯域全体に適用されます．このほかに周波数による感度差異の補正が入っているようです．LOW inputのフルスパンで，300 MHz以上でノイズ・フロアが少し上がって見えていますが，この補正の影響のようです．

6 セルフ・テスト機能

特筆すべきはセルフ・テスト機能でしょう．HIGH端子とLOW端子をジャンプ・ケーブルで接続して，内蔵SGで発生した信号を観測し，スペクトラル・マスクと比較しています．**写真4**はその画面です．

残念なことに粗悪なクローンが出回っているようですが，ある程度は良否をセルフ・テストで判定できるはずです．

7 さいごに

最後に触れたいのがNanoVNAとの関係についてです．tinySAは，ErikがArduinoベースで製作していたプロトタイプをNanoVNAのファームウェアやディスプレイやMCUのハードウェアに移植したものです．

tinySAは，先の**写真1**に示したようにNanoVNAと同じ筐体を持ち，スイッチやレバー，SMAコネクタの配置はまったく同じです．中身も同じMCUを採用しています．外箱も同じで印刷だけが違っています．製造をNanoVNA-HのHugen氏が行なっているので，ノウハウや部材の多くはNanoVNA-Hの製造で使われたものが再利用されています．

ファームウェアはNanoVNAを元にしていますので，内部のコマンド体系はほぼ踏襲されており，画面キャプチャ取得などの，一部の機能はNanoVNAのものがそのまま使えます．PCツールも用意されていますし，工夫すれば自動測定も可能です．

一方で，RF部分のアーキテクチャ設計と，実用性のある製品への仕上げは，ErikとHugenの努力によるものです．机の上に転がしておけば，ちょっとした小信号のレベル測定には大変便利だと思います．学生やアマチュアにも容易に手が届く測定器として，tinySAを活用していただければ幸いです．

◆参考文献◆

(1) tinySA公式サイト
https://tinysa.org/

たかはし・ともひろ　札幌SDR研究会，クラスメソッド㈱

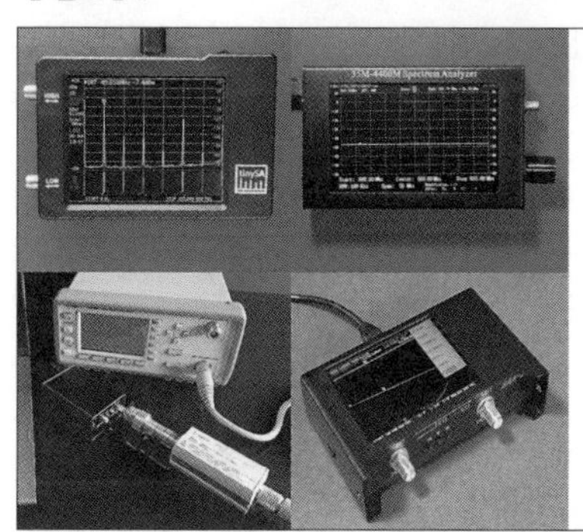

第2章　SGも内蔵した手のひらサイズ簡易スペアナの実用性を検証する

“tinySA”の使い方と性能評価

富井 里一
Tommy Reach

1 tinySAの概要

手のひらサイズのNanoVNAは，3 GHzや4.4 GHzまで対応する新しいハードウェアが登場し，勢いはさらに増すばかりです．そのNanoVNAと同じサイズのスペクトラム・アナライザtinySAもインターネットで話題になっているようです．

このtinySAを使用する機会がありましたので紹介したいと思います．ファームウェアのバージョンはtinySA_v1.1-59-ge430685にアップデートした状態です．

1.1　外観はNanoVNA-HだがRF回路は別物

写真1はtinySAを正面から見た外観です．見たところNanoVNA-Hの一部で使用されているABS樹脂製ケースを使用し，SMAコネクタ/スライド・スイッチ/液晶の位置，さらに独特のジョグ・スイッチまでNanoVNAと瓜二つです．

メニュー操作は，ジョグ・スイッチまたはタッチ・パネルから行い，メニュー表示は液晶パネルの右側に表示され，これもNanoVNAと同じです．

メニューは，周波数やグラフ・スケール，マーカなどスペクトラム・アナライザの基本機能はマニュアルがなくても使える感じです．

一方，ハードウェアは主要部品にトランシーバIC Si4432（シリコン・ラボラトリーズ）を2個使用し，NanoVNAとは異なる回路構成です．RF部のブロック図については後で紹介します．

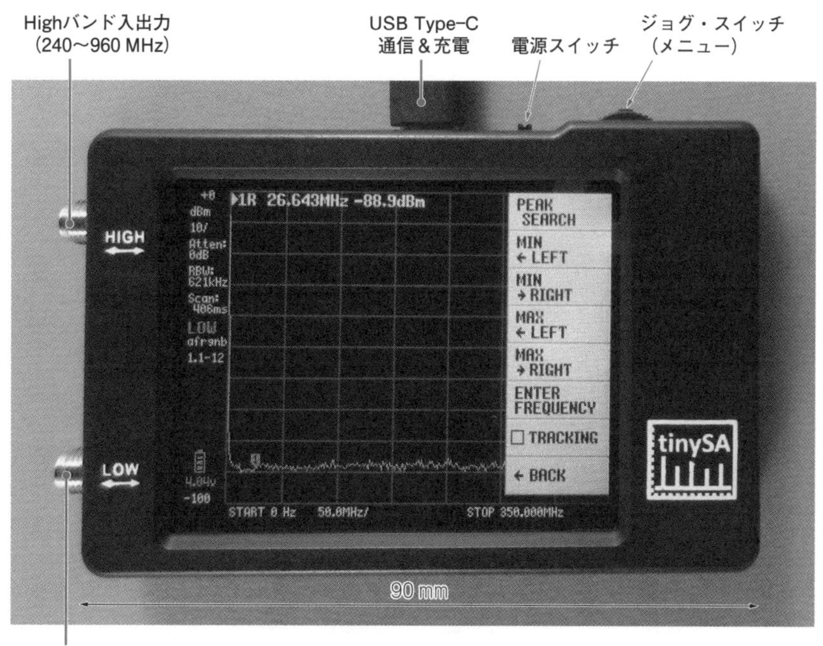

〈写真1〉tinySAの外観

1.2　主な特徴

● スペクトラム・アナライザ（SA）機能

• Lowバンド：0.1 MHz～350 MHz（高精度）
• Highバンド：240 MHz～960 MHz（低精度）

バンドをまたがる周波数の測定は，SMAコネクタの接続を変更する必要があります．

● シグナル・ジェネレータ（SG）機能

周波数範囲はSA機能と同じです．

● タッチ・パネル付き2.8インチ液晶ディスプレイ

NanoVNAと同じアナログ抵抗膜方式のタッチ・パネルです．表示は320×240の分解能です．

● 専用PCアプリを利用可能

USBでPCと接続して使います．画面キャプチャやリモート制御などが可能です．

● 電池動作は2時間

充電式リチウム・イオン・ポリマ電池を搭載しており，USB経由で充電します．

1.3　公式サイトの情報が豊富

tinySA公式サイト(1)（https://tinysa.org/）は，使い方はもちろんのこと，購入先/校正方法/スペック/ファームウェアの更新方法/専用PCアプリの紹介/測定例など，必要な情報がそろいます．英語ですが，google翻訳に頼れば違和感のない日本語にしてくれます．

1.4　設計者

tinySAの設計者はオランダの工業都市アイントフォーヘン在住のErik Kaashoek氏です．Philips社に1983年から（今も）お勤めのようです．

YouTubeチャネルにはご本人によるtinySAの動画がたくさん投稿されていて，tinySA公式サイトの“Videos”にリンクがあります．購入すると最初に行うセルフ・テストやキャリブレーション，また多くの測定例など，具体的な操作手順を動画で確認できるところは助かります．

バージョン情報には“Copyright @edy555”と表示されます．これはtinySAのファームウェアがNanoVNAをベースにしているからで，NanoVNAを設計されたedy555こと高橋知宏氏はtinySAの開発に関与されていないそうです．

1.5　偽物情報と正規品の購入先

すでに偽物が出回っているようです．偽物はプリント基板にシールド板がないことや，セルフ・テストで失敗するなど，公式サイトでは注意を呼び掛けています．Amazonでは本物と偽物が売られていて，買ってみないとどちらかはわからない状況のようです．

公式サイトには偽物を扱うショップと本物を扱うショップが例示されていて，正規品は“Where to buy”に掲載された安全なショップを通して購入するようにアドバイスしています．

2 キャリブレーション

入手したら最初に，個体差を補正するキャリブレーションを行います．電源を切っても記憶されるので1回だけ実行すればOKです．

2.1　Lowバンドのキャリブレーション

Lowバンドのキャリブレーションは，付属の両端SMAコネクタ付き同軸ケーブルでHIGHコネクタとLOWコネクタを接続し，tinySA単体で行います．操作手順は［CONFIG］→［SELF TEST］です．Test 1～11が順に実行され，それぞれ合格なら“Pass”と表示され，最後に“Self test complete”と表示されます．もしも不具合があるとエラー内容が赤字で表示されます．

公式サイトからリンクされているYouTube動画“tinySA first use”(2)も参考にしてください．

2.2　Highバンドのキャリブレーション

● 別の信号源を用意する

LowバンドとHighバンドがオーバーラップする240 MHz～350 MHzが出力できる「別の信号源」を用意します．その信号源をキャリブレーションが完了したLowバンドでレベル測定し，Highバンドの測定値をLowバンドと同じ値に合わせるやり方です．

信号源の出力レベルはtinySAの直線性の関係で－30 dBm以下に抑えますが，出力レベルはわからなくても，Lowバンドで絶対値を測定するので大丈夫です．

● NanoVNAを利用したキャリブレーション

私は，NanoVNAを信号源にして，このやり方でキャリブレーションしました．**図1**はその接続で，**写真2**は接続したようすです．NanoVNAの出力レベルは－16 dBm前後なので，NanoVNA出力とtinySA入力の間に18 dBのアッテネータを入れて，tinySAの入力レベルが－30 dBmを越えないようにします．アッテネータはE12系列のチップ抵抗器を組み合わせた自作です．このアッテネータの性能は，250 MHzにおいて実測でS_{11}＝－39.2 dB，S_{21}＝－18.1 dBです．

NanoVNAの周波数は，公式サイトにあるHighバンドのキャリブレーションと同じ250 MHzとします．NanoVNAの操作は，メニューから［STIMULUS］→［CW FREQ］をクリックし，現れたテン・キーの画面で“250M”を入力すればOKです．

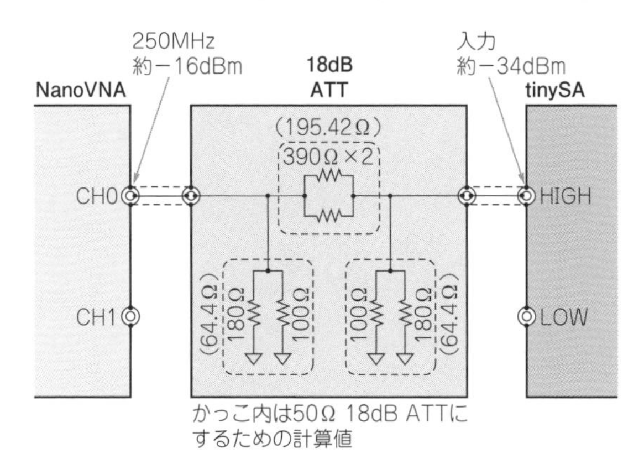

〈図1〉 Highバンドをキャリブレーションするための接続

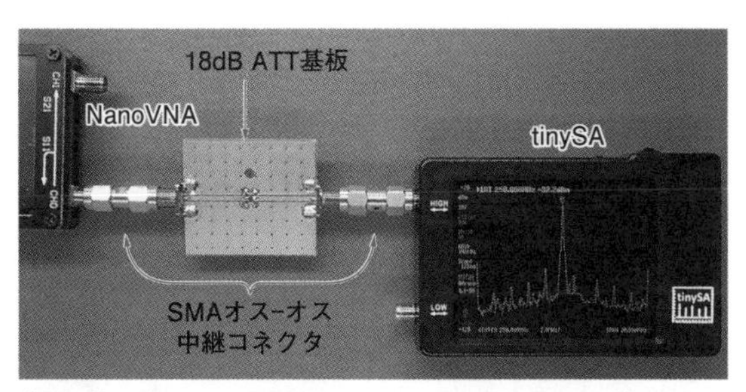

〈写真2〉 NanoVNAを利用してHighバンドをキャリブレーションする

あとは，tinySA公式サイトからリンクされたHighバンドのキャリブレーション動画[3]の手順のとおりに行えばキャリブレーションは完了です.

3 ファームウェアの更新方法は3通り，どれを選択するか

ファームウェアは2020年12月の時点でも頻繁に更新されています．例えばバージョンv1.1-52では，メニューをたどらずに，画面の数値や項目をタッチするだけで直接そのパラメータが変更できるQuick Menuが追加され，使い勝手がさらによくなりました．このような状況ですから，皆さんも購入後にファームウェアを更新したくなると思います.

公式サイトでは2通りの更新方法を説明しています．DFU_LOAD_BIN.batを実行する方法と，DfuSeツール(STマイクロエレクトロニクス社)を利用する方法です．どちらもNanoVNAで更新するやり方と同じです．それ以外に，後に紹介するtinySA-Appソフトウェアからもファームウェア更新が可能です.

これら三つのやり方を試して分かったことは次の通りです.

❶ DFU_LOAD_BIN.batを実行する方法

tinySA公式サイトの手順ではエラーが発生し，ファームウェアは更新できませんでした．幸いエラー発生後でも更新前のバージョンで本体は正常に起動します.

自動でインストールされるPC側のドライバ(STM Device in DFU Mode)の入れ替えが必要だと思いますが，公式サイトにはその説明がありません．NanoVNAのファームウェアをこのやり方で更新した方は気づくところです.

すでにこの手順でNanoVNAのファームウェアを更新したことがあるPC環境なら，ドライバの入れ替え作業を省略しても，tinySAのファームウェア更新は成功します.

なお，ダウンロードした.binのファイル名とDFU_LOAD_BIN.batの1行目にあるファイル名は同一である必要があります.

❷ DfuSeツールを利用する方法

公式サイトにある操作手順でうまくできました．ただし以下に注意してください.

- ST.comからDfuSeツールをダウンロードするときにメール・アドレスと名前の入力が必要.
- 更新ファイルに.dfuファイルがあるので，NanoVNAのように.binから.dfuに変換する工程は不要.
- ❶のやり方で成功するPC環境は手動で入れ替えたドライバ(STM32 BOOTLOADER)を削除する必要がある.

❸ tinySA-App.exeを利用する方法

- .dftファイルを利用するもので，もっとも操作が少ない.
- ❶のやり方で成功するPC環境は，手動で入れ替えたドライバ(STM32 BOOTLOADER)を削除する必要がある.

まとめると，NanoVNAをお持ちの方はNanoVNAと同じやり方でファームウェアを更新し，そうでない方は❷や❸の選択が良いと思います．なお，ファームウェア更新の意地悪テストをしたPC環境では❷が一番安定して更新できました.

4 RF部のブロック図

4.1 RF部のブロック図

どのような回路構成でSAにまとめたのか興味があり，RF部のブロック図(**図2**)を作りました．情報源ははtinySA公式サイトのブロック図[4]とシールド・ケースを取り除いたtinySAのプリント基板(**写真3**)です．勘違いしているところもあるかもしれませんがご容赦ください.

プリント基板を見ながらブロック図を作成したので，各ブロックはプリント基板と似た配置です．また，RFスイッチU_6とU_8はLowバンドのSAモードにスイッチした状態です.

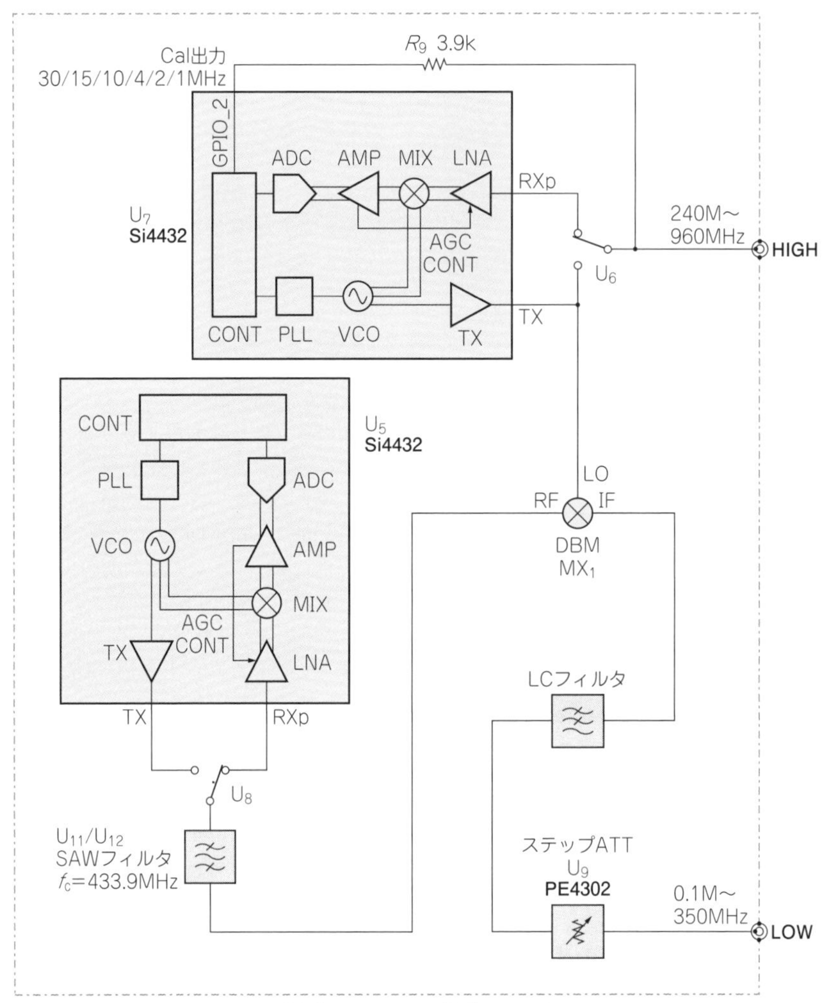

〈図2〉 tinySAのRF部ブロック図

■ 4.2　RF部の構成と動作

● トランシーバIC Si4432×2個使い

240 MHz～930 MHzをカバーするトランシーバIC Si4432を2個(U_5とU_7)組み合わせて，0.1 MHz～960 MHzのSAとSGを実現しています．

● Lowバンド入力のIFは433.9 MHz

Lowバンドは，トランシーバICが受信できる433.9 MHzにアップコンバートします．このときトランシーバIC(U_7)はアップコンバート用のローカル発振器として動作します．もう一方のトランシーバIC(U_5)は受信検波用です．

● Highバンドは一つのトランシーバICで完結

Lowバンドは DBM(Double Balanced Mixer)や受信帯域外を除去するSAW(Surface Acoustic Wave)フィルタなどを組み合わせていますが，Highバンドはトランシーバ IC(U_7)だけのシンプルな構成です．

● 30/15/10/4/2/1 MHzの基準レベル回路

Si4432のGPIO_2は，他のICへクロックを供給するドライバにもなるようです．この機能を利用して30 MHzの基準レベルをHighバンドのSMAコネクタに出力しています．二つの入出力コネクタ(HIGHとLOW)を接続することでLowバンドのキャリブレーションを実現します．

● Highバンド入力はLNAに直結

Highバンド入力はSMAコネクタからLNAの間に，抵抗器によるアッテネータや目的の周波数以外を除くフィルタがありません．感度は良さそうですが，Highバンドの入力インピーダンスは50 Ωから外れていることと，目的外の信号でLNAの飽和が心配になる回路構成です．

● スイーパとSAを組み合わせた機能

例えば，Lowバンドが受信する周波数を同じタイミングでHIGHコネクタからも出力できれば，スイーパとSAを組み合わせてフィルタの特性を測定できそうです．しかし，Highバンド用のトランシーバIC(U_7)はLowバンドのローカルとして使うので，ハードウェ

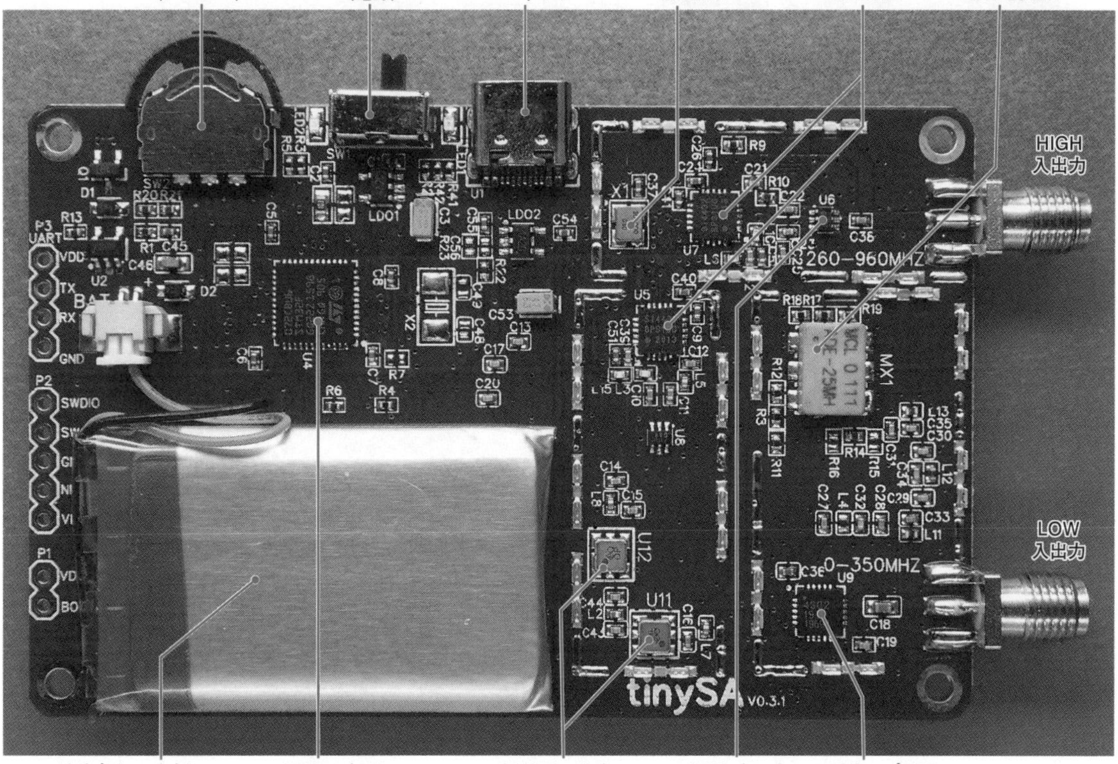

ジョグ・スイッチ（メニュー）　スライド・スイッチ（電源）　USB Type-C コネクタ　クロック発振器 30 MHz　トランシーバIC Si4432　DBM ADE-25 MH

HIGH 入出力　LOW 入出力

リチウム・イオン・ポリマ電池　ARMマイコン STM32F072 CBU6　SAWフィルタ 433.9 MHz　RFスイッチ　ステップATT PE4302

〈写真3〉 tinySAの内部基板

ア的に実現できないことがわかります．

5 tinySA用のWindowsプログラム“tinySA-App”

tinySA公式サイトの“PC control”(5)に簡単ですが情報があります．それによれば，tinySAを制御するプログラムは二つです．

一つはLinux向けです．Pythonといくつかのサポート・ライブラリのインストールが必要です．また，Windows環境は非推奨という記載があります．Linux環境がすぐに準備できないので，説明は省略します．

もう一つのWindows向けプログラム“tinySA-App”を以下に紹介します．

5.1 tinySA-Appの概要

USB経由でWindows 10のPCに接続し，tinySA-AppプログラムからtinySA本体を制御できます．USBは仮想COMポートとして動くので，新たにドライバをインストールする必要はありません．

機能としては一通りのことができます．測定条件の設定/測定データをCSV形式やS2P形式で保存/画面キャプチャ/測定波形をビューに保存/マーカなどです．また，USBドライバは異なりますが，ファームウェアの更新もできます．

● ダウンロードとインストール

ダウンロード・サイト(6)にあるtinySA-App.exeだけをダウンロードします．どのフォルダに保存しても動きます．ただし，全角のフォルダ名は避けた方が無難です．

tinySA-App.exeをダブル・クリックすればプログラムが起動します．tinySA本体をPCに接続しなくても，エラーは発生しないで起動します．

tinySA-App.iniのダウンロードは不要です．.iniファイルが無ければ，自分のPC環境と異なる設定が読み込まれて変な動きになる心配はありません．.iniファイルがない状態でtinySA-Appを起動すると，パラメータが初期化され，プログラムの終了時に新しく.iniファイルが生成されます．

● COMポートの設定

図3はCOMポートを接続完了した状態のtinySA-Appの画面です．図中にある丸付き数字は各機能の説明に使います．tinySA-Appを起動した直後はCOM

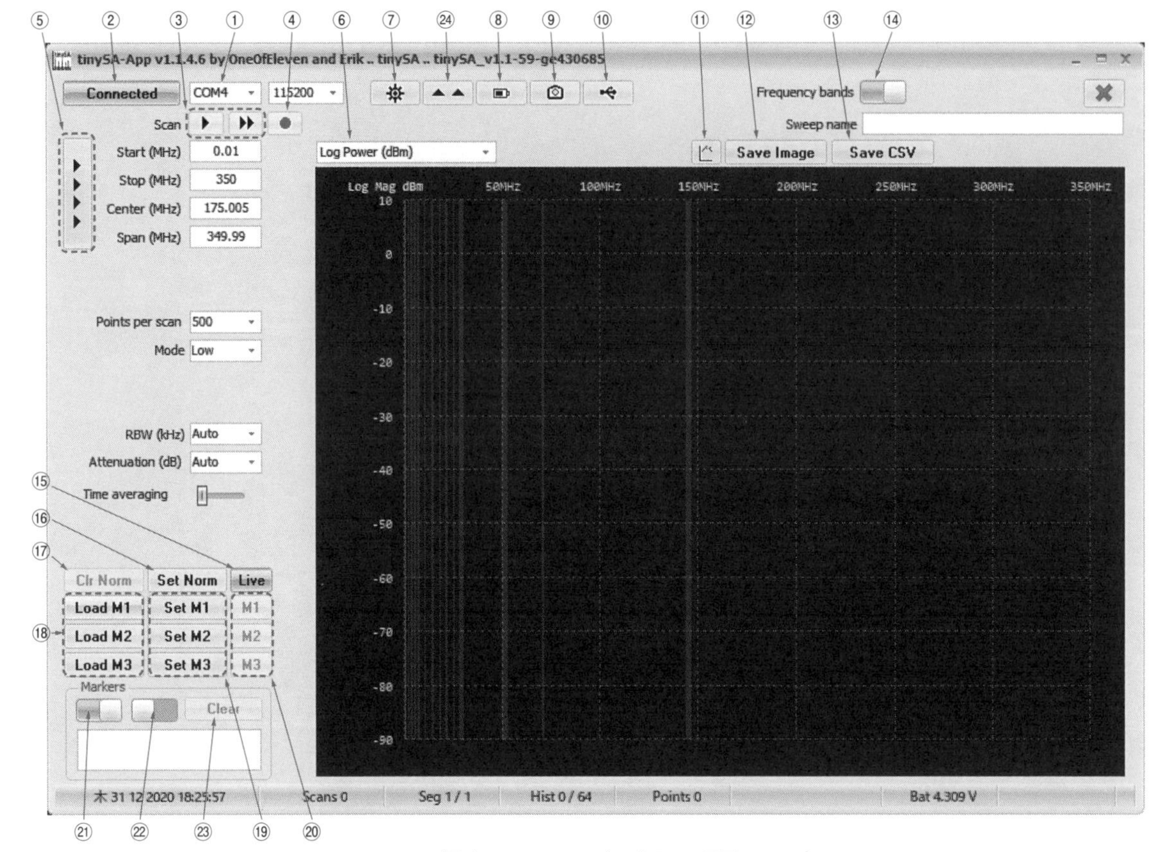

〈図3〉 tinySA-Appプログラムの画面

ポートが未接続なので，まずはCOMポートを接続して**図3**の状態にします．

tinySA本体の電源をONし，PC側はtinySA-App.exeを起動し，USBケーブルでPCと本体を接続します．順番はとくにありません．

次にCOMポートを設定します．これは初回だけ，または違うCOMポート番号を使うときに行います．**図3**において，画面左上にある［COM4］が選ばれているプルダウン①をクリックします．そしてtinySA本体が使用するCOMポートを選びます．tinySAをPCに接続すると①のリストが1行増えるので，tinySAをPCに接続する前に①をクリックすると，tinySAが使用するCOMポートがわかります．

COMポートを選択すると，その左側にある［Disconnected］ボタン②は“Connected”に変わり，PCからtinySAを制御できる状態になります．

次回からはCOMポートが選ばれた状態でプログラムが起動するので，［Disconnected］ボタン②をクリックすることで接続されます．

● **測定の開始と停止**

図3において，③に示す［▶］ボタンをクリックすると1回だけ掃引(測定)します．その右隣の［▶▶］ボタンをクリックすると連続して掃引(測定)を続けます．もう一度［▶▶］ボタンをクリックすると掃引は止まります．

5.2 各ボタンの機能

tinySA本体にはない機能をおもに紹介します．また，説明に登場する番号は**図3**に示した丸付き数字です．

● **ボタン④**：掃引するごとに新しいs2pファイルを保存します．

赤丸のボタン④をクリックすると，掃引するごとに指定したフォルダにs2pファイル(Touchstone形式)の保存を続けます．このボタンをもう一度クリックするまでは新しいファイルが増殖し続けるので，注意が必要です．

s2pファイルの中身は，S_{11}のreal項目に測定値が記録されます．

● **ボタン⑤**：tinySA本体に設定されている周波数が本プログラムに反映されます．

● **ボタン⑥**：グラフ縦軸単位の選択(［dBm］または［W］)．

● **ボタン⑦**：プログラムを設定するウィンドウが現

〈図4〉tinySA-Appプログラムの設定画面

われます．一部はtinySA本体の設定も含みます．**図4**はその設定ウィンドウです．

- **ボタン⑧**：バッテリ電圧の時間経過グラフの表示．
- **ボタン⑨**：tinySA本体の画面をキャプチャしたウィンドウが表示されます．
- **ボタン⑩**：プログラムと本体の通信モニタやコマンドを直接入力する，コンソール端末的な機能．
- **ボタン⑪**：新しいウィンドウが現われ，メインとは異なるVNA関連のグラフが表示できます．tinySA用としては使い道が思いつきません．
- **ボタン⑫**：グラフをビット・マップやJPEGなど一般的な画像ファイルに保存します．
- **ボタン⑬**：測定データをCSV形式のファイルに保存します．
- **ボタン⑭**：**図4**に示す設定ウィンドウの右下で設定する周波数バンドの表示をON/OFFするスイッチ．
- **ボタン⑮**：測定結果の表示をON/OFFするスイッチ．
- **ボタン⑯**：最後の測定波形を基準(0 dB)に設定し，これ以降の測定は基準に対する比をグラフに表示します．
- **ボタン⑰**：⑯で設定した基準の解除．
- **ボタン⑱**：波形を三つ記憶できます．その一つにTouchstone形式のファイルを読み込んで表示する機能．
- **ボタン⑲**：現在の測定波形を記憶して表示します．
- **ボタン⑳**：記憶した波形の表示をON/OFFするスイッチ．
- **ボタン㉑**：マーカ表示のON/OFF．
- **ボタン㉒**：マーカの縦軸カーソルの表示ON/OFF．
- **ボタン㉓**：設定したマーカのクリア．
- **ボタン㉔**：ファームウェアを更新する機能．

tinySA-Appはファームウェアを更新する機能があります．

NanoVNAのファームウェアを更新したPC環境では第**3**節で述べたように，NanoVNAのファームウェアを❶のやり方で更新したPC環境は，以下に紹介する手順(5)から先に進むことができません．この手順を実行する前に，DFU用のドライバ"STM32 BOOTLOADER"の削除が必要です．

tinySA-Appを利用したファームウェアの更新手順は以下のとおりです．

(1)ファームウェアのダウンロード・サイト(7)から.dftファイルのみをダウンロードします．

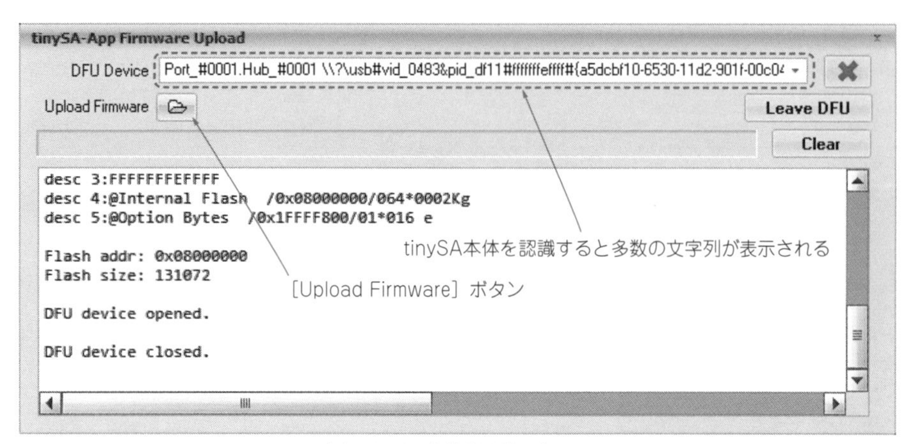

(a) tinySA本体を認識した画面

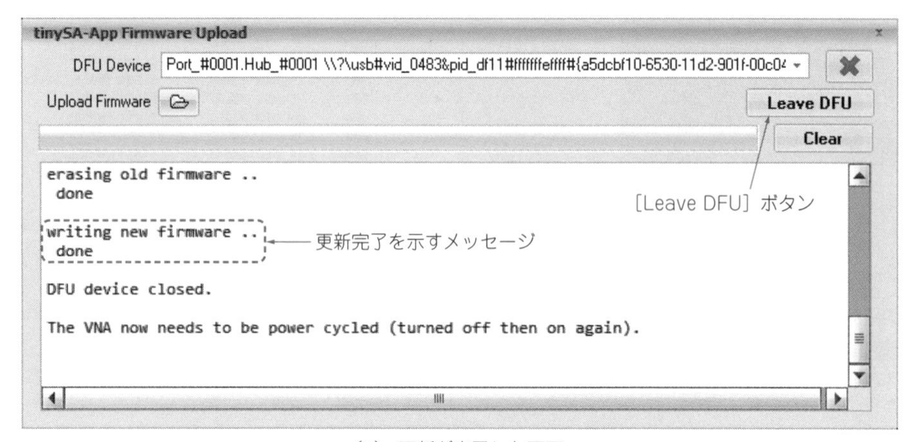

(b) 更新が完了した画面

〈図5〉 tinySA-Appプログラムによって tinySAのファームウェアを更新する

(2) tinySA本体の電源をONし，DFUモードにします．DFUモードにする手順は，本体のメニュー→[CONFIG]→[➡DFU]→[ENTER DFU] の順番にクリックします．
(3) USBケーブルでPCとtinySA本体を接続します．
(4) PC側のtinySA-Appを起動し，**図3**に示すボタン㉔をクリックします．
　以下は補足説明です．
- 上記(2)～(4)の順番は変わっても問題ない．
- tinySA-AppのCOMポートは“NONE”のままで問題ない．

(5) ここまでの工程でtinySA-Appプログラムの画面は**図5(a)**のように，一番上の“DFU Device”のフィールドに文字列が表示されてtinySA本体を認識した状態になります．
(6) **図5(a)**において，[Upload Firmware] ボタンをクリックして，ダウンロードした.dfuファイルを選択します．すると，数秒後に**図5(b)**のように“writing new firmware .. done”が表示されます．
(7) [Leave DFU] ボタンをクリックすることでtinySA本体は通常のSA画面になります．

　以上でファームウェアの更新は完了です．

6 tinySAによるスペクトル観測

　無変調(CW)のRF信号を入力して，どのようなスペクトルになるかを確認します．波形の取り込みは，tinySA-Appを利用して，tinySA本体の画面を**図3**のボタン⑨でキャプチャします．

6.1 条件

　tinySAのスペックも考慮して測定条件を決めます．**表1**に関連するスペックをまとめます．

● tinySAの設定

- 周波数スパン：フルスパン/10 MHz/1 MHz/100 kHz
- アッテネータ：

　電源投入時の状態とします．ただし，Highバンドのフルスパンだけはメニュー→[LEVEL]→

〈表1〉tinySAのLowバンドとHighバンドの仕様

項目	Lowバンド	Highバンド
周波数範囲	0.1 M～350 MHz	240 M～960 MHz
入力絶対最大定格	+10 dBm@ATT=0 dB	
IIP3(3次インターセプト・ポイント電力レベル)	+15 dBm@ATT=0 dB	−5 dBm@ATT=0 dB
$P_{1\,dB}$(1 dBコンプレッション電力レベル)	+2 dBm@ATT=0 dB	−6 dBm@ATT=0 dB
最低測定レベル	−102 dBm@RBW=30 kHz	−115 dBm@RBW=30 kHz
推奨最大入力レベル	+5 dBm@ATTはAUTO	記述なし
最良測定の入力レベル	−25 dBm未満	記述なし
入力インピーダンス	10 dB以上のATTのとき50 Ω	50 Ωからはずれた周波数特性を持つ
アッテネータ(ATT)	• 0～31 dB，1 dBステップ • 自動または数値入力可能 • 電源投入時は自動	• 電源投入時は0 dB • 25～40 dBのアッテネータに切り換え可能 (減衰量は周波数依存あり) (測定レベル誤差は±10 dBに増加する)
入力フィルタ	記述なし	フィルタなし
RBW(分解能帯域幅)*	3 k，10 k，30 k，100 k，300 k，600 kHz	

*：メニューの設定値と実RBWは少し異なる．

〈表2〉評価のためのSA/SG設定値

項目		単位	SAスパン			
			広いスパン	10 MHz	1 MHz	100 kHz
●Lowバンド						
SG	周波数	MHz	95	175		
	レベル	dBm	−15			
SA共通	中心周波数	MHz	−	175		
	スタート周波数～ストップ周波数	MHz	0～350	170～180	174.5～175.5	174.95～175.05
tinySA Lowバンド	リファレンス・レベル	dBm	−3	−4	−3	−3
	アッテネータ	dB	13(Auto)	12(Auto)	12(Auto)	13(Auto)
	RBW	Hz	32 k	32 k	3.1 k	3.1 k
8562E	リファレンス・レベル	dBm	−4.8	−5.5	−4.8	−4.8
	アッテネータ	dB	10 dB			
	RBW	Hz	100 k	30 k	3.0 k	300
●Highバンド						
SG	周波数	MHz	300	600		
	レベル	dBm	−30			
SA共通	中心周波数	MHz	−	600		
	スタート周波数～ストップ周波数	MHz	tinySA：240～960 8562E：240～980	595～605	599.5～600.5	599.95～600.05
tinySA Highバンド	リファレンス・レベル	dBm	−21	−19	−21	−19
	アッテネータ	dB	30	0(規定値)		
	RBW	Hz	112 k	32 k	3.1 k	3.1 k
8562E	リファレンス・レベル	dBm	−20	−20	−20.2	−20.2
	アッテネータ	dB	0 dB			
	RBW	Hz	100 k	30 k	3.0 k	300

[ATTENUATE] の中から [22.5-40 dB] を選択します．

電源投入時は [0 dB] が選択されていますが，このままでは3倍高調波が異常に高いレベルになるためです．

• RBW

ノイズ・フロアを下げるために，設定可能な場合は1～2段階狭いフィルタを選択します．

● SG

• SGの周波数

フルスパンは高調波レベルが確認できるので，3倍まで測定できる周波数にします．(Lowバンド：95 MHz，Highバンド：300 MHz)

フルスパン以外はバンドの中心付近とします．(Lowバンド：175 MHz，Highバンド：600 MHz)

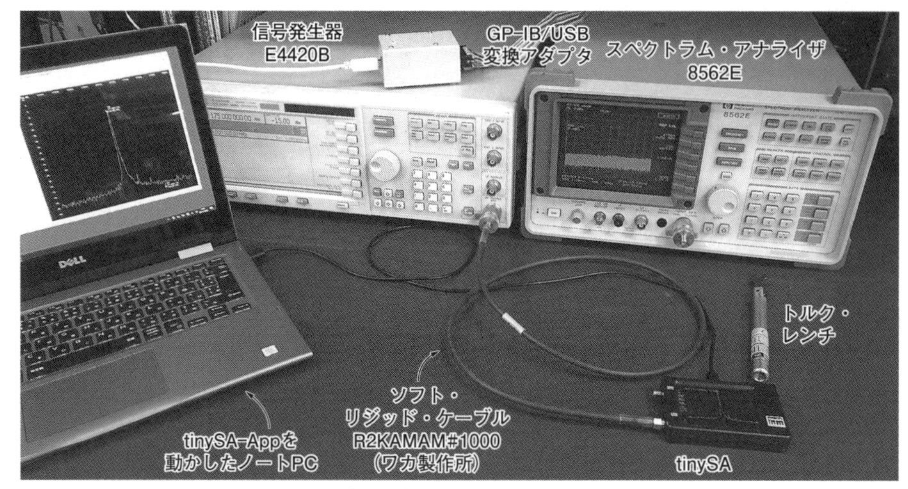

〈写真4〉評価測定のようす

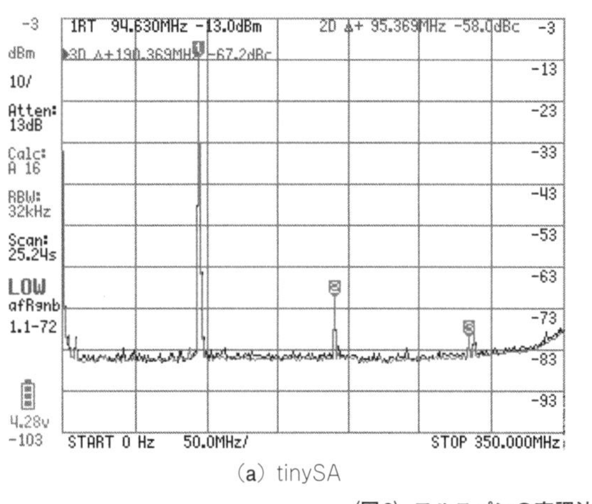

(a) tinySA

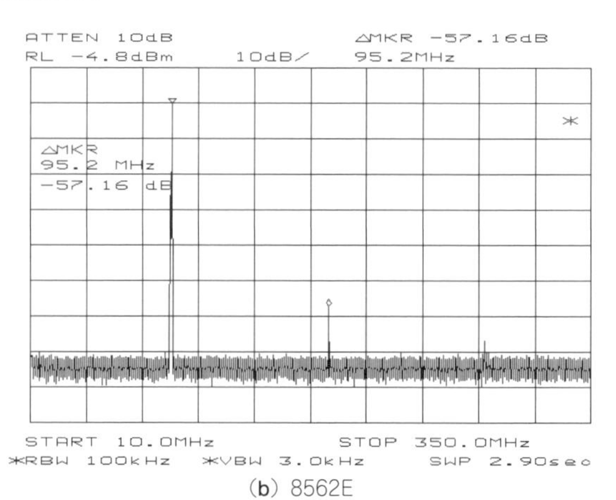

(b) 8562E

〈図6〉フルスパンの高調波測定(Lowバンド，0〜350MHz)

• SGの出力レベル

Lowバンドは，キャリブレーションを行う−25 dBmより高い−15 dBmです．−25 dBmより高いレベルは自動的にアッテネータが入るので問題ないと思います．

Highバンドは，−28 dBmより高いレベルを入れるとマーカ表示が赤色に変わるので入力オーバのようです．それより低くてキャリブレーションにも使う−30 dBmとします．

● 設定全般

ここに記載しないSA/SGの設定も合わせて**表2**にまとめます．

● 測定器

• SA：8562E(30Hz〜13.2 GHz)

キーサイト・テクノロジー社のSAです．tinySAの比較用です．

• SG：E4420B(250 kHz〜2 GHz)

キーサイト・テクノロジー社のSGです．無変調の信号源として使用します．

6.2 測定結果

写真4は測定のようすです．SGに接続した同軸ケーブルをtinySAまたは比較用SA(8562E)に接続して測定します．

図6〜**図14**はtinySAと8562Eをそれぞれの条件で測定した画面です．

● フルスパンで高調波の測定

tinySA自身で作られてしまう高調波レベルを確認します．高調波レベルはノイズ・フロアに近いので，測定値を安定されるために16回のアベレージをかけます．

▶ Lowバンド［**図6(a)**］

tinySAの高調波レベル(2倍と3倍)は，**図6(b)**に示す8562Eのものと比べてほぼ同じでした．

▶ Highバンド［**図7(a)**］

上述したようにアッテネータは［22.5−40 dB］に設定しています．2倍高調波レベルは**図7(b)**に示す8562Eの表示とほぼ同じです．しかし，3倍高調波は，

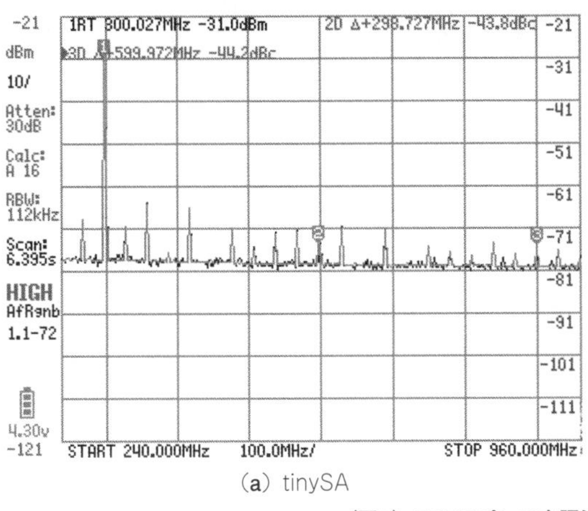

(a) tinySA

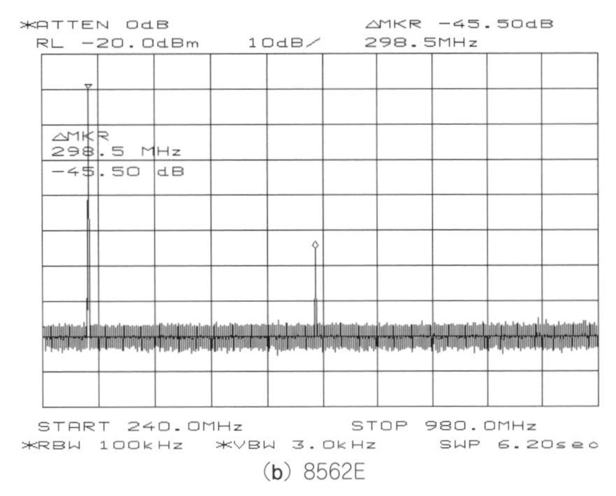

(b) 8562E

〈図7〉 フルスパンの高調波測定(Highバンド，240～960MHz)

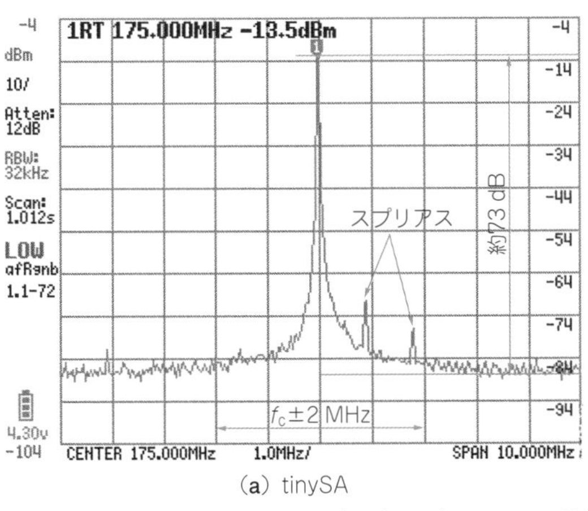

(a) tinySA

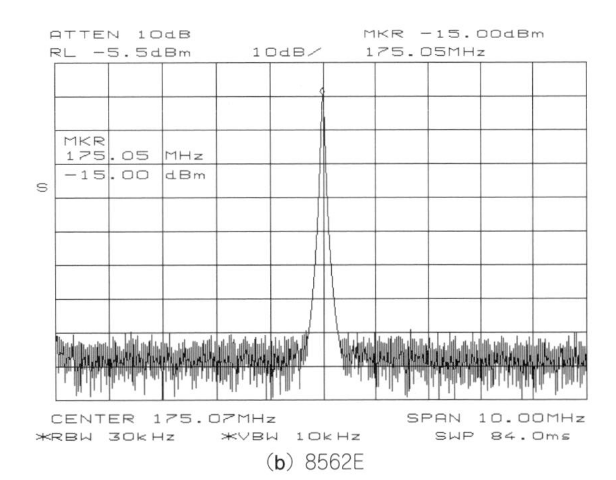

(b) 8562E

〈図8〉 スパン10MHzの比較(Lowバンド，中心周波数175MHz)

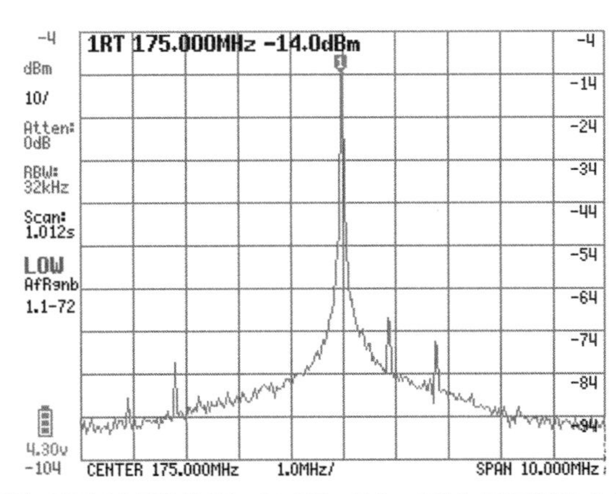

〈図9〉 図8(a)と同条件でtinySAのアッテネータを0 dBに設定したとき

基本波に対してtinySAは－44.2 dB，8562Eは－65 dB以下(ノイズ・フロア以下)です．スプリアス応答も目立ちます．tinySAのHighバンドはLNAに直接入力されるので分が悪いようです．

● スパン10 MHz

▶ Lowバンド［**図8(a)**］

tinySAのダイナミック・レンジは8562E［**図8(b)**］に迫る特性です．約73 dBというところでしょうか．ただし，tinySAは中心周波数f_cから±2 MHz以内のノイズが盛り上がっています．

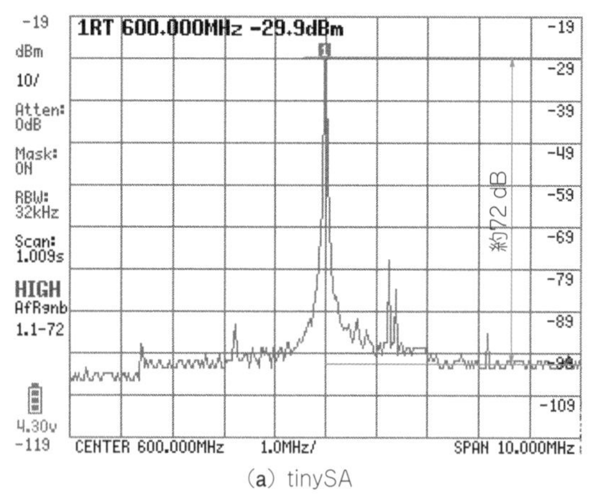

(a) tinySA

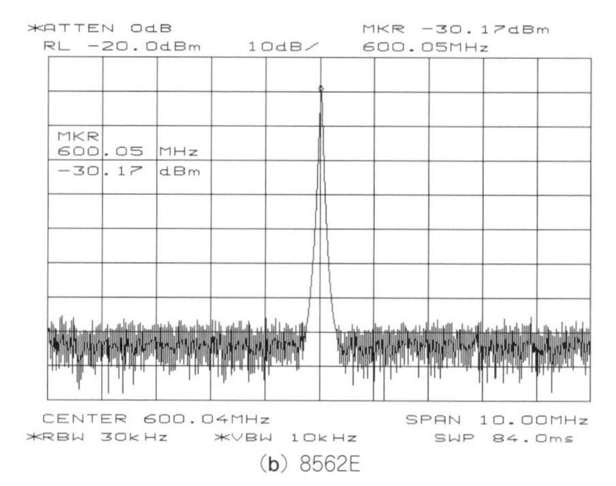

(b) 8562E

〈図10〉 スパン10 MHzの比較(Highバンド，中心周波数600 MHz)

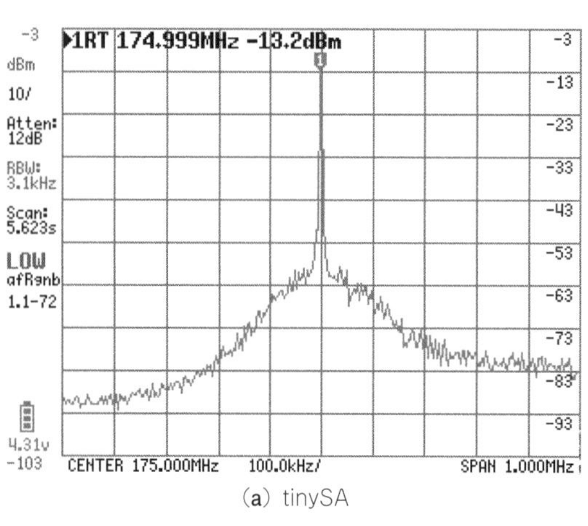

(a) tinySA

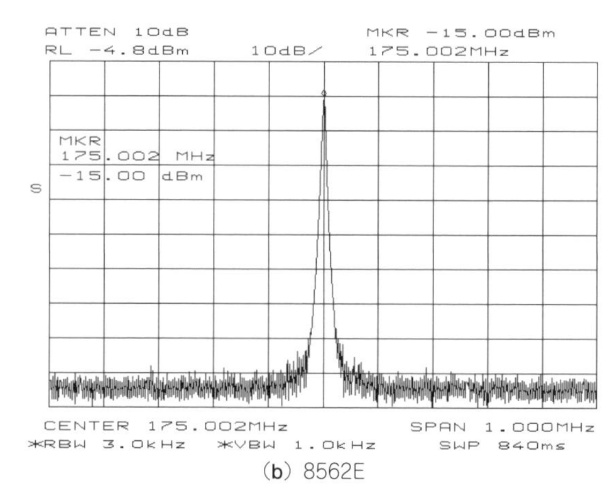

(b) 8562E

〈図11〉 スパン1 MHzの比較(Lowバンド，中心周波数175 MHz)

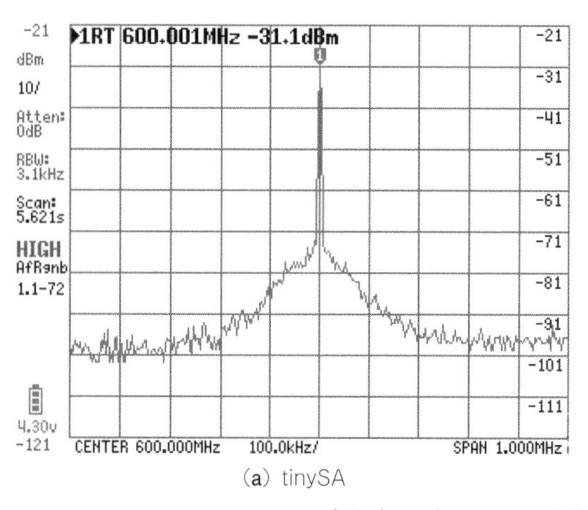

(a) tinySA

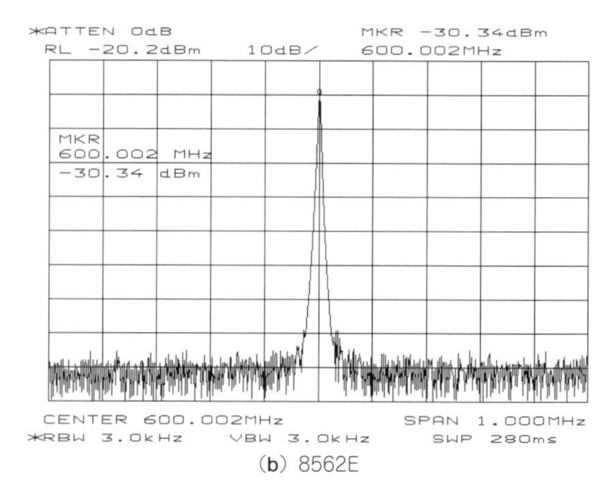

(b) 8562E

〈図12〉 スパン1 MHzの比較(Highバンド，中心周波数600 MHz)

図9は同条件でtinySAのアッテネータを0 dBに設定したときです．スプリアスが目立ちますが，自動調整された12 dBのアッテネータが0 dBになったことでダイナミック・レンジが増えて約82 dB @f_c±5 MHzです．

▶ Highバンド［**図10**(**a**)］

中心周波数付近でノイズが盛り上がる特性はLowバンドと同じです．中心周波数から離れるとダイナミック・レンジは約72 dBです．8562E［**図10**(**b**)］より数dB良い結果です．

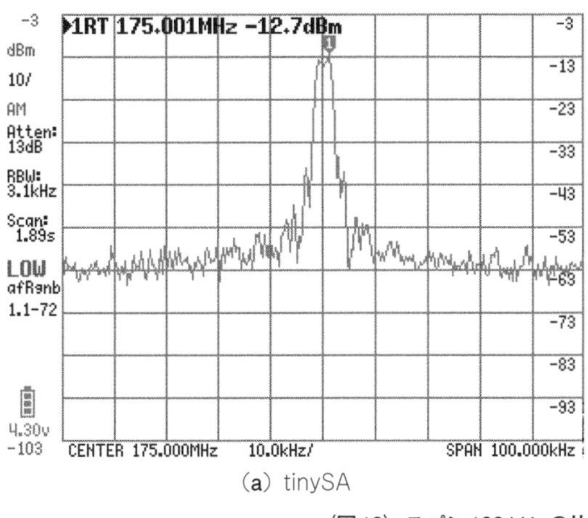

(a) tinySA

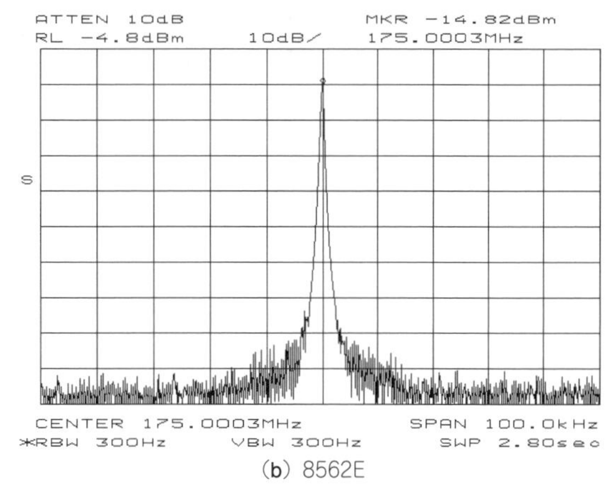

(b) 8562E

〈図13〉 スパン100 kHzの比較(Lowバンド，中心周波数175 MHz)

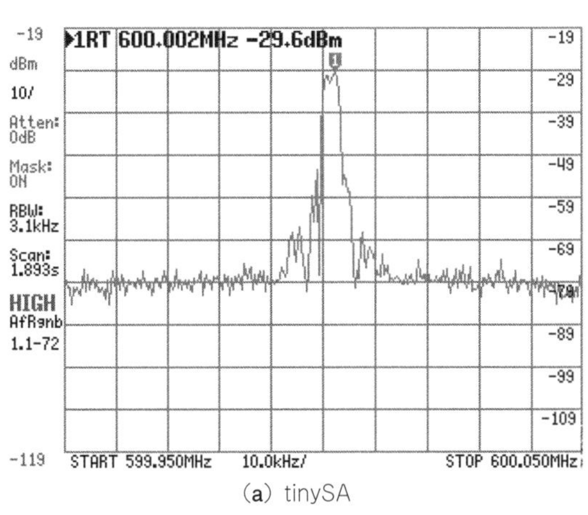

(a) tinySA

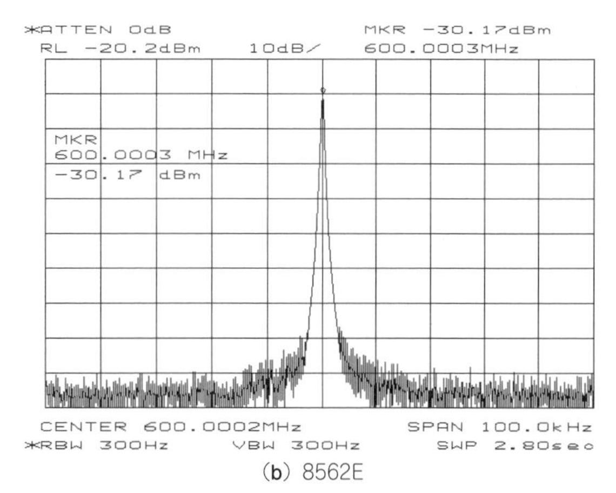

(b) 8562E

〈図14〉 スパン100 kHzの比較(Highバンド，中心周波数600 MHz)

● スパン1 MHz

Lowバンドの結果を図11(a)に，Highバンドの結果を図12(a)に示します．

両方のバンドで，中心周波数付近のノイズが盛り上がっています．8562Eでは図11(b)と図12(b)に示すように，このようなノイズの盛り上がりは見られません．

確認していませんが，おそらくトランシーバIC内部で作るローカル発振器(VCO/PLL)の位相ノイズによるものと思います．

● スパン100 kHz

Lowバンドの結果を図13(a)に，Highバンドの結果を図14(a)にそれぞれ示します．LowバンドとHighバンドは，ほぼ同じ特性です．

▶ スパン設定の下限

無変調波(CW)を測定しているにも関わらず，変調波のように幅をもったスペクトルが表示されます．tinySAのRBW最小スペックは3 kHzですから，RBWから見てもスパンを狭くする下限のようです．さらにスパンを狭く設定できるものの，スペクトル幅が広がるだけで，真の特性とはほど遠い表示です．

● スパン100 kHzのダイナミック・レンジは40～50 dB

スパン1 MHzのときはスロープ状に見えたノイズ・フロアの盛り上がりは，スパン100 kHzでは周波数幅いっぱいにノイズ・フロアが盛り上がる状態です．ダイナミック・レンジにすると40～50 dBです．

■ 6.3　まとめ

▶ Highバンドの高調波スプリアス測定は，アッテネータを［22.5－40 dB］に設定した方が良い．

▶ ダイナミック・レンジ

(周波数は測定信号からのオフセット)

- 50 kHz以内：40～50 dB(@RBW＝32 kHz)
- 50 kHz～500 kHz：スロープ状に変化
- 500 kHz以上：約72 dB(@RBW＝32 kHz)

▶ 狭いスパンは100 kHzが限界

7 tinySAの周波数特性と直線性

tinySAの周波数特性と直線性を確認します．

7.1 SAの周波数特性

測定器との接続は前節と同じです．

LowバンドでSG(E4420B)から入力する信号レベルは，キャリブレーションを行う－25 dBmとします．Highバンドは，－29 dBmより高いとマーカ表示が赤色に変わり，入力オーバのようです．安全をみて－35 dBmとします．

tinySAの設定は，電源投入した状態とします．例外として，Highバンドのアッテネータは，メニューから選択できる［22.5－40 dB］にした状態も測定します．**表1**のスペックに記したように，Highバンドはアッテネータを入れると誤差が増えるからです．また，Lowバンドは周波数範囲が広いので三つに分割して測定します．

● Lowバンドの結果

図15はLowバンドの周波数特性です．－25 dBmにある水平の点線はSGの出力レベルです．また，縦に2本ある破線は測定の周波数レンジを分割する境界線です．周波数軸はLowバンド全体が見えるようにログ・スケールです．

－25 dBmのレベルでキャリブレーションした250 MHzの測定値は－24.8 dBmですから，tinySA単独のキャリブレーションはうまく機能しているようです．

250 MHzは－25 dBmにとても近く，また1 MHzより低い周波数では－25 dBmより下回る値です．しかし，全体的には－23.5 dBm前後に分布する特性です．最大－最小の比は3.7 dBです．

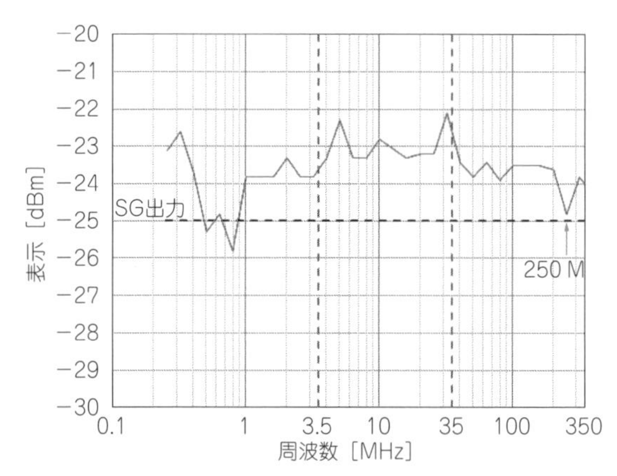

〈図15〉Lowバンドの電力表示値の周波数特性

● Highバンドの結果

図16はHighバンドの周波数特性です．赤線は，アッテネータ0 dB(電源投入時の設定)における特性です．また，黒線はアッテネータ設定が［22.5 dB－40 dB］の特性です．

赤線は全体的に右肩下がりの特性です．また，中心付近の周波数でSGの出力レベルを通ります．キャリブレーションを行った250 MHzは，SGのレベルに対して＋0.8 dBです．Lowバンド(＋0.2 dB)より少し開きがあるのは惜しいところです．

黒線は，800 MHzを境に，低い周波数では赤線に対して－35～－45 dBにシフトした特性です．800 MHz以上では，落ち込んだレベルが少し持ち直します．

最大－最小の比は，赤黒どちらも3.5 dBです．

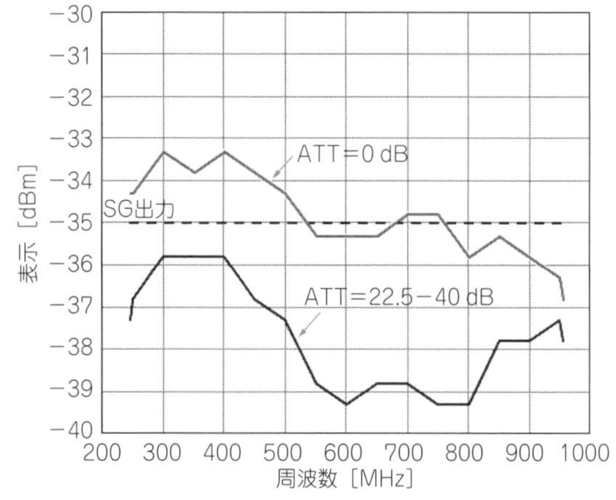

〈図16〉Highバンドの電力表示値の周波数特性

7.2 SAの直線性

測定器との接続は周波数特性と同じです．SGの出力レベルを変化させたときのSAの測定値を読み取ります．SG(E4420B)の出力上限は＋5 dBmとします．tinySAの絶対定格＋10 dBm(@ATT＝0 dB)より少し低めの設定です．またSGの周波数は，キャリブレーションを行った250 MHzです．

tinySAのLowバンドは，アッテネータを10 dB固定にして，アッテネータの要因を除いた測定データにしたいと思います．

図17が測定結果です．黒破線は入力レベルと測定レベルが一致する理想の直線です．

● Lowバンド(赤破線)

ノイズ・フロアは－90 dBmより少し低いレベルです．そこから測定上限の＋5 dBmまで理想直線に沿った結果です．

● Highバンド，ATT＝0 dB(赤実線)

－110 dBmから－30 dBmまで理想直線に平行して伸びる特性です．－30 dBmから高いレベルでは傾きが鈍くなり－25 dBmで飽和します．キャリブレーションはもう少し低い－40～－35 dBmで行った方が良いように感じる特性です．

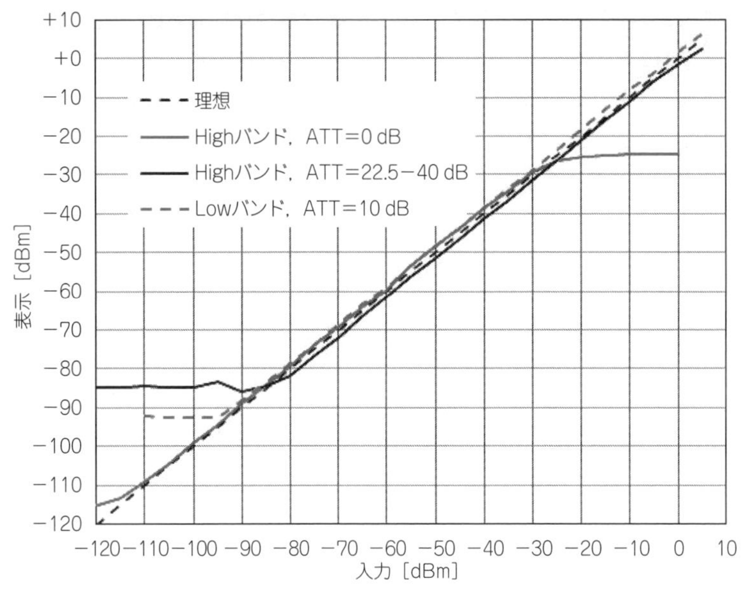

〈図17〉表示値の直線性

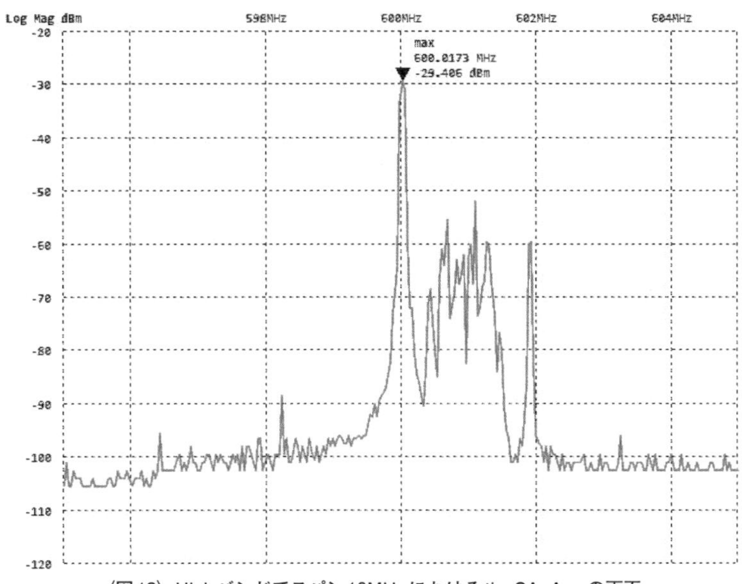

〈図18〉Highバンドでスパン10MHzにおけるtinySA-Appの画面

● Highバンド，ATT［22.5−40 dB］（黒実線）

アッテネータが入った分だけノイズ・フロアが上昇しています．そこから高いレベルでは理想直線と平行に沿う特性です．

● まとめ

直線性は両方のバンドで悪くない特性です．

8 tinySA-Appを利用したHighバンドのスペクトル表示

図18は，Highバンドでスパン10 MHzにおけるtinySA-Appの画面です．測定信号の右側に目立つスプリアスが現われます．そのときのtinySA本体のグラフは**図10(a)**です．明らかに波形が異なります．

図18における一番右側のスプリアス(602 MHz)はイメージ信号なので原因は分かっています．しかし，それ以外の目立つスプリアスは原因不明です．スパン1 MHzでも同じ傾向です．アッテネータを［22.5−40 dB］に選択すると目立つスプリアスはスッキリ消えます．

tinySA-Appを利用する場合は，本体と異なる波形が表示されることがあるようです．

9 まとめ

tinySAを使って測定してみて，良いと思うところをまとめます．

● **単独キャリブレーションだけでdBm値を直読できる**

tinySA単独でLowバンドはキャリブレーションが可能です．これによりdBm単位で電力値を直読できます．

Highバンドは別の信号源が必要ですが，出力レベルが分からなくとも大丈夫なので，やり方は工夫次第でしょう．

● **ダイナミック・レンジ70 dB，スパン100 kHzまで狭くできる性能**

スパン100 kHzくらいまで狭い範囲の測定ができます．（ただしダイナミック・レンジは40～50 dB）

測定信号から500 kHz離れれば，ノイズ・フロアの盛り上がりがなくなり，ダイナミック・レンジは8562Eに迫る約70 dBがあります．

● **RBWと掃引時間を設定できる**

RBW（分解能帯域幅）とSWEEP TIME（掃引時間）を設定できます．普段はAUTOにしておけば測定範囲に合わせて自動的に設定されます．しかし，あともう少しダイナミック・レンジを広くしたいときなど，本格的SAと同じ感覚で調整できます．

● **tinySA公式サイトの情報が豊富**

最初にも触れましたが，購入方法から応用事例まで，公式サイトに情報があります．YouTubeによる動画も多いので，英語ですが接続方法やクリックするボタン位置を画像で確認できます．文章を読んでもピンとこないときは助かります．

● **AM/FM変調対応のSG**

本稿では紹介できませんでしたが，tinySAにはSG機能もあります．出力レベルは本格的SGと比べると狭いレンジですがdBmで指定できます．アマチュア無線のナローFMのデビエーションにも対応しているようです．

● **総合評価**

上限周波数があまり伸びないところは許容が必要ですが，手軽にそこそこ使える性能，さらに1万円を切る価格なので，いろいろな場面で利用できるでしょう．

◆参考・引用*文献◆

(1) tinySA公式サイトのホーム・ページ；
https://tinysa.org/wiki/pmwiki.php?n=Main.HomePage
(2) Lowバンドのキャリブレーション動画；
https://www.youtube.com/watch?v=NFqxdGcWSdw&ab_channel=ErikKaashoek
(3) Highバンドのキャリブレーション動画；
https://www.youtube.com/watch?v=ToJUc-Va1PM&ab_channel=ErikKaashoek
(4) tinySA公式サイトのブロック図；
https://tinysa.org/wiki/pmwiki.php?n=Main.TechnicalDescription
(5) PC control；
https://tinysa.org/wiki/pmwiki.php?n=Main.PCSW
(6) tinySA-Appダウンロード・サイト；
http://athome.kaashoek.com/tinySA/Windows/
(7) ファームウェアのダウンロード・サイト；
http://athome.kaashoek.com/tinySA/DFU/
(8) tinySAスペック；
https://tinysa.org/wiki/pmwiki.php?n=Main.Specification

とみい・りいち　祖師谷ハム・エンジニアリング 

特集

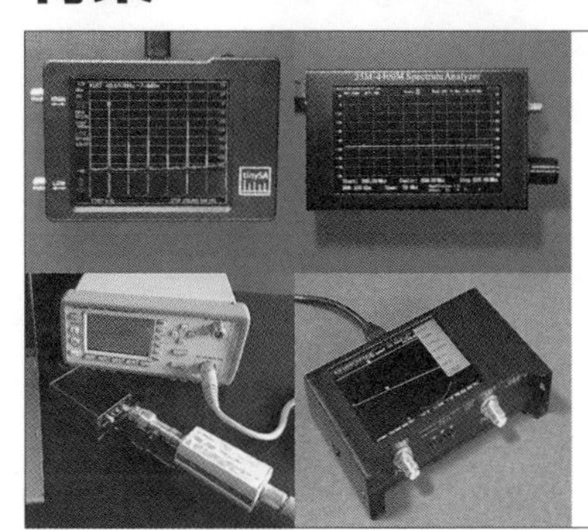

第3章　外観とスペックから期待が高まるけれど，何に役立つかは謎な製品

LTDZ 35M-4400M ハンドヘルド・スペアナ試用記

富井 里一
Tommy Reach

1 概要

ネット上の通販サイトを見ていると“LTDZ 35M-4400M”の名前を持つ格安スペクトラム・アナライザ(SA)は何種類かありますが，ハンドヘルド・タイプのLTDZ 35M-4400Mスペクトラム・アナライザという製品(**写真1**)を試してみましたので紹介します．

1.1 外観と特徴

手のひらから少しはみ出る123×75×29 mmの黒色アルミ・ケースに収まり，表示は4.3インチ液晶ディスプレイ，プッシュ・スイッチ付きロータリ・エンコーダで操作するスタンドアローン・タイプです．通販サイト[(1)]の価格は9,430円(2021年2月)です．

表1は実物を調べた仕様です．一部は通販サイトの掲載値です．設定値の変更可否も合わせてまとめました．

特徴を以下に列挙します．

- 操作はタクト・スイッチ付きロータリ・エンコーダ(つまみ)×1個だけ
- 周波数設定はStartとRBWのみ(これだけで測定範囲を決める)
- Y軸(縦軸)の目盛りは未校正なので，dBmで直読するには電力値が既知の信号源と減衰器が別途必要
- USBはバッテリ充電専用(PCとの通信機能はない)

1.2 使い方

側面のスライド・スイッチで電源をONすると，すぐに測定できる状態です．

①つまみをプッシュして測定を中断する．
②つまみを回して設定したい項目が白く反転したところでつまみをプッシュする．
③つまみを回して変更したい桁のところでつまみをプッシュする．
④つまみを回して値を変更してつまみをプッシュする．
⑤つまみを回すと再び変更できる桁が移動する．数値全体がピンク色枠で囲まれたときにつまみをプッシュすることで，その項目の変更は完了する．

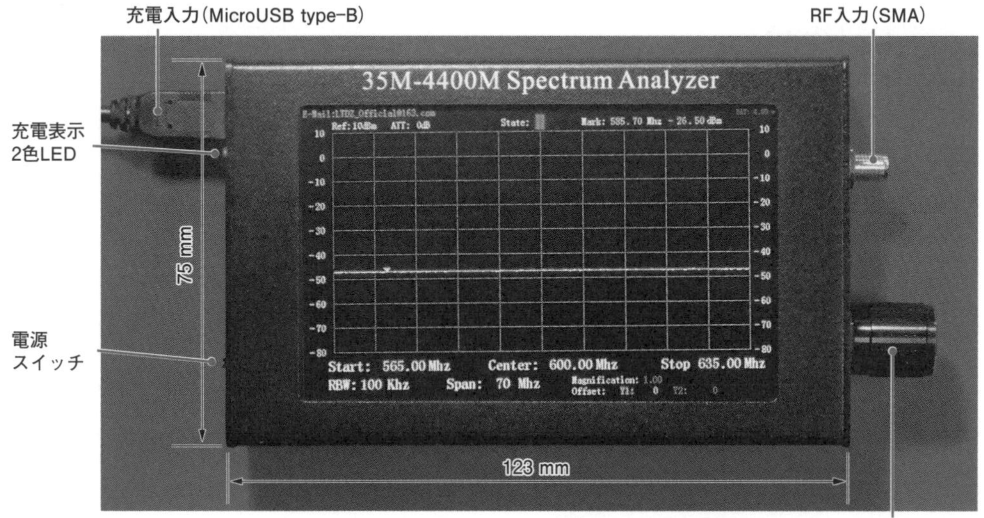

〈写真1〉LTDZ 35M-4400Mスペクトラム・アナライザ

〈表1〉LTDZ 35M-4400Mハンドヘルド・スペアナの仕様

項目	仕様	設定可否	備考
周波数範囲	35.00 MHz～4400.00 MHz	－	
RBW(分解能帯域幅)	100 kHz/200 kHz/500 kHz	○	3段切り換え
周波数スパン	70 MHz/140 MHz/350 MHz (自動)	×	RBWの設定に連動する.
スタート周波数の設定範囲	35.00 MHz～(4400.00 MHz－スパン)	○	
中心周波数とストップ周波数	スタート周波数とRBWから自動設定	×	
RBWとスタート周波数の最小ステップ	10 kHz	－	
RF入力上限レベル(※)	＋10 dBm	－	
Y軸スケール	－80～＋10 dBm, 10 dB/div. (固定)	×	
アッテネータ	0 dB(固定)	×	
マーカ	1個, 常に最大値を示しOFFできない	×	
レベル校正	倍率(Magnification), オフセットY1, オフセットY2を手動で設定する	○	周波数に依存した設定はできない.
ファームウェア・バージョン	表示機能なし	－	
PCとの通信機能	なし	－	

※：通販サイト[1]に掲載された数値

⑥つまみを回して [State] が白く反転するところでつまみをプッシュすることで測定は再開する.

ちなみに, ⑥を操作すると設定が記憶されるようです. 電源を切っても記憶しているので, 電源を入れるたびに再設定する必要はありません. 逆に, ⑥を実行する前までは, 電源を切ることで値を元に戻すことができます.

1.3 内部構造と主要部品

プリント基板は2段重ねの構造です. 上段のプリント基板はLCDパネルと, 裏側にバッテリが配置されます. 下段はLCD以外の回路が片面に実装され, その裏面は銅箔パターンだけです. 上段と下段のプリント基板は, 26ピンのピン・ヘッダとピン・ソケットを経由して接続されます.

写真2は下段の部品実装面です. 合わせて主要部品の型名も記します. 部品表面の印字から調べた型名なので間違いがあるかもしれませんがご容赦ください.

1.4 測定レベルの調整

画面表示の元となる測定レベルは, LTDZハンドヘルドSAのマニュアル[2]によると, 以下の式(プログラム・コードか？)を使用して補正できると書いてあります.

```
ADC0=750-Offset_Y1-((Get_Adc(0)+Offset_Y2)>>2)* Magnification ……………………… (1)
```

ただし, `ADC0`：処理後の最終結果, `Offset_Y1`：上下オフセット(規定値は10), `Get_Adc(0)`：検波器出力, `Offset_Y2`：検波器出力の微調(規定値は0), `Magnification`：波形の拡大率(既定値は1.57)

式(1)において`Magnification`と`Offset_Y1`と`Offset_Y2`は本体のつまみで設定可能です. 工場出荷時の値はマニュアル記載値と少し違っていて, それぞれ`Magnification=1.0`, `Offset_Y1=Offset_Y2=0`でした.

私は, 別のSGを使ってこれら三つの調整値を決めました. `Magnification=0.63`, `Offset_Y1=+53`, `Offset_Y2=0`です. 深い意味はありませんが, とりあえず1 GHzで調整しました.

次にLTDZハンドヘルドSAの性能を測定し評価しますが, この調整値を使用します.

2 性能の確認

LTDZハンドヘルドSAにSGを接続して, スペクトラム波形/直線性/周波数特性を確認します. レベルを測定するときはマーカが示す値とします. SGはキーサイト・テクノロジー社のE8257D(250 kHz～20 GHz)です. SGとLTDZハンドヘルドSAの設定条件を**表2**にまとめます.

2.1 スペクトル表示が変

写真3は, RBW 100 kHzにおいて－20.0 dBmの無変調(CW)波を入力したときの波形です. おおよそ5 MHzの幅に何本もスペクトルが表示されてしまいます. RBW 200 kHzや500 kHzに設定すると, スパンが広くなるぶんスペクトル幅は狭くなりますが, 現象は同じです.

2.2 直線性

SG出力を＋5 dBmから－60 dBmまでレベルを変化させたときのレベルを測定します. 式(1)に使う三つの調整値は, 調整前(入荷状態)と調整後を測定します. また, RBWが100 kHzの設定です.

図1が直線性の測定結果です. 黒は調整前, 赤は調整後です. 調整前の特性はどうにもならない状態ですが, 三つの調整値を決めれば約45 dBのレンジにわたって入力レベルにピッタリ追従する性能です.

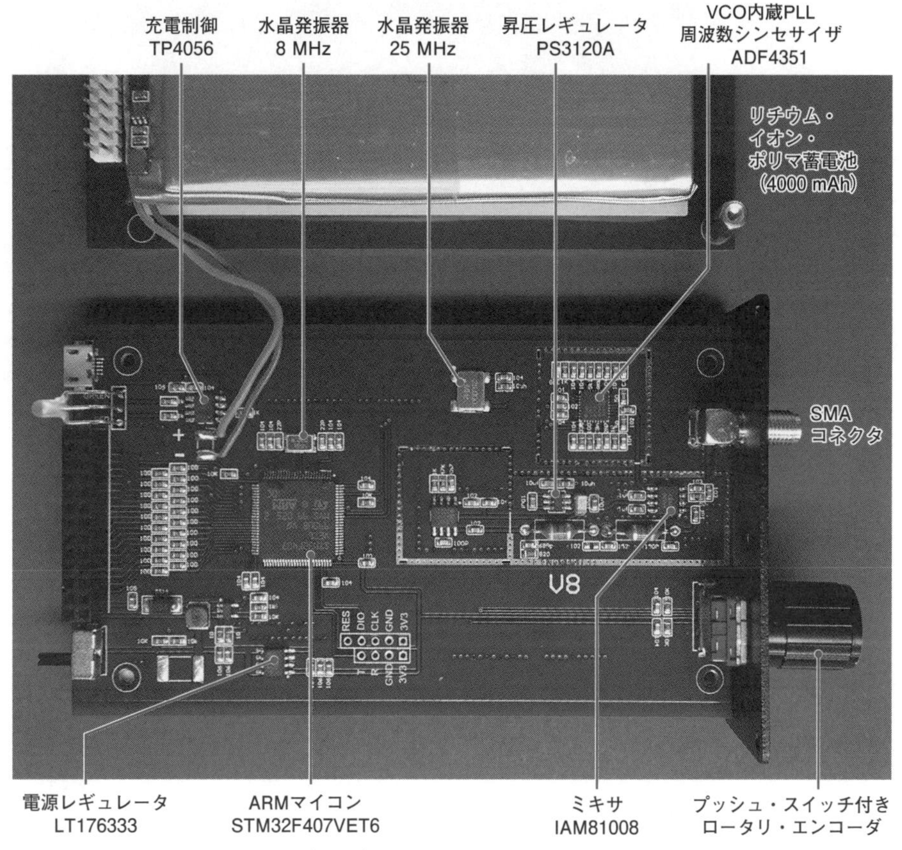

〈写真2〉内部基板(マイコン実装面)

〈表2〉
測定時の設定条件

設定項目	測定項目			
	スペクトラム	直線性	RBWに応じた周波数特性の変化	35 MHz～4.4 GHz 周波数特性
●SG：E8257D(250 kHz～20 GHz，キーサイト・テクノロジー社)				
周波数	2 GHz	1 GHz	990 MHz～1010 MHz	35 MHz～4 GHz
出力レベル	−20 dBm	−60～+5 dBm	−20 dBm	−20 dBm
変調	無変調(CW)			
●LTDZ35M-4400Mハンドヘルド・スペアナ				
RBW	100 kHz	100 kHz	100 kHz/500 kHz	100 kHz
中心周波数	2 GHz	1 GHz	1 GHz	レンジ内に収まる周波数を設定
Magnification	0.63	1.00	0.63	0.63
Offset_Y1	+53	0	+53	+53
Offset_Y2	0			

2.3 RBWの違いが与える周波数特性の変化

RBW 200 kHzと500 kHzは，SGの周波数を少し変えると検出するスペクトルのレベルがかなり異なります．それを調べるために，SGの周波数を±10 MHzの範囲で変化させたときの周波数特性を測定します．SGのレベルは−20 dBm固定です．

図2は測定結果です．赤はRBW 100 kHz，黒はRBW 500 kHzです．RBW 500 kHzは周期的に約23 dBほど暴れます．RBW 200 kHzはグラフにしていませんがRBW 500 kHzと同レベルです．測定するごとに同じ波形なので，検出レベルが不安定というわけではなく，大きな周波数特性を持つということです．

2.4 周波数特性

35 MHz～4.4 GHzの周波数特性を測定しました．SG出力は−20 dBm固定です．LTDZハンドヘルドSAのRBWは100 kHzを選択します．

図3が周波数特性の実測結果です．1.8 GHz付近ま

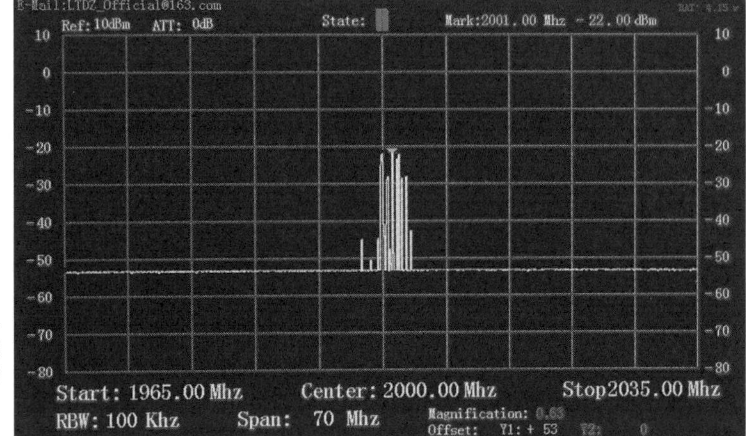

〈写真3〉無変調(CW)波を入力したときのスペクトル表示(中心周波数2.0 GHz，スパン 70 MHz，RBW100 kHz，10 dB/div.)

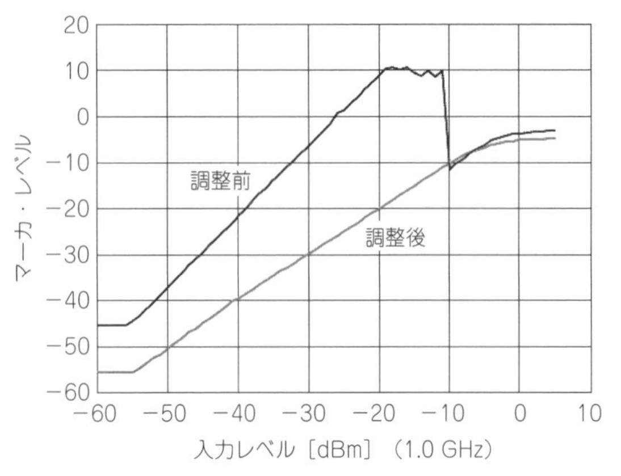

〈図1〉入力レベルに対する表示の直線性

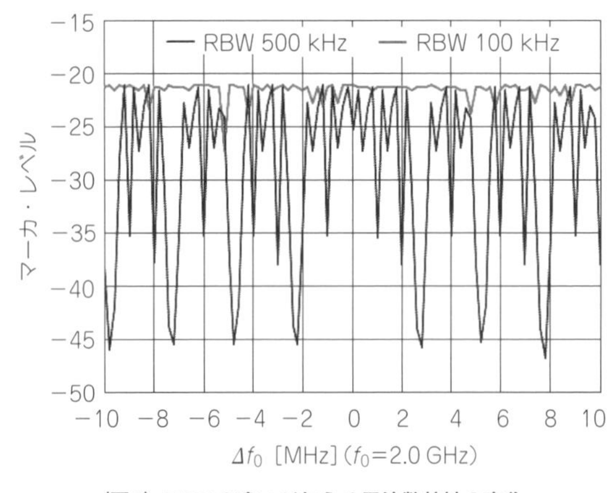

〈図2〉RBWの違いが与える周波数特性の変化

では，同じ調整値(`Magnification`，`Offset_Y1`，`Offset_Y2`)が使えそうです．しかし，1.8 GHzより高い周波数では特性変化が大きく，1組の調整値では対応できない結果です．

3 まとめ

つまみを回してプッシュするだけの操作は，手袋を

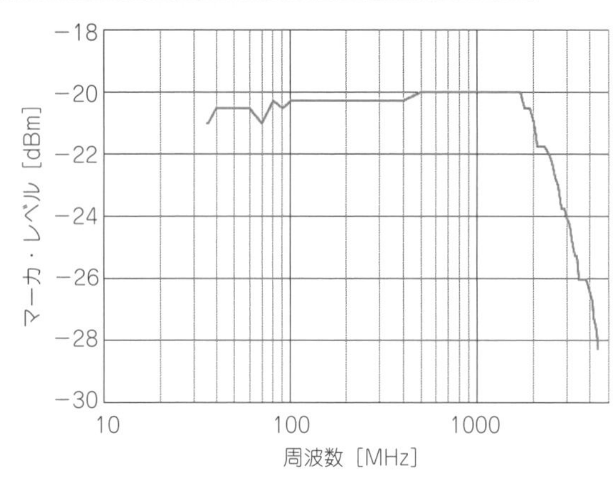

〈図3〉35 MHz～4.4 GHzの周波数特性

していても正確に操作できそうです．また，PC不要のスタンドアローン・タイプなので屋外で使いやすいでしょう．

性能面では，傾きとオフセットが調整できれば，ノイズ・フロア約−55 dBm，ダイナミック・レンジ約45 dBが得られ，RBW 100 kHzは比較的フラットな周波数特性です．とはいうものの，この性能に合う利用場面はなかなか思いつきません．

◆参考文献◆

(1) 通販サイト；
https://jp.banggood.com/Geekcreit-LTDZ-35M-4400M-Handheld-Simple-Spectrum-Analyzer-Measurement-of-Interphone-Signal-p-1592624.html?cur_warehouse=CN
(2) LTDZ 35M-4400Mハンドヘルド・スペクトラム・アナライザマニュアル；
https://myosuploads3.banggood.com/products/20191118/20191118022811Manualofspectrometer.pdf

とみい・りいち　祖師谷ハム・エンジニアリング 

Appendix

35～4400 MHz, WindowsからUSB経由で制御できるけれど…完成度が不十分

TG付きUSBスペアナLTDZ35M-4400Mの評価

富井 里一
Tommy Reach

1 はじめに

LTDZ 35M-4400Mトラッキング・ジェネレータ(TG)付きUSBスペクトラム・アナライザ(**写真1**)は，手のひらサイズのケースに入っており，USB経由でPCから制御する方式です．35 MHz～4.4 GHzの周波数範囲は，信号源に使用するPLL周波数シンセサイザICであるADF4351(アナログ・デバイセズ社)の発振周波数範囲から来ているようです．価格は，ネット通販サイトの一つ[1]で約6,000円(2021年3月)です．

PC上で動かすソフトウェアは専用ではありませんが“NWT4”や“NWT5”と呼ばれるプログラムが動くようです．Windows版NWT5はSobol氏(ロシアのアマチュア無線局，UB3TAF)のウェブ・サイト[2]からインストーラをダウンロードできます．このWinNWT5を利用して評価しました．

回路図はLTDZ 35M-4400Mのネット通販サイト[1]からダウンロードできる圧縮ファイル(.rar)に含まれていて，PDFの回路図，WinNWT4のインストーラや設定マニュアルが含まれています．

LTDZ 35-4400Mのハードウェアは，PCソフトWinNWT5のすべての機能が使えるわけではないことと，スペアナの縦軸スケールを補正するやり方がわからないなど，あれこれ条件付きですが，トラッキング・ジェネレータ(トラジェネ)機能とスペクトラム・アナライザ(スペアナ)機能を評価してみることにします．

(a) フロント・パネル

(b) リア・パネル

〈写真1〉LTDZ 35M-4400Mトラッキング・ジェネレータ付きUSBスペクトラム・アナライザ

2 セットアップ

2.1 USBシリアル・ポート

初めてLTDZ 35M-4400MをPCに接続すると，Windowsのデバイスマネージャ画面ではデバイス名USB2.0-Serialに“！”が表示されます．そのUSB2.0-Serialのプロパティを開き，ドライバの更新を実行します．そのとき「ドライバソフトウェアの最新版を自動検索」を選択します．しばらくすると，デバイスマネージャ画面の“！”が消えてCOMポート番号が割りあてられます．

2.2 WinNWT5のダウンロードとインストール

Sobol氏のサイト[2]から“WinNWT5_setup_5.1.0_b1826.exe”をダウンロードして，そのファイルを実行することでインストールできます．(ユーザ：guest，パスワード：空白)

プログラムの起動はインストール先フォルダの“winnwt5.exe”をダブル・クリックします．

2.3 WinNWT5の設定

NWT4向けLTDZ 35M-4400Mの使用マニュアル[3]のとおりに設定します．しかし「ストップ周波数はmax.sweepfrequencyより高い」というダイアログ・ボックスが表示されるので“max.Sweep (Hz)”の値をマニュアルよりゼロを一つ多くして，“5000000000”と入力し，書き変わってしまったStopfrequency(Hz)にも同じ“5000000000”に変更することで動作するようになりました．以上の変更内容は**図1**に赤線で示しています．私はこの設定で動作しました．

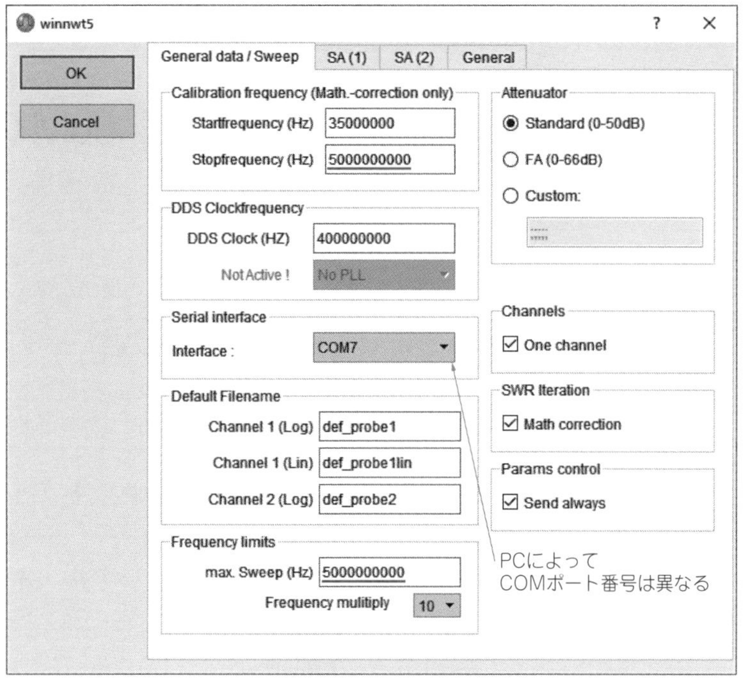

〈図1〉 WinNWT5の設定値

3 測定条件と測定方法

測定したのは1台だけなので，この個体に固有の不具合が含まれている可能性があります．**表1**は測定に使用した機器です．測定器のほかにノートPCとしてInspiron 13 5378(デル社)を使いました．Core i5-7200U，RAM8Gバイト，SSD256Gバイト，Windows 10です．

3.1 トラジェネ機能の周波数特性

図2はWinNWT5のVFOモードの画面です．この機能を利用して各周波数の出力レベルを測定し，トラジェネの出力周波数特性とします．

測定はLTDZ 35M-4400MのRF_OUTコネクタにパワー・センサを接続して測定します．**写真2**はそのようすです．

3.2 スペアナ機能

WinNWT5のSweepモードを利用してスペクトルを観測します．しかし最初に触れたように，縦軸スケールの補正方法がわからない状態で測定しています．

測定器とLTDZ 35M-4400MのRF_INコネクタを**写真3**に示すようにSGに接続します．SGの変調はOFFにします．

● スペアナ機能の周波数特性

測定範囲は35 MHz～4.4 GHzです．SGはスイープするのではなく，1ポイントずつ固定し，そのときのレベルをWinNWT5で測定します．**図3**は，例えばSGを400 MHzに固定した信号を測定したWinNWT5の画面です．ピーク値を測定値として記録します．このときのWinNWT5設定画面が**図4**です．測定したい周波数の±2 MHzをスイープする設定です．

測定するピーク値はdBです．ただし，基準(0 dB)が何かは不明です．

〈表1〉 評価に使用した測定機器

測定項目	測定器	型名	仕様	メーカ
●トラッキング・ジェネレータ機能の評価				
周波数特性	パワー計	E4418B		キーサイト・テクノロジー
	パワー・センサ	E4412A	10 MHz～18 GHz, −70～+20dBm, CW	キーサイト・テクノロジー
●スペクトラム・アナライザ機能の評価				
周波数特性	シグナル・ジェネレータ	E8257D	250 kHz～20 GHz	キーサイト・テクノロジー
ダイナミック・レンジ		E4400B	250 kHz～1 GHz	キーサイト・テクノロジー

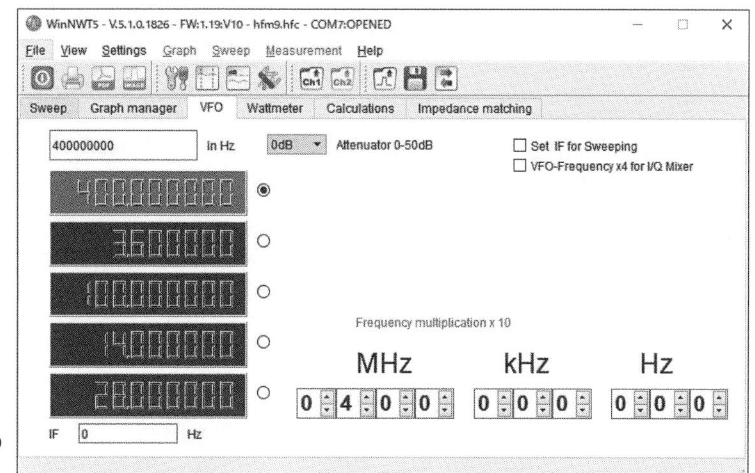

〈図2〉 WinNWT5のVFOモード画面(400 MHz)

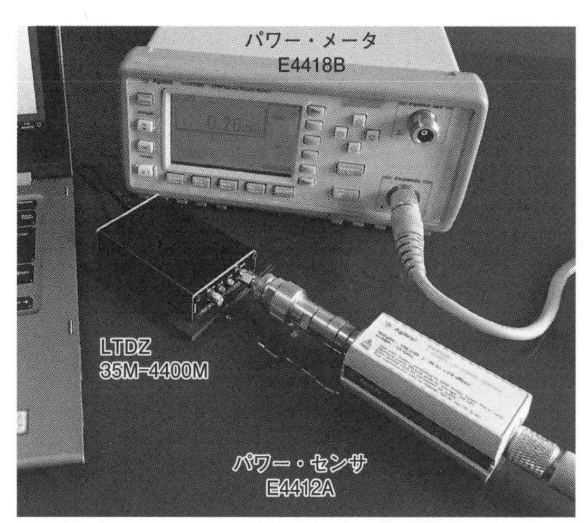

〈写真2〉 トラッキング・ジェネレータ機能を測定するようす

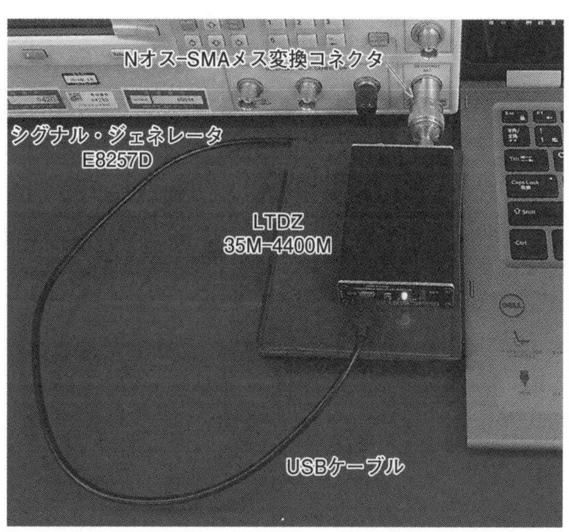

〈写真3〉 スペクトラム・アナライザ機能を測定するようす

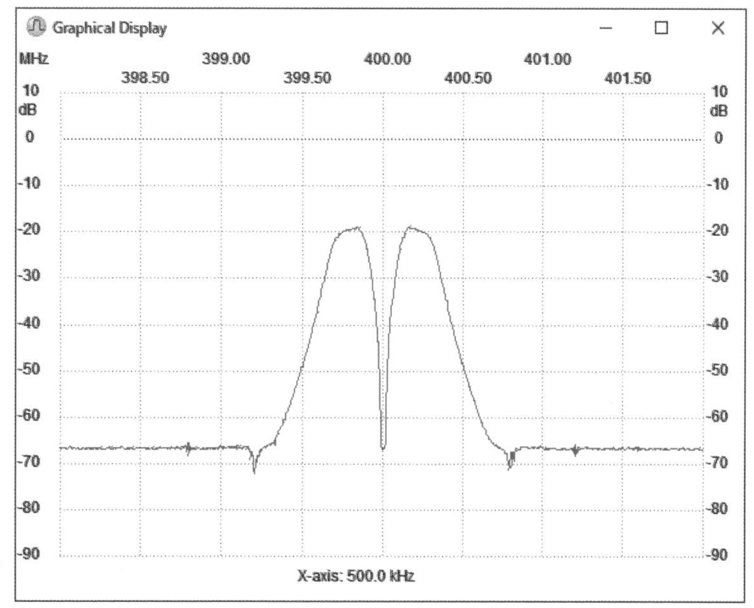

〈図3〉 WinNWT5のSweepモードの測定画面(400 MHz)

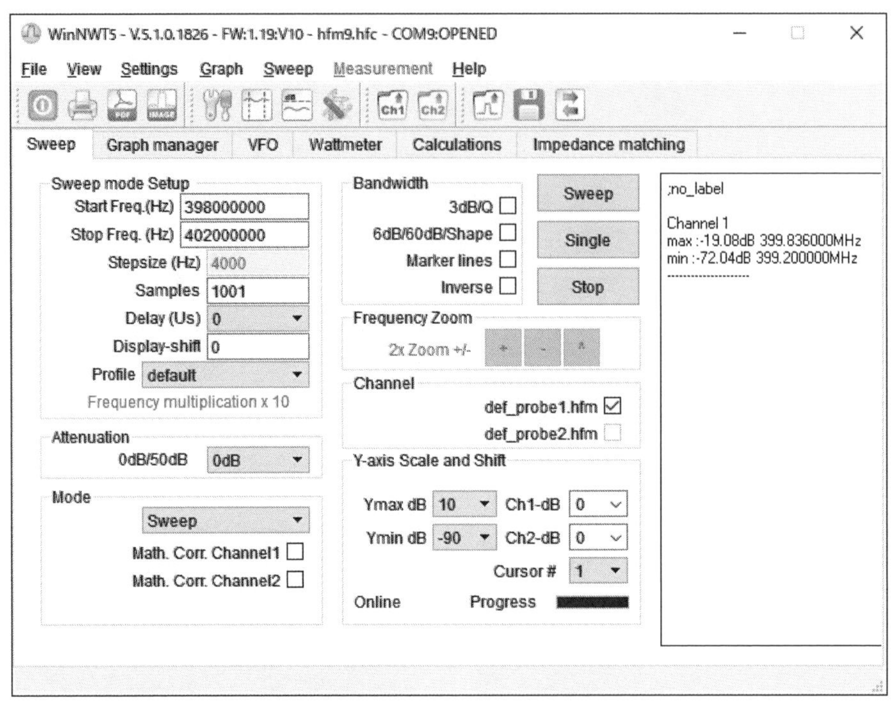

〈図4〉 WinNWT5のSweepモードの設定画面

SGの出力レベルは−20 dBmとします．これは入力レベルに対してLTDZ 35M-4400Mの検波器が直線的に動作する範囲，かつ，できるだけ高いレベルとしました．

● スペアナ機能の直線性

SGの出力レベルを−60 dBm～＋10 dBmの範囲で変化させ，スペアナの周波数特性と同様のやり方でレベルを測定します．入力レベルに対して直線的に検出できる範囲や，飽和するレベルを評価します．SGの周波数は500 MHzとします．

4 測定結果と評価

4.1 トラジェネの周波数特性

図5のグラフはトラジェネの出力特性です．35 MHz付近では約＋0.3 dBmで，周波数が高くなるほど右肩上がりの傾きが急です．2.6 GHz付近がピークになり約＋4.8 dBmです．さらに高い周波数では急にレベルは減少します．

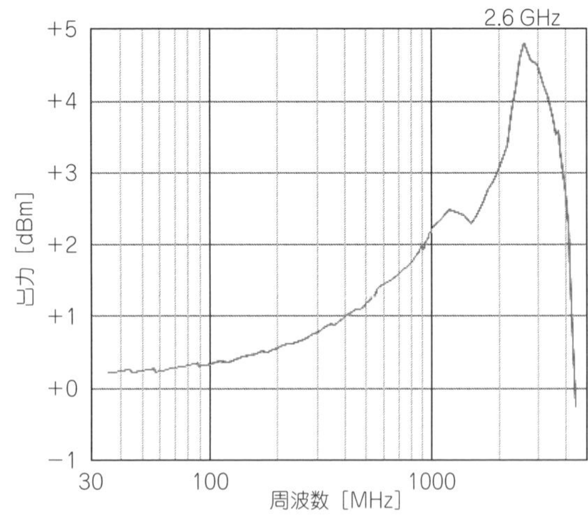

〈図5〉 トラッキング・ジェネレータ機能の出力周波数特性

4.2 スペアナ機能

● 周波数特性

図6(a)は−20 dBmの信号を入力したときのスペアナ周波数特性です．1.6 GHz付近から高い周波数で急に落ち込む特性です．

スペアナの回路を構成するローカル・オシレータは，図5とほぼ同じと想像します．トラジェネと同じIC(ADF4351)を使用しているためです．ミキサICはIAM81008(Avago Technologies)を使用しており，5 GHzまで伸びるスペックです．これらのことを考えると，もう少し高い周波数まで伸びてほしい感じがします．

● 直線性

図6(b)の赤色実線は，−60 dBm～＋10 dBm(500 MHz)を入力したときの直線性です．おおよそ−45 dBm～−10 dBmの範囲が直線的な特性です．

−9 dBmに段差がありますが，何度測定してもこうなります．

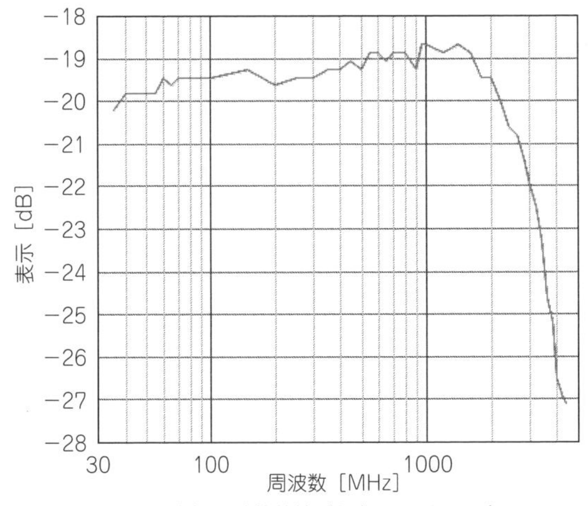

(a) 周波数特性（入力：－20 dBm）

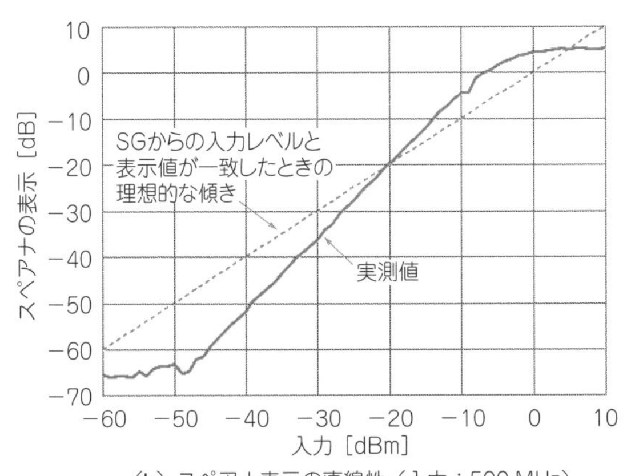

(b) スペアナ表示の直線性（入力：500 MHz）

〈図6〉スペクトラム・アナライザ機能の特性

気になるのは実際より大きな変化比になることです．赤色破線は，入力レベルと測定レベルが一致したときの理想的な傾きです．しかし実際は，入力＋10 dBの変化に対しておよそ＋16 dBなので，理想より急な傾きです．縦軸スケールを校正できれば解消できるはずです．

4.3 その他

図3のスペクトル表示は，山が二つあります．測定器メーカのスペアナで測定すると山は一つなので違和感があります．これは以下の三つによるシンプルな回路構成によるものです．

- 測定周波数と同じ周波数をミキサのローカル信号に使用している．（ダイレクト・コンバージョン）
- ミキサIF出力とA-Dコンバータの間にDCカット用コンデンサとローパス・フィルタを配置している．
- ミキサのイメージ周波数を取り除くバンド・パス・フィルタがない．

以上のことから，測定したいピッタリの周波数ではレベルが減少し，その両サイドに検出した信号の山が現れる特性になります．

5 まとめ

35～4400 MHzをカバーすること，トラッキング・ジェネレータ内蔵，USB制御，低価格など魅力的なスペックなのですが，実用にするには完成度が物足りないように思います．

◆参考文献◆

(1) ネット通販サイトの一つ
https://jp.banggood.com/Geekcreit-Spectrum-Analyzer-USB-LTDZ-35-4400M-Signal-Source-with-Tracking-Source-Module-RF-Frequency-Domain-Analysis-Tool-With-Aluminum-Shell-p-1494125.html?cur_warehouse=CN
(2) Sobol Home Site - UB3TAF
http://www.asobol.ru/software/winnwt5
(3) LTDZ 35M-4400Mのマニュアル
http://www.kh-gps.de/nwt.pdf

とみい・りいち 祖師谷ハム・エンジニアリング 

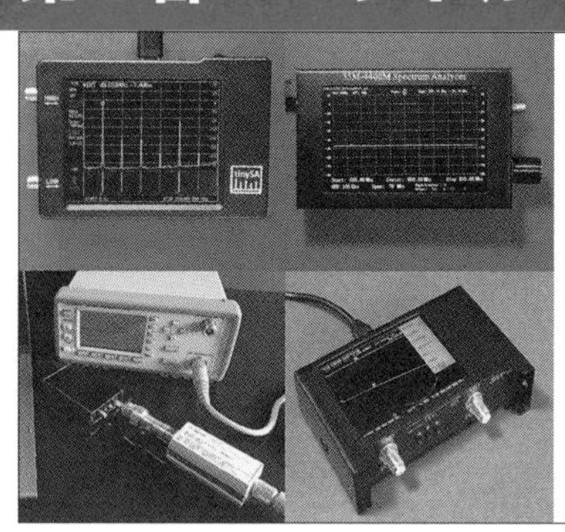

第4章　RF系回路構成を一新し，周波数範囲を拡張！ NanoVNA互換！
3 GHzまで測れる簡易VNA "SAA-2"の試用と評価

富井 里一
Tommy Reach

1 SAA-2の概要

世界中で大ヒット中のNanoVNAは，今も勢いが増すばかりです．そのNanoVNAからハードウェアが一新した"S-A-A-2"(NanoVNA V2，v2.2)と，本格的VNA(Vector Network Analyzer)を比較する機会がありましたので紹介したいと思います．

公式サイトの表記は"NanoVNA V2"ですが，通販サイトでは"S-A-A-2"や"S.A.A.2"だったりします．ただし，NanoVNA V2という名称は，NanoVNAのオリジナル開発者であるedy555こと高橋知宏氏が開発中の"NanoVNA Ver.2"と紛らわしいことから，本稿では"SAA-2"と表記します．

1.1　本体と付属品

SAA-2のハードウェアは何種類かあるようです．私の手元に届いたのは，50 kHz～3 GHzまで対応して黒色の金属ケースに収まったタイプで，ハードウェアはver. 2.2です．**写真1**は本体と同梱する付属品を並べたものです．専用ポーチまで付属します．価格は通販サイト[1]で8,678円(2021年3月調べ)です．

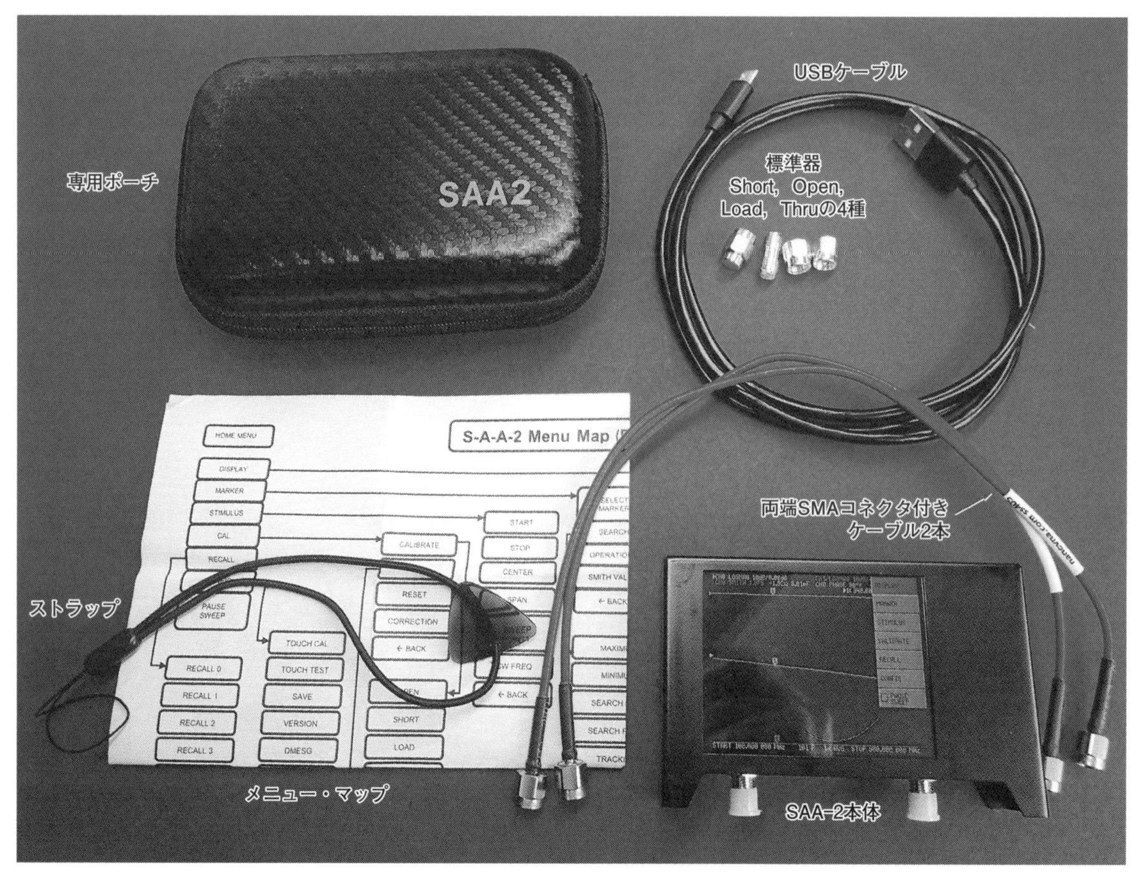

〈写真1〉 簡易VNA"SAA-2"本体と付属品の一例

1.2　外観

写真2はSAA-2本体の外観です．NanoVNAとの違いは，USBがType-CからmicroUSB type-Bに，ジョグ・スイッチが三つのプッシュ・スイッチに変わったことくらいです．それ以外のタッチ・パネル付き2.8インチ液晶ディスプレイやCH0とCH1のSMAコネクタ，電源用スライド・スイッチはNanoVNAと同じです．また，メニューの並びや操作は，NanoVNAの感覚で使えます．ちょうど高い周波数まで伸びたNanoVNAという感じです．

1.3　スペック

表1はNanoVNA V2(SAA-2)の公式サイト[(2)]に記載されたスペックや関連資料の値をまとめたものです．3GHzまでスペック化されているところがNanoVNAと一番違うところです．ハードウェアもNanoVNAと異なります．

信号源は，NanoVNAと同じクロック・ジェネレータSi5351Aのほかに，4.4GHzまで発振するVCO内蔵PLL周波数シンセサイザIC ADF4350(137.5MHz～4.4GHz)を追加し，ミキサICはAD8342(～3.8GHz)を使用することで，測定周波数レンジを伸ばしています．代償として消費電流がNanoVNAの120mAに対して350mAに増えています．

スイープ・ポイントがNanoVNAでは101ポイント固定でしたが10～201ポイントの間で任意に設定できることや，NanoVNAにはないアベレージ機能が追加されました．

〈表1〉[(2)]SAA-2のスペック

項目	スペック	条件
周波数範囲	50 kHz～3 GHz	
S_{11}ノイズ・フロア(キャリブレーション後)	−50 dB	f<1.5 GHz
	−40dB	f<3 GHz
掃引速度	100ポイント/秒	f≧140 MHz
	80ポイント/秒	f<140 MHz
スイープ・ポイント数	10～201ポイント	本体
	10～1024ポイント	PC制御
表示	2.8インチ液晶，320×240，タッチ・パネル付き	
電源	USB，4.6～5.5 V	
供給電流	350 mA(typ)，400 mA(max)	
バッテリ充電電流	1.2 A(typ)	
本体サイズ	97×62×24 mm	
重量	約200 g	
動作周囲温度	0～45 ℃	

1.4　PCソフトウェア

NanoVNA V2(SAA-2)の公式サイトから，二つのPCソフトウェアをダウンロードできます．

二つのソフトウェアの共通点は，SAA-2本体にない機能が使えることです．とくにキャリブレーションは，それぞれ本体と異なるやり方で精度を改善しています．

一方で制限もあります．私が操作した限りでは，SAA-2単体の操作と，PCソフトウェアの操作を組み合わせることはできませんでした．例えば，本体を操

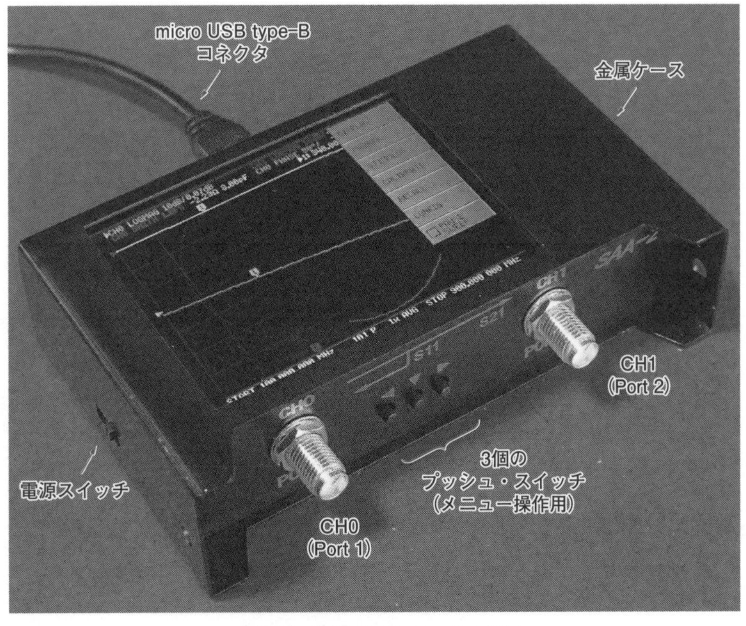

〈写真2〉簡易VNA“SAA-2”の外観

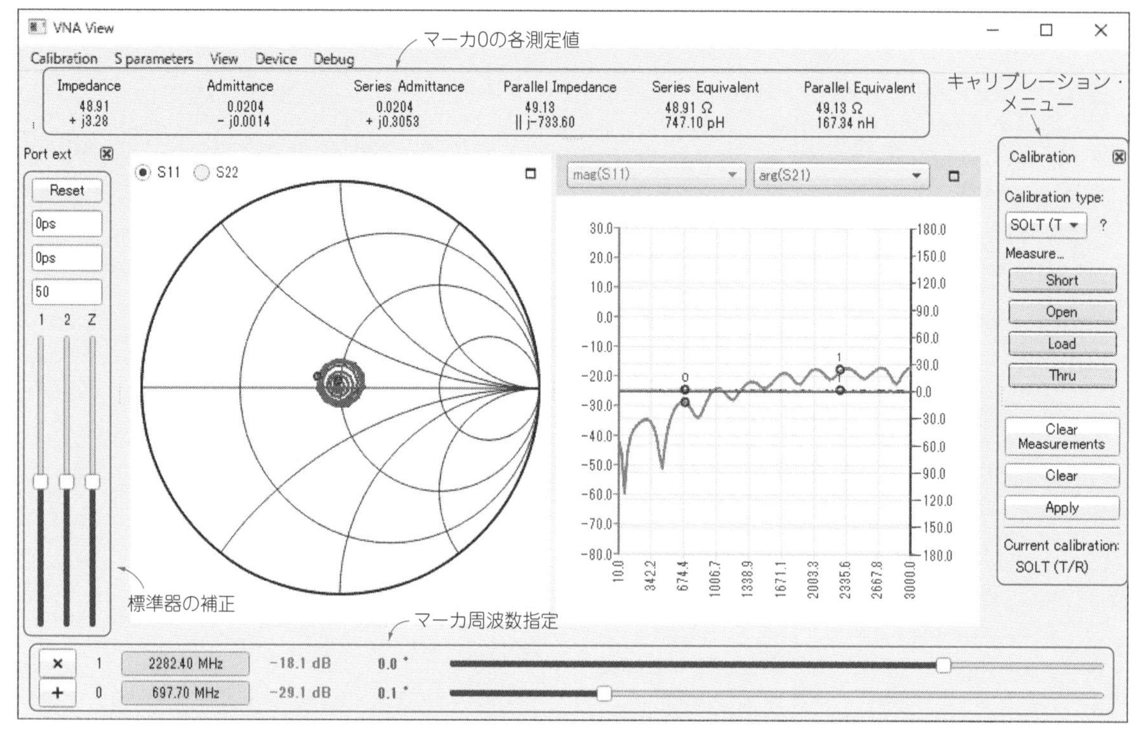

〈図1〉 PCソフトウェア"NanoVNA-QT"の画面

作してキャリブレーションを行い，そのあとにPCソフトウェアで測定データをPCに吸い上げるような組み合わせはできないという具合です.

● **NanoVNA Saver** (v. 0.3.8)

NanoVNA用PCソフトウェアですが，SAA-2でも利用できます．ただし，スイープ・ポイントは101固定になります.

SAA-2本体にはないキャリブレーション関連の機能として，各標準器(Open/Short/Load/Through)に対する補正パラメータを持つことができます.

● **NanoVNA-QT**

PCからSAA-2を制御する機能のほかに，ファームウェアをSAA-2にアップロードできるPCソフトウェアです．**図1**はNanoVNA-QTで測定中の画面です．NanoVNA Saverよりコンパクトにまとまっています.

キャリブレーションの特徴として，スライド・バーでOpenとShortの標準器に含まれる電気長の補正(−50 ps〜+50 ps)が可能です．また，Load標準器に含まれる浮遊リアクタンス(318fF〜794 pH)の補正が可能です. ただし, Through標準器は補正できません.

もう一つの特徴は, 各標準器に対応するTouchstone形式のファイルを読み込むメニューがあります．未確認ですが，電気長などが補正されたTouchstoneファイルが作成できれば，スライド・バーで補正できないThrough標準器の補正ができると思います.

グラフは，スミス・チャートとX軸が周波数の2Dグラフがあります．Y軸は振幅(dB)以外に位相やSWRなどVNAで測定できるさまざまな項目を選択できますが，Y軸スケールはdBを除いて固定です．少し不便を感じるところです.

2 f_c=1 GHzのLPFを本格的VNAと測り比べ

カットオフ周波数f_c=1 GHzのLPF(Low Pass Filter)を測定した結果を本格的VNAと比較してみます．**写真3**はディエステクノロジー社からお借りした，f_c=1 GHzとf_c=3 GHzのLPFです．19×21×11 mmの小さなアルミ削

〈写真3〉 特性を測定したLPF [資材提供：㈱ディエステクノロジー]

り出しのケースにLPFブロックを組み込んだ構造で，入出力はSMAメス・コネクタです．今回はf_c=1 GHzのものを測ります．本格的VNAとしては，8753D(キーサイト・テクノロジー社)を使います．

2.1　キャリブレーションにはメスの標準器を使いたい

被測定デバイスはSMAメス・コネクタなので，その対となるオス・コネクタ側を校正の基準面にします．この場合，メスの標準器(Open/Short/Load)が必要です．

写真4は測定やキャリブレーションに接続する各コネクタの極性(オス/メス)と校正基準面を示すものです．デバイスの測定では，同軸ケーブル側のオス・コネクタを直接デバイスに接続します．一方，キャリブレーションのときは，同軸ケーブル側のオス・コネクタからメス-メス中継コネクタを経由してからオス・コネクタの標準器に接続するようなやり方です．

デバイス測定のときはメス-メス中継コネクタを接続しないので，その分のロスがなくなり，また位相回転も少ない結果になります．

今回の中継コネクタはとても短いので，ロスは無視できる範囲ですが，位相の違いはスミス・チャートにはっきり見えてしまうので補正します．

2.2　今回のキャリブレーション方法(SAA-2)

写真4のように，SAA-2に付属の標準器と，SMAメス-メス中継コネクタを使用します．このメス-メス中継コネクタは，少しズルイかもしれませんが，あらかじめVNAの8753Dでディレイを測定し，SAA-2をキャリブレーションするときに，ディレイを補正する方式とします．また，比較のためにディレイを補正しないキャリブレーションでも測定します．

使用するメス-メス中継コネクタはHRM-501(ヒロセ電機)です．**写真5**に示すように，SAA-2やNanoVNA付属の中継コネクタと長さがほぼ同じことと，コネクタのねじを締めるときにトルク・レンチで固定できる構造が選択理由です．トルク・レンチを使うことで，締め付けトルクが安定し，測定結果も安定します．

余談ですが，**写真5**のSAA-2付属の中継コネクタは平な面があります．これは，レンチが入るように削ってみたものですが，削り過ぎた失敗作です．結局，ラジオ・ペンチでつまむ面として利用したために傷跡が残ってしまいました．

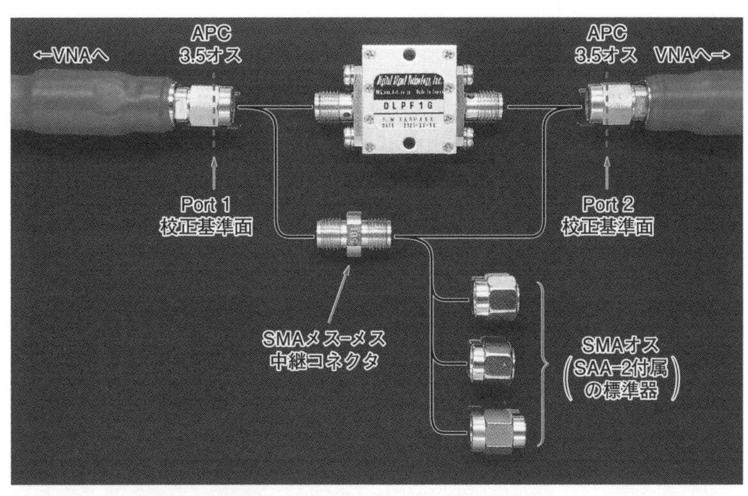

〈写真4〉LPF測定時の接続と校正基準面

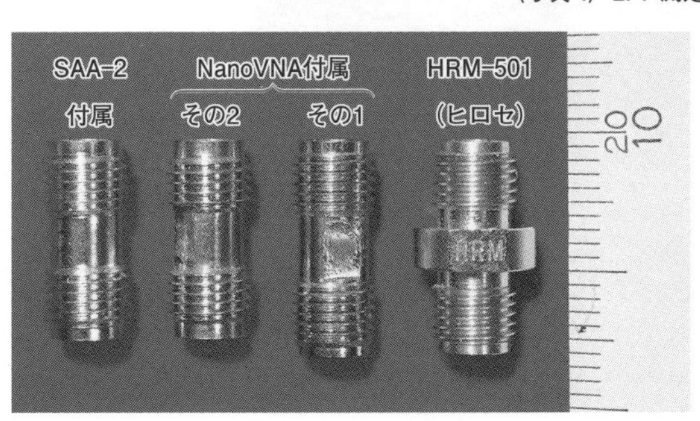

〈写真5〉SMAメス-メス中継コネクタ各種

〈表2〉中継コネクタのディレイとロス

中継コネクタ	遅延時間[ps]	挿入損失[mdB]		備考
		1 GHz	3 GHz	
HRM-501	51.9	22	27	ヒロセ電機
NanoVNA付属1	53.7	33	49	
NanoVNA付属2	47.4	27	40	

注▶(1)測定値は8753D(キーサイト・テクノロジー社)による．
(2)キャリブレーション・キットは85521A(キーサイト・テクノロジー社)

表2は，**写真5**の中継コネクタをVNAの8753Dで測定したディレイ時間です．フル2ポートのキャリブレーション後にS_{21}の群遅延を測定しました．同軸ケーブルの場合は，群遅延(角周波数に対する位相の変化比)がそのままディレイになります．

■ 2.3 NanoVNA Saverに各標準器のディレイを設定

測定データは，PCソフトウェアを使用してデータをPCに吸い上げ，PC上で比較します．SAA-2用のPCソフトウェアは，NanoVNA Saverを利用します．NanoVNA-QTは，S_{21}のディレイを補正できないので，今回の条件では利用できません．

図2は，NanoVNA SaverのCalibration画面です．これは，PC上でnanovna-saver.exeを起動し，画面左下の［Calibration］ボタンをクリックすると現れる画面です．各標準器の“Offset Delay(ps)”の入力フィールドに，SMAメス-メス中継コネクタのディレイ時間を設定します．後は，同じCalibration画面にある［Calibration assistant］ボタンをクリックして通常のキャリブレーションを実行します．以上のやり方で，**写真4**に示すAPC3.5 mmオス・コネクタが校正基準面になります．

■ 2.4 8753Dのキャリブレーション

APC3.5 mmメス・コネクタのキャリブレーション・キット85521Aを使用します．**写真6**は85521Aと85052Cの一部です．85052Cは次の2.4 GHzアンテナ測定で使用する標準器です．

8753D側にはキャリブレーション・キットの補正データが登録済ですから，普通にキャリブレーションするだけで自動的に補正されます．

■ 2.5 測定条件と使用機器

f_c=1 GHzのLPFを測定する条件を**表3**にまとめます．

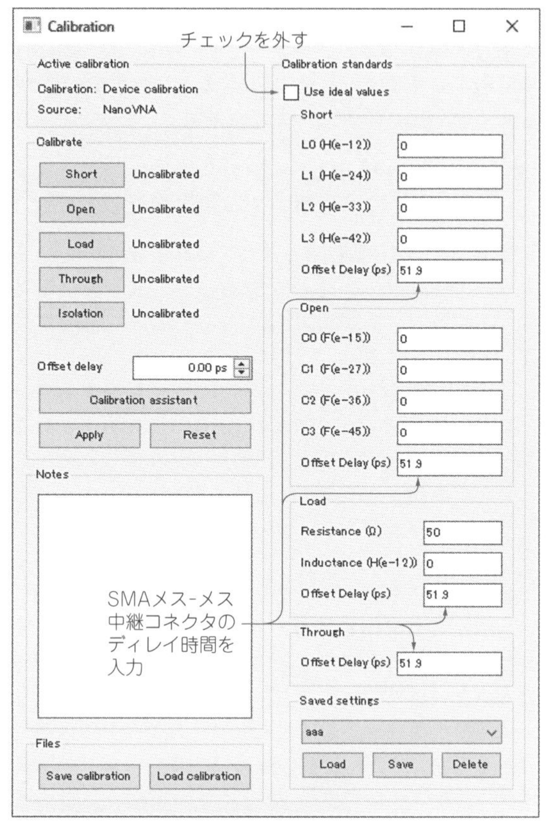

〈図2〉ディレイ値を設定する画面(NanoVNA Saver)

SAA-2の測定ポイント数はPCから制御する場合には最大1024ですが，NanoVNA Saverソフトウェアの制限から101ポイントで測定します．

VNAと被測定デバイスは，APC3.5 mmコネクタ付の同軸ケーブルを使います．8753Dのキャリブレーション・キットがAPC3.5 mmなので，それに合わせます．

余談ですが，SMAコネクタとAPC 3.5 mmは，コンタクト部の寸法が同じなので接続可能です．しかし注意が必要です．SMAコネクタは外導体より中心導体

〈写真6〉キャリブレーション・キット85521Aと85052Cに含まれる標準器(キーサイト・テクノロジー社)

〈表3〉LPF (f_c = 1GHz) の測定条件

項目	SAA-2 (50 kHz～3 GHz)	8753D (30 kHz～6 GHz)
測定周波数	0.75 GHz～3 GHz	
測定ポイント数	101	
アベレージ回数	16	
キャリブレーション方式	エンハンスト・レスポンス校正	フル2ポート校正
PCソフトウェア	NanoVNA Saver (v. 0.3.8)	−
キャリブレーション・キット	SAA-2付属の Open/Short/Load	85521A (キーサイト・テクノロジー社)

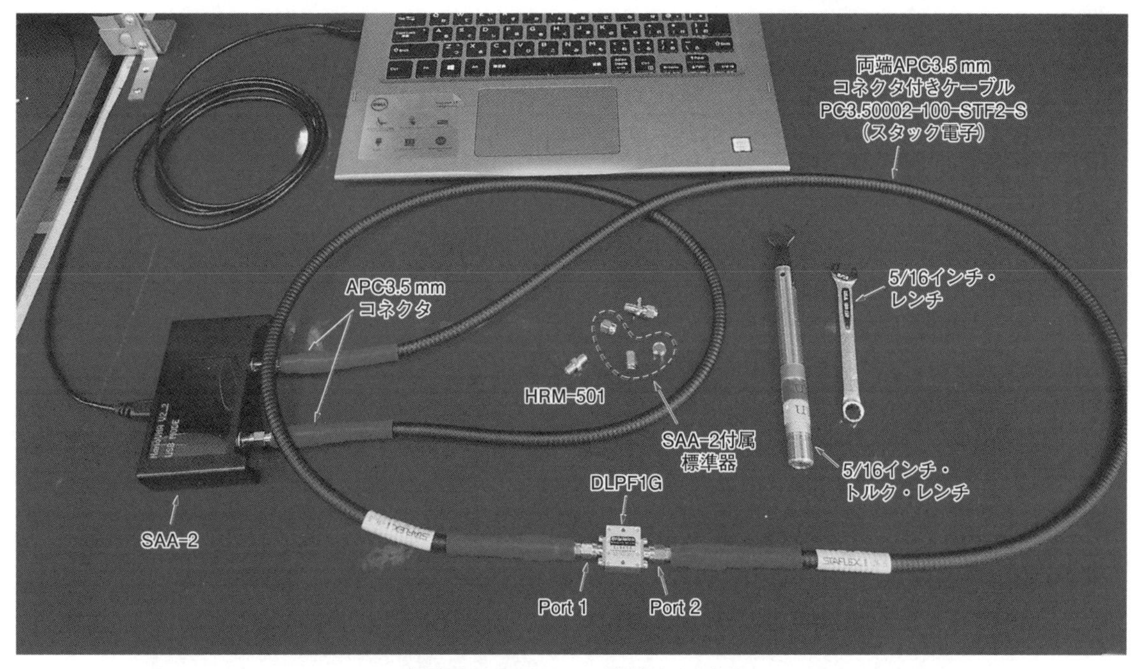

〈写真7〉SAA-2でLPFを測定するようす

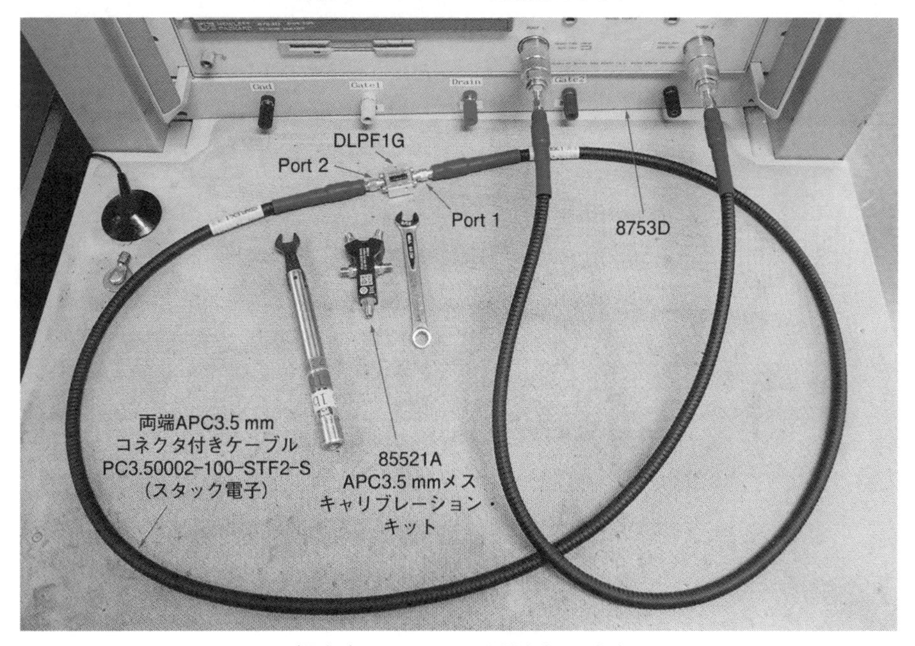

〈写真8〉8753DでLPFを測定するようす

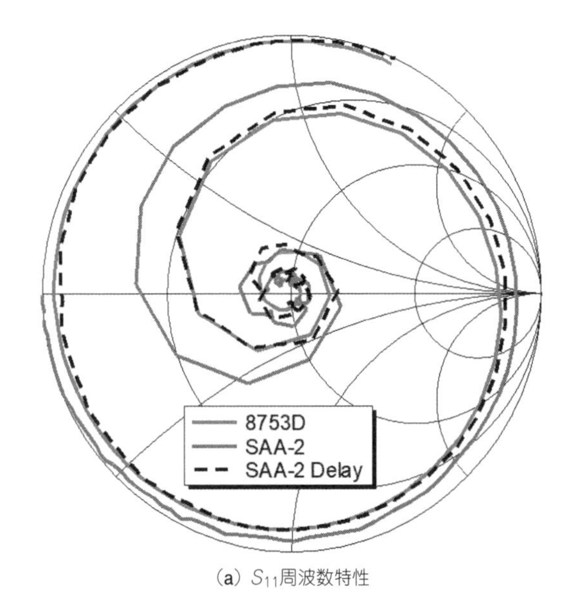

(a) S_{11}周波数特性

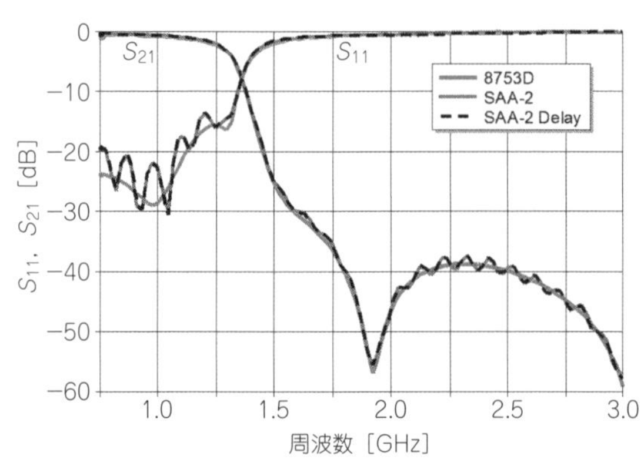

(b) S_{11}とS_{21}の振幅周波数特性

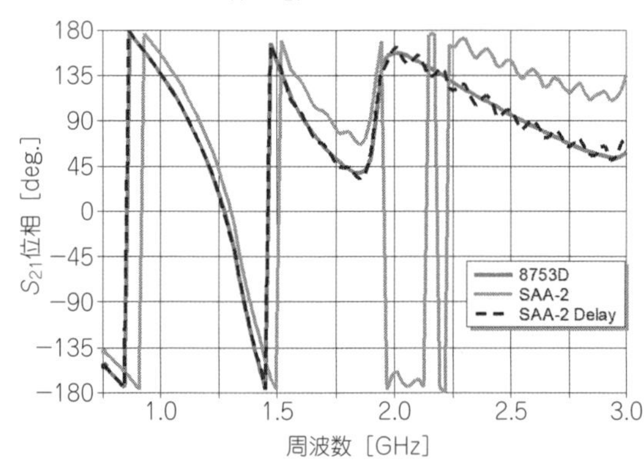

(c) S_{21}位相の周波数特性

〈図3〉 LPF(f_c = 1 GHz)の測定結果

が飛び出していることがあり，もしも相手がAPC3.5 mmだと，中心コンタクト部が奥に押し込まれて性能劣化につながります．APC3.5 mmコネクタは「ピン(pin)・デプス(depth)」というスペックで管理されていて，このようなことはありません．

2.6 測定結果

写真7はSAA-2でLPFを測定するようす，**写真8**は8753Dで測定するようすです．測定データはTouchstone形式で保存し，フリーの高周波回路シミュレータ・ソフトウェアQucsStudio(3)を利用して同じグラフにプロットします．**図3**が測定結果です．

● ディレイ補正なし

▶ スミスチャート位相グラフ

SAA-2の測定は，SMAメス-メス中継コネクタの補正がないので8753Dとの差はありますが，想定内の特性です．

▶ 振幅グラフ

S_{11}は約−13 dB以上のときにSAA-2と8753Dの波形は重なり一致します．S_{21}は約−37 dB以上で波形は重なります．それより低いレベルではリプルの特性が現われます．S_{11}の方が比較的大きなリプルです．8753Dはリプル特性が現れません．

S_{11}の測定は進行波と反射波を分離する回路が必要ですが，その性能が影響しているのかもしれません．

● ディレイ補正あり

ディレイの補正をしてもS_{11}やS_{21}の振幅グラフに現れるリプル特性は改善できないことがわかります．しかし，スミス・チャートと位相グラフは，SAA-2と8753Dはほぼ重なる特性で，ディレイ補正が効いていることがわかります．

● まとめ

- S_{21}はスペック上限の3 GHzまで悪くない特性です．
- S_{11}は約−13 dB以下のリプルが少し気になります．
- コネクタの極性が合わないときにディレイを補正して測定するのは有効なことがわかります．

3 2.4 GHz帯無線LANアンテナの測定

測定周波数が3 GHzまで伸びているので，2.4 GHz帯のアンテナも測定できます．ここでは，Pulse Electronics社の無指向性2.4 GHz帯無線LANアンテナW1030の入力インピーダンスとSWRをSAA-2で測定します．そして本格的VNA 8753Dによる測定値と比較します．

写真9は測定したアンテナの外観とその内部です．構造はスリーブ・アンテナ，すなわち半波長ダイポール・アンテナ相当です．

表4にアンテナの測定条件をまとめて示します．

3.1 測定条件

写真10は，アンテナ付近の接続構成と校正基準面を示します．アンテナのコネクタはリバースSMAなので，通常のSMAコネクタに変換します．そしてコ

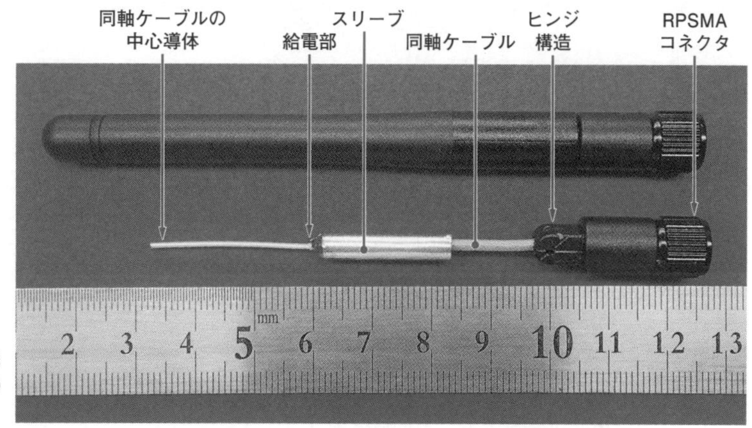

〈写真9〉 2.4 GHz帯無線 LAN アンテナ W1030 (Pulse Electronics社)

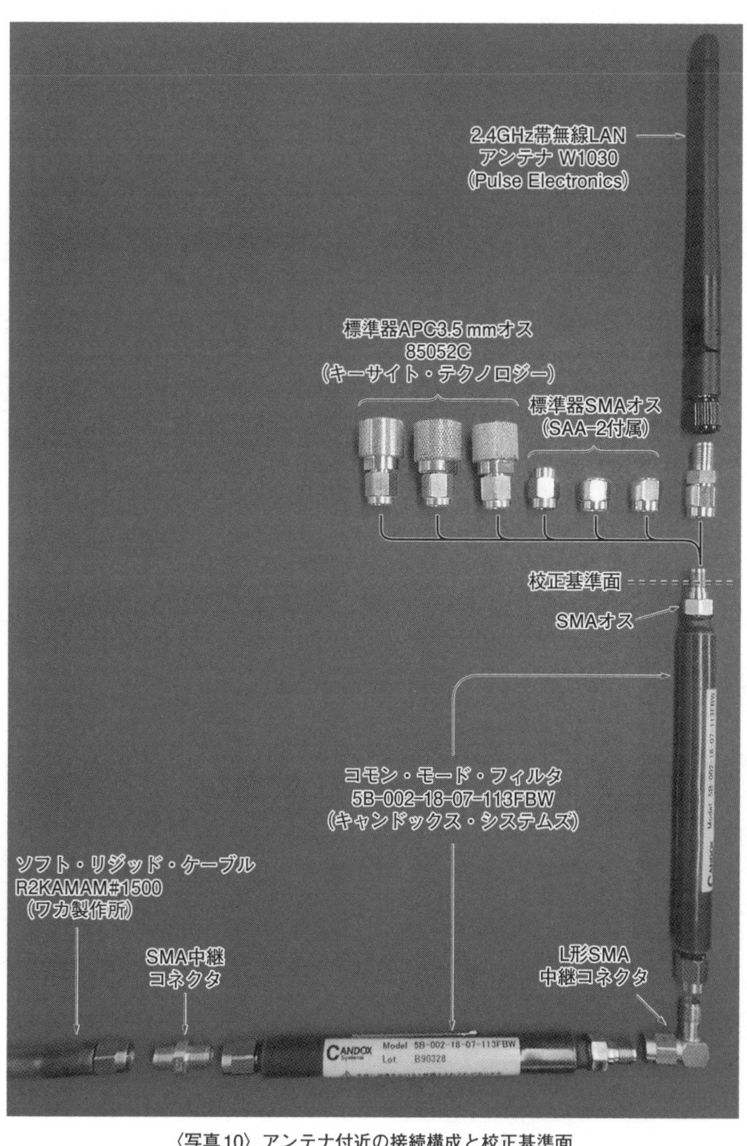

〈写真10〉 アンテナ付近の接続構成と校正基準面

〈表4〉2.4GHz帯無線LANアンテナの測定条件

項目	SAA-2 (50 kHz～3 GHz)	8753D (30 kHz～6 GHz)
測定周波数	2.25 GHz～2.65 GHz	
測定ポイント数	101	
アベレージ回数	16	
キャリブレーション方式	SOL(Short, Open, Load)	
キャリブレーション・キット	SAA-2付属の Open/Short/Load	85052C (キーサイト・テクノロジー社)
PCソフトウェア	NanoVNA Saver(v0.3.8)	―

モン・モード・フィルタを通してから, 約1.5 mの同軸ケーブル経由でVNAに接続します.

● コモン・モード・フィルタ

同軸ケーブルを手で触れてみると測定値が変化します. スリーブ・アンテナは, 同軸ケーブル外導体の外側に流れる電流を阻止する機能を持ちますが, 今回のケースでは阻止が不十分のようです. 測定値を安定させるためにコモン・モード・フィルタを挿入します.

● 校正基準面

アンテナの給電部から少し距離がありますが, コモン・モード・フィルタのアンテナ側を校正基準面にします. ここはSMAメス・コネクタなので, SAA-2付属の標準器を直に接続できます. ディレイの補正など小技が不要なので誤差要因が減ります.

8753Dのキャリブレーションは, APC3.5 mmオス・コネクタの標準器(85052C, キーサイト・テクノロジー社)を使いました.

3.2 測定環境

写真11が測定環境です. ラック・マウント($W \times H \times D = 60 \times 80 \times 129$ cm)の上に電波吸収体(同60×60×16 cm)を置き, その上に**写真10**の構成を発砲スチロールで固定した状態で配置します.

3.3 測定結果

● アンテナの特性

図4が測定結果です. SWRは最小値1.04でした. とても良く50 Ωにマッチしていますが, SWR最小は無線LANバンドの高域に偏っています. それでもアンテナ・スペックの2.4～2.5 GHz, SWR≦2.0に楽勝で収まる結果です. 実際の使用では金属ケースやプリント基板にアンテナを取り付けるので, SWR最小は中心周波数(2.45 GHz)付近に周波数がシフトするのかもしれません.

● 8753DとSAA-2の比較

図4(c)の振幅特性は, レベルの低いところでリプルの気配があり, LPF(f_c=1 GHz)の測定と同じ傾向であるようにも見えます. しかし, スミス・チャート表示とSWRからは, 8753Dとの差があまり感じられないので, アンテナ評価には影響がないレベルだと思います.

〈写真11〉8753DとSAA-2によるアンテナ測定のようす

● アンテナ給電部の特性

図4(a)の赤破線は, 8753Dのポート・エクステンション機能を利用して, 校正基準面をアンテナの給電部

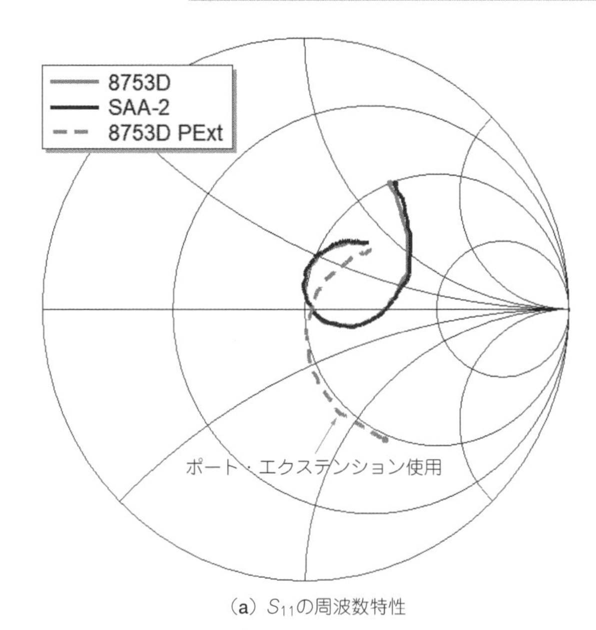

（a）S_{11}の周波数特性

アンテナ給電部をショート
ヒンジ構造
SMAオスー RPSMAオス変換コネクタ
374.37 ps

〈写真12〉アンテナ給電部をショートして電気長を測る

まで移動して測定した特性です．精度はあまりよくないので，参考程度です．

結果はスミス・チャートの下側に寄っていますが，教科書に登場するダイポール・アンテナに近い特性です．設定や接続に間違いがないことの確認になります．

校正基準面を移動する電気長の測定は，アンテナを一つ壊すことになりますが，**写真12**のようにアンテナの給電部のところで同軸の中心導体と外導体（シールド網線）をショートします．そして，アンテナの代わりにショートした同軸ケーブルのS_{11}を測定します．スミス・チャートの左側（0＋j0 Ω）にカーブ特性が集まるように移動量（sec）を調整します．目安はS_{11}群遅延の半分の量です．**写真12**の移動量は374.37 psです．

SAA-2も同様のことをやってみましたが，NanoVNA Saverの機能ではスミス・チャートの左側に集まらず，さらにスミス・チャートの外側に大きく飛び出してしまう状態です．そのため8753Dの測定結果だけをプロットしました．

今回は，ショートした部分がインダクタンスとして測定結果に現れるようで，精度はあまり期待できません．参考程度の結果です．それでも，先端をオープンにするよりショートの方が精度は良いと思います．

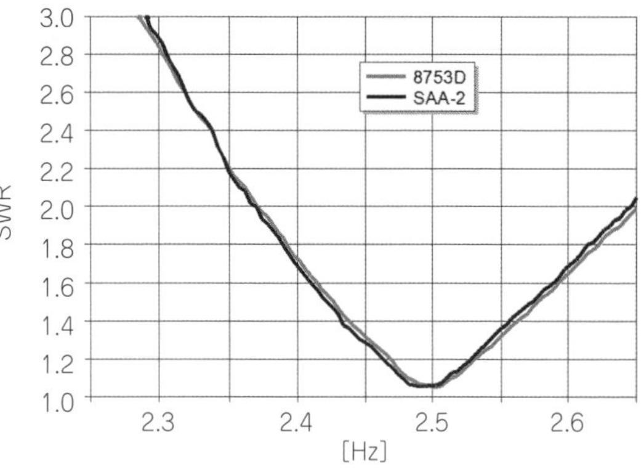

（b）SWRの周波数特性

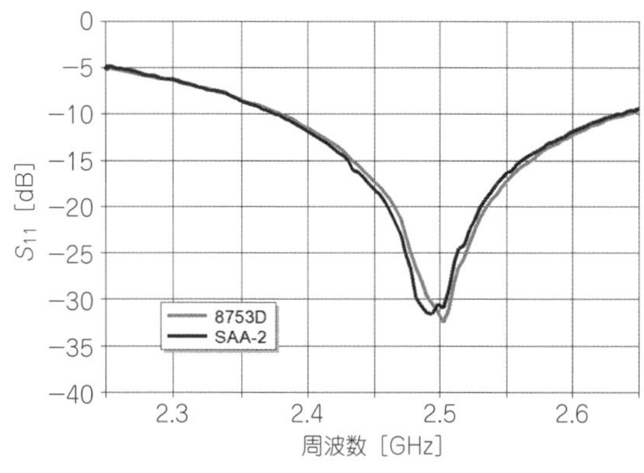

（c）S_{11}の振幅周波数特性

〈図4〉2.4 GHz帯無線LANアンテナW1030の測定結果

4 まとめ

今回は低い周波数の測定を行っていませんが，LPFの減衰特性は上限の3 GHzまで測定できました．また，2.4 GHzのアンテナ評価にも利用できる性能です．そして，SMAメス・コネクタを持つデバイスに対してはディレイを補正することで良い結果が得られました．

SAA-2は，付属の標準器を含めてコストに対するパフォーマンスの比はとても優れた逸品だと思います．

◆参考文献◆

（1）S.A.A.2 v2.2通販サイトの一例；
https://www.amazon.co.jp/dp/B08CRHVTH4/

（2）NanoVNA V2公式サイト；
https://nanorfe.com/jp/nanovna-v2.html

（3）QucsStudioホーム・ページ；
http://qucsstudio.de/

とみい・りいち　祖師谷ハム・エンジニアリング 

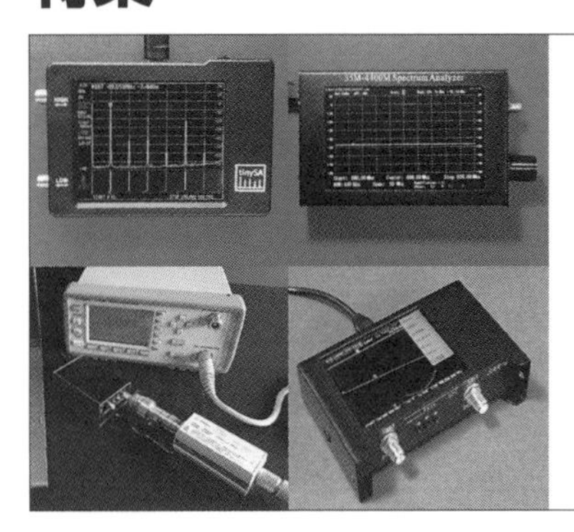

第5章　ケーブル不良などインピーダンス非連続点を距離も含めて測れる

NanoVNAのTDR測定機能の原理と使用例

cho45(渡辺 博文)
Hirofumi Watanabe

1 はじめに

1.1 NanoVNAとの関わり

NanoVNA(**写真1**)をご存じのかたもすでに多いでしょう．大変小さくまとめられた簡易VNA(Vector Network Analyzer)で，何より低コストなのが魅力です．私は日本語マニュアル(1)を勝手に書いたり，本体ファームウェアへいくつか機能を追加したりして遊ばせて学ばせてもらっています．ちなみに日本語マニュアルがオリジナルであり，英語版は機械翻訳したものです．

本稿ではTDR機能にまつわる時間領域変換機能の初期実装を行なった立場から，この機能について解説します．

1.2 TDR機能追加のきっかけ

2019年8月ごろにNanoVNAのクローンの一つを入手しました．NanoVNAのファームウェアのソース・コードはすべてgithub上(6)で公開されており，誰でもビルド可能でしたから，画面キャプチャ機能をつけたりバージョン画面を作ったりなど，あまり信号処理とは関係のないパッチを書いてはプル・リクエストを送っていました．

そうこうするうちにVNAによるTDRシミュレーションという方法を知りました．この時点ではNanoVNA本体にTDRの機能は入っていません．周波数ごとの反射係数を測っているだけなのに，信号処理で時間領域測定できるのはおもしろく，この小さな測定器にTDR機能も入っていたら格好よさそうだということで，実機で動くようなパッチを作ることにしました．

その結果，現在のNanoVNAには実機内にTDR機能が組み込まれており，簡単に試してみることができます．今回はそれによって何ができて何が嬉しいか，どのように実現されているか，具体的な利用例について紹介します．

2 TDRとは

TDR(Time Domain Reflectometry)すなわち「時間領域反射率測定」とは，オシロスコープのように横軸を時間，縦軸を信号振幅とした領域で，被測定物(DUT: Device Under Test)に対してある信号を入力したとき，入力側に返ってくる反射波を観測するものです．

どのぐらい反射してきたか，その振幅や位相と反射し

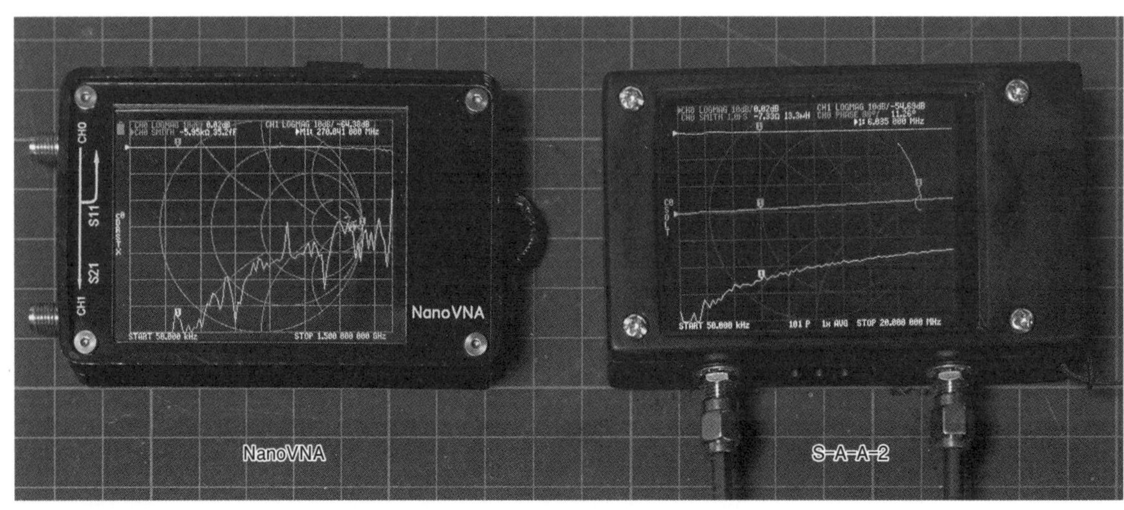

〈写真1〉 左はNanoVNA，右は改良型のS-A-A-2(通称NanoVNA V2)

てくるまでの時間を計測することで，ある特定の場所の特性インピーダンスの乱れを知ることができます．

2.1 TDRで何が測れるのか

TDRのよくある使いかたは，長いケーブルの不良箇所特定です．断線とかショート，中継コネクタがなんだかおかしいといった，つまりインピーダンスの非連続地点を距離も含めて知ることができます．反射の測定はケーブルの一端にさえアクセスできれば良いので，長いケーブルの場合は特に便利です．

さらにいえば伝送路特性を計測することもできます．ある伝送路の特性インピーダンスが50 Ωか75 Ωかは一般的なテスタでは測定できないため，ケーブルに表示されているスペックを信用するしかないことが多いと思いますが，TDRなら比較的簡単に実測できます．

2.2 TDRのおもしろさ

TDRのおもしろさの一つは光の速度をより身近に感じられるところだと思います．50 cm程度のケーブルの中を往復する光速の電磁波がグラフで可視化されるのは，なかなか不思議な体験です．

3 TDRの測定原理

TDRの測定には大別して以下の方法があります．

(1) オシロスコープによる反射波観測

パルス・ジェネレータと簡単な治具を使って，被測定物に信号を注入し，反射波をオシロスコープで観測する方法です．

(2) VNAによるTDRシミュレーション

周波数特性をVNAで測定し，時間領域に変換する方法です．

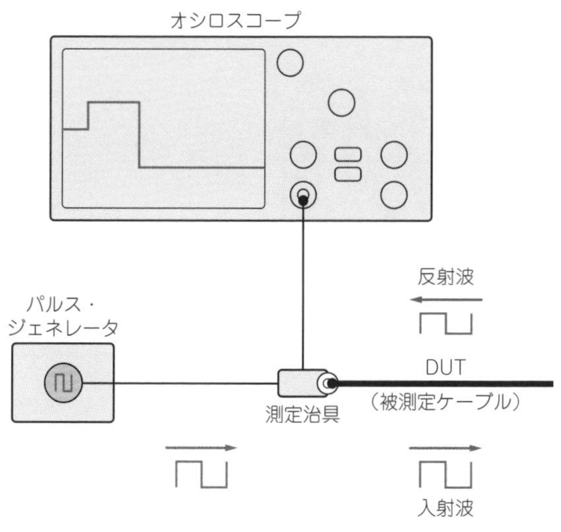

〈図1〉オシロスコープによる反射波観測

3.1 オシロスコープによる反射波観測

図1のように直接的に反射波を観測する方法です．非常に立ち上がりの早いパルスを伝送路に入力し，このときの入力端を広帯域なオシロスコープで観測します．オシロスコープは時間領域の測定器ですから，そのまま結果を見ることができます．これが本来のTDRです．

3.2 VNAによるTDRシミュレーション

VNAは周波数ごとの反射率などを測定する周波数領域の測定器であり，根本的にTDR測定器とは測定原理が異なります．しかし，その測定結果を信号処理することにより「反射率を時間領域でみたらどうなるか？」すなわち時間領域の反射率を知ることができます．

ここで行う信号処理とは逆離散フーリエ変換です．図2のように波形(時間領域)に対してフーリエ変換を行うと周波数ごとのスペクトル強度など(周波数領域)を得ることができます．この処理は可逆的なため，逆方向に行えば波形を復元，つまり周波数領域のデータを時間領域のデータに変換できます．これを利用するとTDRのシミュレーションもできるわけです．

4 NanoVNAに実装した時間領域機能の概要

NanoVNAに実装した時間領域機能の変更点は図3(b)のようになっています．とくに大きな変更点ではなく，既存の処理に一つ追加の処理を加えただけというのがおわかりいただけると思います．このうち重要なのは逆高速フーリエ変換(IFFT)部分です．

VNAの周波数領域の計測結果に対する逆離散フーリエ変換の結果は，時間領域でのインパルス応答になります．ステップ応答はインパルス応答を積分することで得られますので，信号処理により二つの見方が可能です．

4.1 メモリ制限下で逆高速フーリエ変換を行う

離散フーリエ変換と逆離散フーリエ変換はマイクロプロセッサ上で高速に行うアルゴリズムである，高速

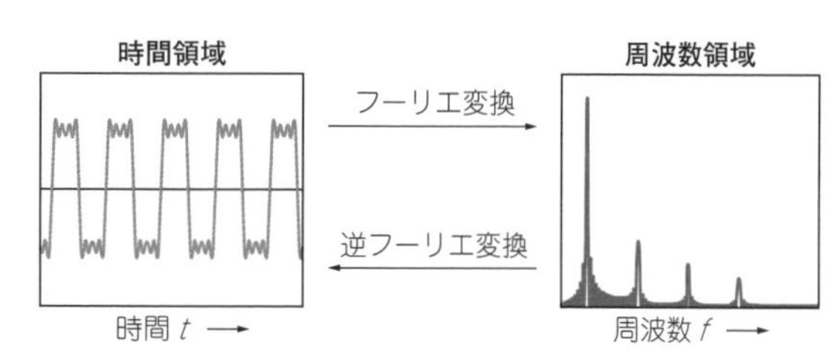

〈図2〉フーリエ変換と逆フーリエ変換

フーリエ変換(FFT)や逆高速フーリエ変換(IFFT)がよく知られており，かつこれはインプレース(In-place)でも可能です．インプレースで可能というのは，処理した結果を入力メモリに直接書き出すことができ，追加の処理メモリが不要ということです．ただしFFT/IFFTは処理対象が2の累(るい)乗個でなければいけないという制約があります．

NanoVNAは非常にリソースが制限されたMCU(STM32F072)で動いています．とくにメイン・メモリにあたるSRAMは16Kバイトしかありません．実装しようとしたときには，すでに追加で利用できるようなメモリは残されていませんでした．

128点FFT/IFFTを単精度浮動小数点(4バイト)の複素数(×2)で行う場合，1Kバイト必要です．すでにきっちり最適化されている16Kバイトほどのメモリから，さらに最適化だけで1Kバイトも捻出するのは困難です．

少し検討した結果，あまりスマートとはいえませんが画面データ転送用に使っている比較的大きなバッファ(2Kバイト)に一時的にコピーする実装としました．別用途のために確保されているバッファなので，競合利用に注意する必要がありますが，あくまで画面更新時(SPI通信時)に使うだけで，常に保持しておく必要のあるデータではないので，なんとかなります．

結果的には，とくに複雑なことをやっているわけではなく**図3**(c)に示す時間領域変換処理のように実行しています．比較的大きなバッファを使うことで余裕が生まれたため，実際のIFFT処理は256点となっています．領域変換のモードによっては負の周波数分も含めて最大で201点の有効なデータ数を処理するため，それに近い2の乗数である256点のIFFT処理が必要です．

4.2 コードの変更点は最小限に

変換された測定データは既存のロジックでグラフ描画されます．

図3でも示しましたが，根本的に大きな設計変更などはせず，データの変換を追加しただけです．

NanoVNAの既存のグラフ描画処理はよくできていたため，描画のもととなるデータを単に変換しただけで，グラフ表示できました．一般的に，既存コードへの変更点が多いほど本流にはマージしにくいですから，自分はまず最低限の差分で最低限の機能が実現できることを目指しています．

コード・サイズとしては変換機能の有無で2KBほどです．NanoVNAは128Kバイトのフラッシュ・メモリ容量のうち32Kバイトの設定値保存領域を除いて96Kバイトをコード容量として利用可能ですが，こちらは8割ほどの利用率で，まだ少し余裕があります．

今回利用したIFFTのインプレース・アルゴリズムの実装自体は，すでにあるオープン・ソースのコード(9)を再利用させてもらっており，自分では実装していません．自分がやったのは，ほんの少しの組み合わ

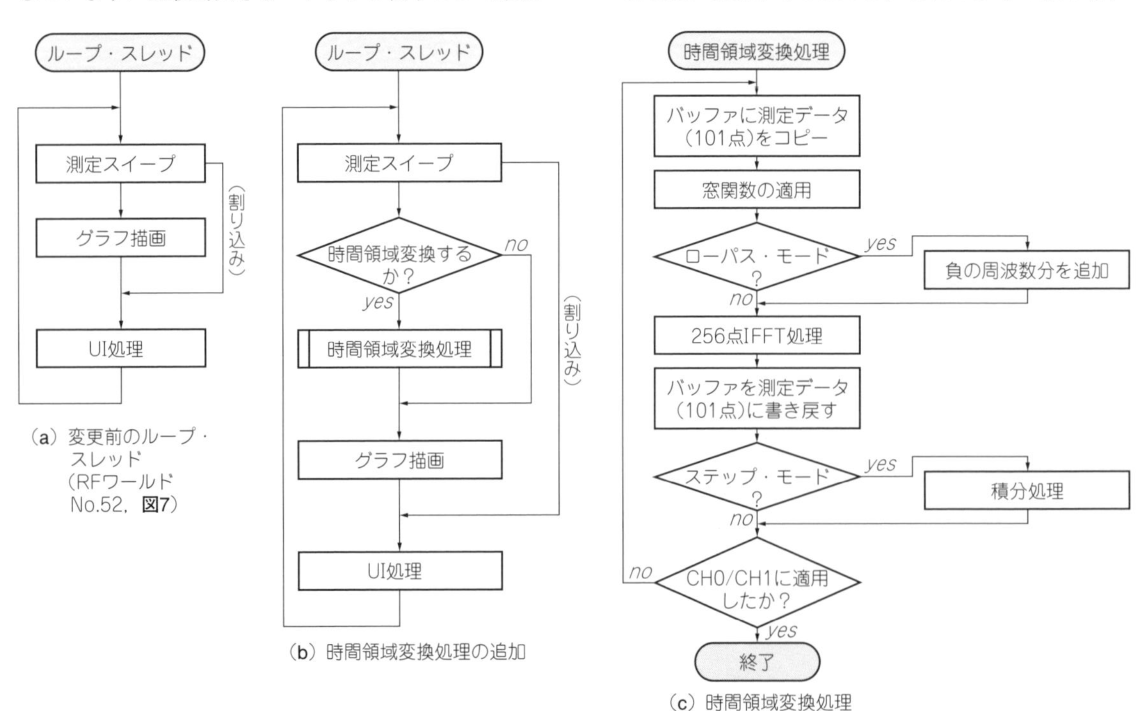

〈図3〉変更箇所の概略フローチャート

せだけです．

5 NanoVNAによるTDR測定例

実際にNanoVNAを使ってTDR測定をしてみます．ここではまず1.5 GHz幅，ローパス・ステップ・モードで測定をしてみます．

5.1 TDRモードへの設定方法

まずは周波数範囲を50 kHz～1.5 GHzに設定し，この範囲でキャリブレーションします．TDRの場合はCH0だけを使うため，OPEN/SHORT/LOADだけでかまいません．このキャリブレーションを行ったポイントが測定時の基準点(0秒または0 mの地点)になります．

● 時間領域への変換を有効にする

DISPLAY→TRANSFORM→TRANSFORM ONを選択すると時間領域へ変換されます．その下のLOW PASS IMPULSE/LOW PASS STEP/BANDPASSは，それぞれどのようなモードで変換するかの選択です．違いは後述しますがオシロスコープを使った従来のTDR測定をシミュレートする場合はLOW PASS STEPモードを選択します．

TDR測定する場合はCH0だけを利用し，1ポートで測定します．各トレースを以下のとおり設定します．

- TRACE1：
  CH：CH0
  FORMAT：REAL
- TRACE2：OFF
- TRACE3：OFF
- TRACE4：OFF

設定を変更したら，CAL→SAVEで適当な番号に保存しておくと，あとからすぐに呼び出せます．

この状態でCH0に適当なケーブルを接続してみます．長さ50 cmで特性インピーダンスが50 Ωケーブル(RG-405/U)をつなぐと図4のように表示されます．

この変換処理はそれなりに計算量のある処理なので，少しUIのレスポンスが悪化します．トレースの設定などがしにくい場合，一通り設定してからTRANSFORM ONにすると良いかもしれません．

5.2 画面の見方

● 横軸

時間領域へ変換していますので，図4の横軸は周波数の代わりに時間になっています．右上のマーカ表示も同様です．さらにマーカには時間に加え，距離(物理長)も表示されています．なおこの例ではグリッド間隔は約3.47 nsごとです．

見ているものは反射波なので，ある不整合点で表示されている時間は往復の時間です．マーカの距離表示はこの往復分を考慮して，TDRの際に読みやすいように半分の距離を表示しています．

● 縦軸

縦軸はローパス/バンドパス・モードによって有効な値が異なりますが，ローパス・モードの場合はREALを表示することで反射係数が−1～+1の範囲で表示されます．反射係数は−1であればショート(スミス・チャートでいえば左端)，+1であればオープン(同右端)であることを表します．0が無反射(同中央，整合状態)です．

TRACE1はREALすなわち反射係数が表示されています．例ではケーブル端はオープンなので，その地点から+1付近まで振れています．

ここでトレースのFORMATをRESISTANCEにすると反射係数をインピーダンス換算して表示できます．図5は先ほどの50 cmの50 Ω同軸ケーブルの先に1 mの75 Ω同軸ケーブルを単純に(インピーダンス変換しない)変換コネクタ経由で接続した例です．トレースを追加して表示しています．

接続点のインピーダンス・ミスマッチにより，それ以降のインピーダンスが75 Ω近くになっていること

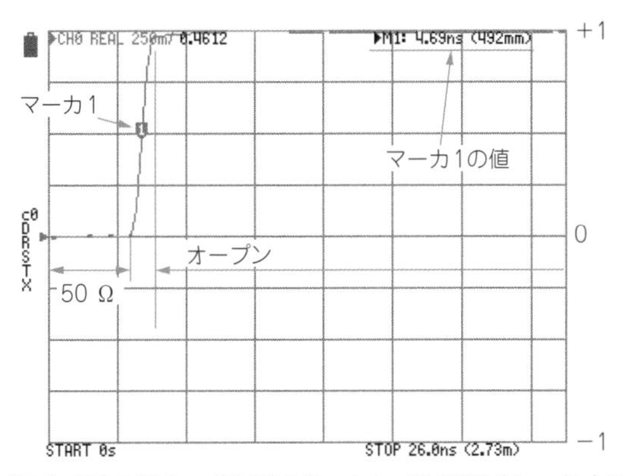

〈図4〉50Ω同軸ケーブル(長さ50cm)の一端を開放(オープン)のまま接続したときの表示

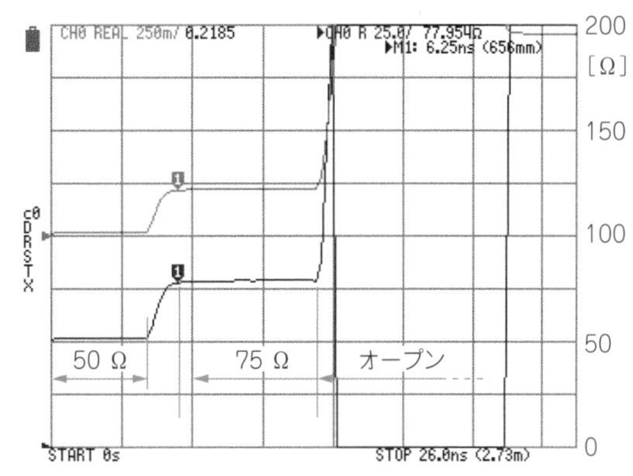

〈図5〉50Ω同軸ケーブルの先に75Ω同軸ケーブルを接続したときの表示

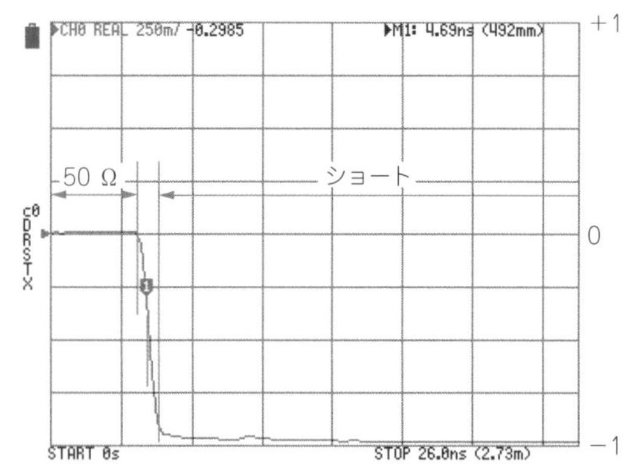

〈図6〉 50Ω同軸ケーブル(長さ50cm)の一端を短絡(ショート)して接続したときの表示

〈写真2〉 実験に使ったテスト基板

がわかります．

LOW PASS STEPモードの場合，このように表示位置とインピーダンスが対応するので結果が解釈しやすいと思います．

■ 5.3 Velocity factor(速度係数)について

前述のとおり，マーカには往復時間を距離に置き換えて表示していますが，これには注意が必要です．電磁波の伝搬速度は媒体の速度係数に応じて遅くなるため，どのぐらい遅くなるか？を知っている必要があります．この「どのぐらい遅くなるか」はvelocity factor(VF，速度係数)とか波長短縮率といい，絶縁体の実効誘電率に応じて値が決まり，市販ケーブルなら仕様に掲載されています．

NanoVNAはVFを考慮して距離を表示しています．DISPLAY→TRANSFORM→VELOCITY FACTORから設定できます．%の値を入力するため，3D-2Vなどのケーブルならば67→%と入力します．デフォルトでは70 %になっています．VFを考慮しない電気長を表示したい場合は100 %に設定します．

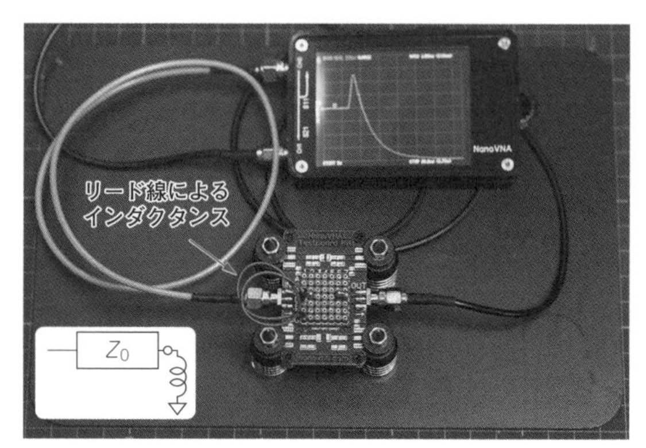

(a) 測定のようす

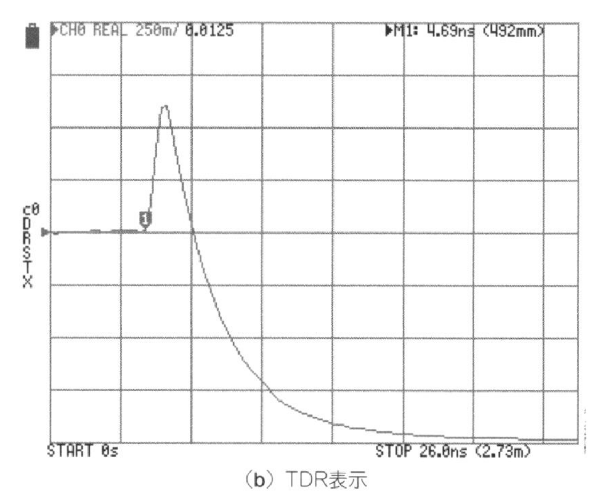

(b) TDR表示

〈写真3〉 誘導性ショート

■ 5.4 ショート

オープンの例に続いて，ケーブル端をショートさせた例を見てみます．

ケーブル端をショートさせると**図6**のようになります．オープンと同様に全反射ですが，反射係数の符号が反転しているので，オープンとは区別できることがわかります．

■ 5.5 インピーダンス不連続の測定

もう少し複雑な測定例を紹介します．実際に似たような画面を表示するための実験例も示すので，手元で試してみてください．ここではこういったことがやりやすいように市販の簡単なテスト基板(**写真2**)を利用しました．

写真3～**写真6**はそれぞれ誘導性ショート，容量性ショート，誘導性不連続，容量性不連続です．ここでのキャパシタは22 pF，インダクタはブレッドボード用の適当なリード線を使いました．

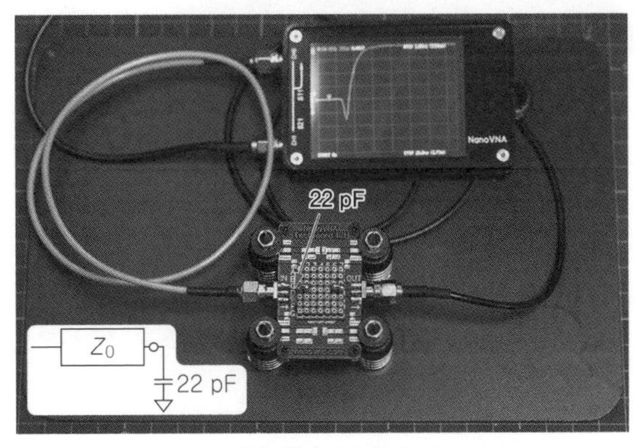

(a) 測定のようす

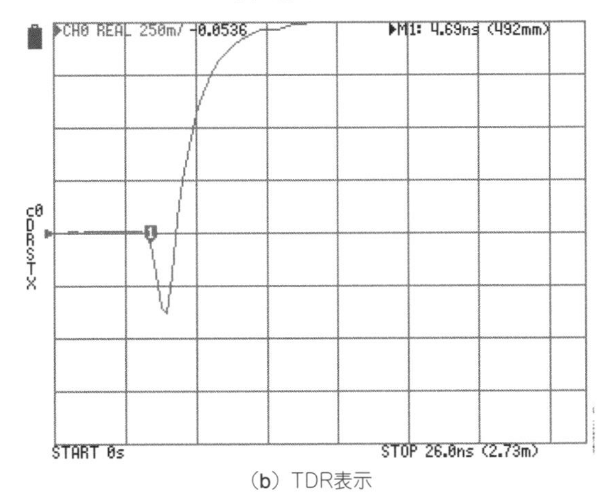

(b) TDR表示

〈写真4〉容量性ショート

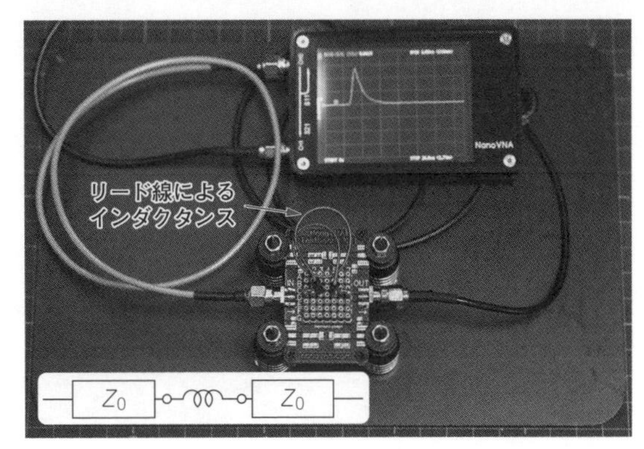

(a) 測定のようす

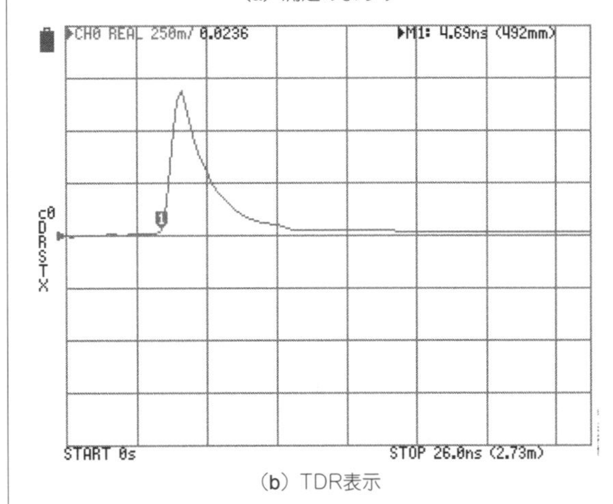

(b) TDR表示

〈写真5〉誘導性不連続

〈表1〉動作モードによる違い

モード	長所	短所
LOW PASS STEP	●インピーダンスの非連続などの原因がわかりやすい(容量性，誘導性，ケーブル・ロスなど)	●ケーブルなど帯域制限がないデバイスでのみ使える
LOW PASS IMPULSE	●位置特定に優れる	
BANDPASS	●インパルス・モードのみ ●帯域制限されたDUTでも使える	●LOW PASSモードに比べて半分の分解能 ●反射の大きさしかわからない

このようにTDRを行うと，断線やショートだけなく，より詳細なインピーダンスの乱れの原因を知ることができます．

6 NanoVNAによるTDR測定の少し詳しい説明

6.1 モードによる違い

ここまでLOW PASS STEPモードを使ってきましたが，NanoVNAにはさらに表示方法が異なるLOW PASS IMPULSEモードおよび処理方法に違いがあるBANDPASSモードがあります．**表1**はそれぞれのモードの特徴です．

ステップとインパルスは前述のとおり結果を積分するか否かの違いで，直接得られるのはインパルス応答です．

バンドパスとローパスは信号処理上，大きな違いがあります．**図7**と**図8**はそれぞれの処理方法の違いの概念図です．

● ローパス・モード

ローパス・モードではDUTが0 Hzまで透過し，データが0 Hzまで存在することを前提に負の周波数までデータ範囲を拡張してIFFTしています．帯域制限のない，例えばケーブルなどはローパス・モードが最適です．

図にも表現していますが，VNAは0 Hzの測定ができないためデータが抜けています．本来であれば，計測できない0 Hz値を推定する必要がありますが，現

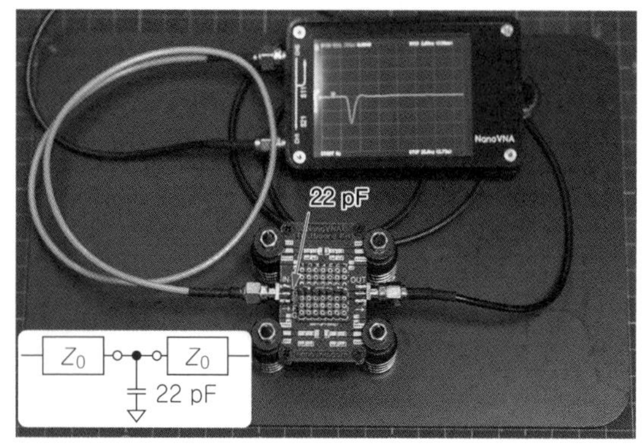

(a) 測定のようす

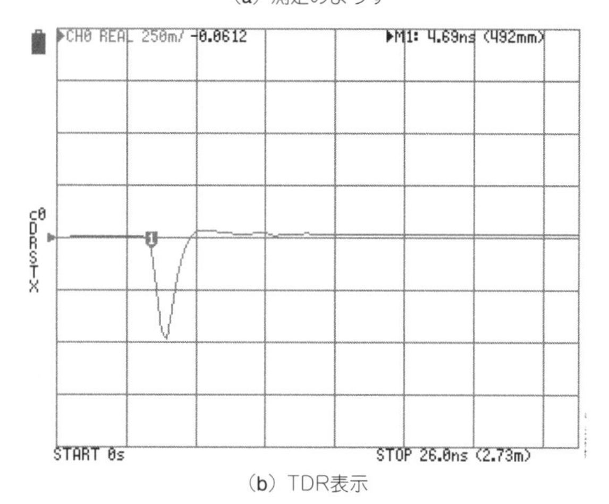

(b) TDR表示

〈写真6〉 容量性不連続

行のNanoVNAへの実装ではこれをやっていません. 周波数設定範囲をそのまま反転し, 開始周波数を0 Hzとみなして計算しています. このため厳密には誤差があり, 開始周波数が高いほど誤差が増加します. 詳しくは下記をご参照ください:

https://lowreal.net/2020/11/24/1

● バンドパス・モード

バンドパス・モードは測定した範囲に限ってIFFTを行います. これにより周波数設定範囲には制限がありませんが, 容量性/誘導性の区別をつけることができないため, ステップ応答は生成できません. インパルス応答としての絶対値のみが有効です. また処理データ数が半分のため, 分解能がローパス・モードの半分になります.

■ 6.2 最大測定長と分解能のトレードオフ

NanoVNAは表示周波数ポイント数が101固定ですから, 表示範囲には制限があります. 時間領域の表示は, 設定した最高周波数で得られる最大の分解能で表示します. このように表示点を固定とすると, 以下のような関係があるため注意が必要です.

- 最大測定距離を長くしたいなら, 最大周波数を下げる必要がある
- 精度よく距離を特定したいなら, 最大周波数を上げる必要がある

このトレードオフはPCなどに繋いで測定点を増やすと緩和されます. つまり分解能を変えずに測定距離を伸ばすことができます.

■ 6.3 TDT

ところで実は実機上では“TDR”という用語を使っていません. というのも実際は周波数領域のデータを

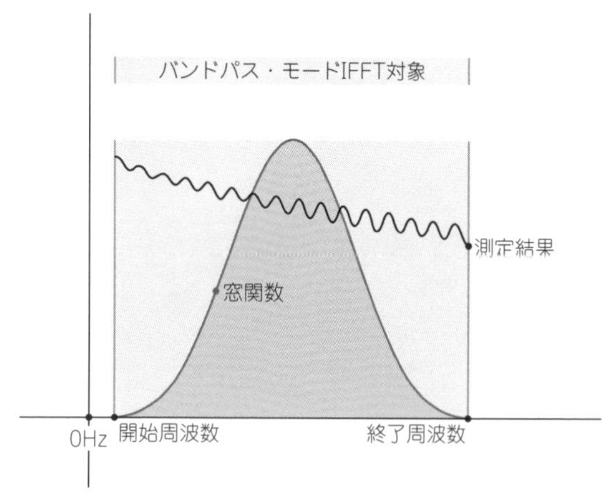

〈図8〉 バンドパス・モードのIFFT対象

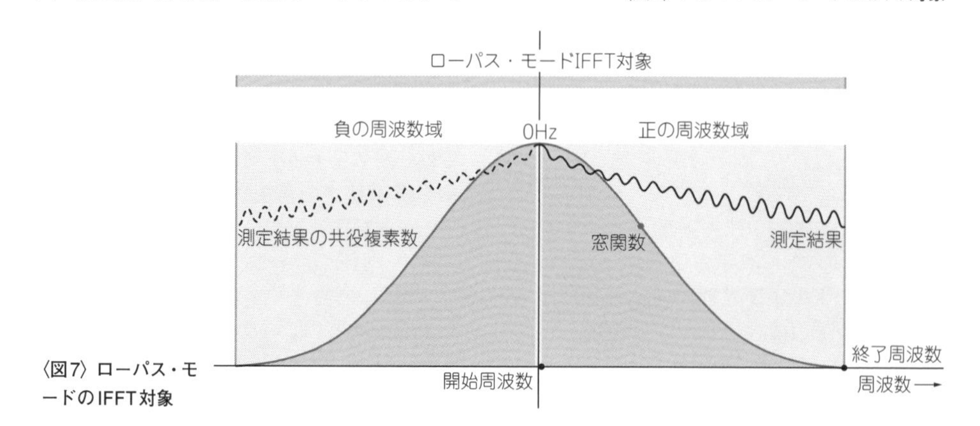

〈図7〉 ローパス・モードのIFFT対象

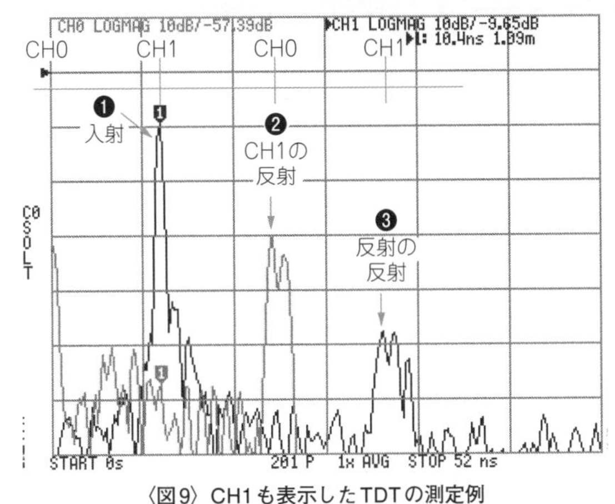

〈図9〉CH1も表示したTDTの測定例

時間領域に変換しているだけで，反射波(CH0)に限らず入射波(CH1)のデータにも適用可能なためです．

TDRはCH0を使った反射率の測定ですが，同様にCH1を使って伝送率を測定するTDT(Time Domain Transmissometry)というのがあります．これはTDRとまったく同じ処理を伝送波に対して行うもので，横軸は時間軸，縦軸はその時間に届いた伝送率などになります．

例えばマルチパスがあって届くタイミングがずれている信号が複数ある場合，周波数領域ではこれらを分離して見る方法はありませんが，TDTであれば「最初に届いている電力はどれほどか」を知ることができます．

● **TDTの例**

すぐに確かめられる簡単で面白い例を一つ紹介します．**図9**の画面ではCH0(TDR)とCH1(TDT)を重ねてそれぞれLOGMAGで表示しています．そしてNanoVNAの入力と出力は2mのケーブルで接続しています．ただし，この画面はS-A-A-2(NanoVNA V2とも呼ばれている)の例です．ダイナミック・レンジが広いほうが結果がわかりやすいのでS-A-A-2を使用しています．なお，測定には2ポートを使っているのでキャリブレーションはすべて行う必要があります．

横軸は時間で左端の0秒から右に向かって時間が進んでいきます．最初に現われるのはCH1の❶です．これはCH0から入力された波がCH1に届いたことを表します．マーカはこの位置に置いてありますが，表示されている距離はTDRを想定して半分になっていることに注意してください．実際の移動距離はこの2倍になります．

CH1の入力ポートではいくらかの電力が反射され，再びケーブル内を通ります．この電力が次に現われるCH0の❷です．CH0では，この反射されてきた電力がさらに反射されます．その結果CH1には❸にさらにピークが現れます．

すなわち❶のピークはケーブル内を1回通ったもの，❷のピークは往復したもの，❸のピークは往復した上でもう一度通ったものが現れています．

7 まとめ

NanoVNAに時間領域測定機能を追加したことと，それを利用した測定例を紹介しました．TDRは既設ケーブルのチェックなど実用にも使えますし，ただ近くにころがっているケーブルを繋いで眺めるだけでも面白い機能です．とくにNanoVNAは手軽に持ち運べますし安価ですから，高価な測定器のようにビクビクしながら使う必要もありません．

今回は拙作のコード改変を一つ紹介しましたが，NanoVNAはせっかくgithub上で公開されているオープン・ソースのプロダクトですから，何か改良を加えて便利にしたり，実装上の不具合を修正したりするのにとても敷居が低くなっています．もしも改良を加えたら，手元に置いておくだけでなくプル・リクエストを送って，おもしろい成果をコミュニティへとフィードバックしてみてはいかがでしょうか．

◆参考文献◆

(1) NanoVNA User Guide
https://cho45.github.io/NanoVNA-manual/
(2) Keysight Technologies；“Time Domain Analysis Using a Network Analyzer”, Application Note 5989-5723
https://www.keysight.com/jp/ja/assets/7018-01451/application-notes/5989-5723.pdf
(3) Anritsu company; “Time Domain Measurements Using Vector Network Analyzers”, Application Note 11410-00722, August 2013.
https://dl.cdn-anritsu.com/en-us/test-measurement/files/Application-Notes/Application-Note/11410-00722A.pdf
(4) VNWA Testboard Kit - Basic Kit
https://www.sdr-kits.net/testboard-basic
(5) NanoVNA-H
https://nanovna.com/
(6) NanoVNAのファームウェアのレポジトリ
https://github.com/ttrftech/NanoVNA
(7) S-A-A-2(通称NanoVNA V2)
https://nanorfe.com/nanovna-v2.html
(8) S-A-A-2のファームウェアのレポジトリ
https://github.com/nanovna/NanoVNA-V2-firmware
(9) Project Nayuki; “Free small FFT in multiple languages”, Free FFT and convolution (C), MIT License
https://www.nayuki.io/page/free-small-fft-in-multiple-languages
(10) 漆谷正義；「シンプルなTDR測定アダプタの製作」，RFワールドNo.13，pp.127～132，CQ出版社，2011年3月．
(11) 高橋知宏；「NanoVNA：手のひらサイズのオープン・ソースVNA」，RFワールドNo.52，pp.8～25，CQ出版社，2020年11月．

わたなべ・ひろふみ

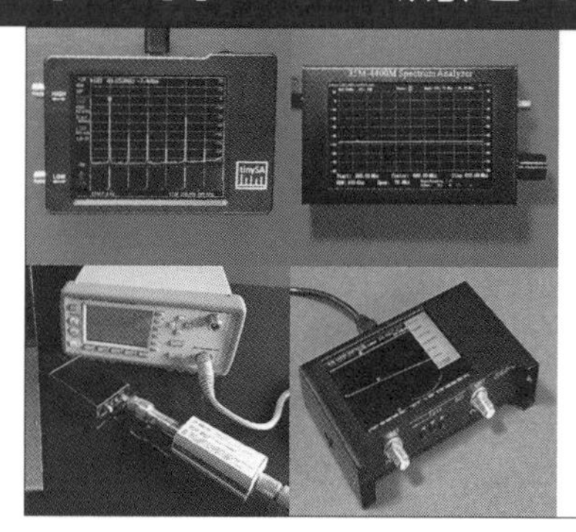

第6章　35 MHz～4.4 GHz，液晶表示＆テンキー入力
ADF4351マイクロ波SG基板の評価

富井 里一
Tommy Reach

1 概要

35 MHz～4.4 GHzとマイクロ波までをカバーする信号発生器(SG)基板を評価します．テンキーから周波数を入力すると，即座に液晶に表示されますし，とても便利そうです．価格はネット通販サイト[(1)]で3,399円(2021年3月)です．**写真1**はその外観です．液晶表示に"35.000 mHz"と表示されていますが，ミリヘルツじゃなくて，35 MHzです．

周波数設定はテンキーから0～9999.999 MHzの範囲を入力可能です．しかし，実際に出力できる周波数範囲は，基板上のPLL周波数シンセサイザIC ADF4351(アナログ・デバイセズ)のロック・レンジで決まります．手元にある二つの基板モジュールでは，33 MHz～4.510 GHzの範囲でロックした信号が出力されました．

最小で1 kHzの桁まで入力できます．しかし，500 MHz以上では小さな数字は無視されることがあります．例えば，500.002 MHzの次は500.004 MHzでロックします．500.003 MHzを入力したとき，液晶表示は500.003 MHzですが，実際は500.002 MHzにロックした周波数が出力されます．ADF4351のPLL設定では，25 MHzの基準クロックの分周比を決めるRカウンタ(1～1023)に1が設定されていると，このような動作になるようです．

〈写真1〉テンキー入力＆液晶表示のADF4351マイクロ波SG基板

なお，電源をONするごとに周波数は0 Hzに戻ります．周波数は記憶されません．

写真2(a)は液晶表示基板を取り除いたメイン基板のおもて面の写真です．そして，**写真2**(b)はメイン基板のうら面です．マイコンとVCO内蔵シンセサイザICのシンプルな基板です．

2 測定項目と条件

測定項目は，出力レベルの周波数特性と，近傍と高調波のスペクトラムです．**写真3**と**写真4**(p.62)は測定器と接続した状態の写真です．

使用した測定機器を**表1**に示します．基板モジュールの電源ケーブルはUSBコネクタが付いていますが，バナナ・プラグに交換し，メーカ製の安定化電源からDC 5 Vを供給します．

2.1 出力レベルの周波数特性

ADF4351が確実にロックする35 MHz～4.4 GHzの各出力レベルをパワー・センサで測定します．

測定した基板はNo.1とNo.2の二つです．

2.2 近傍周波数のスペクトラムと高調波スプリアス

測定する基板はNo.1だけで，三つの周波数を測定します．

ADF4351がロックする下限(35.000 MHz)と上限(4400.008 MHz)の周波数，それと内蔵VCOの中心周波数(3.3 GHz)付近から代表として1650.008 MHzです．35.000 MHzを除き，設定周波数は端数(8 kHz)を含めます．近傍の周波数に現れるスプリアスのレベルを確認するためです．

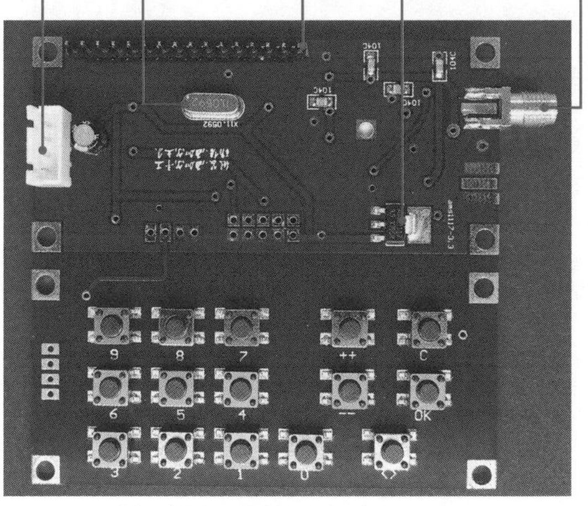

（a）液晶表示部を取り除いたおもて面

水晶発振器
25 MHz
（ADF4351用）
VCO内蔵
PLL周波数
シンセサイザ
ADF4351
8ビット・
マイコン
ATmega8A

（b）うら面

〈写真2〉基板のおもて面とうら面

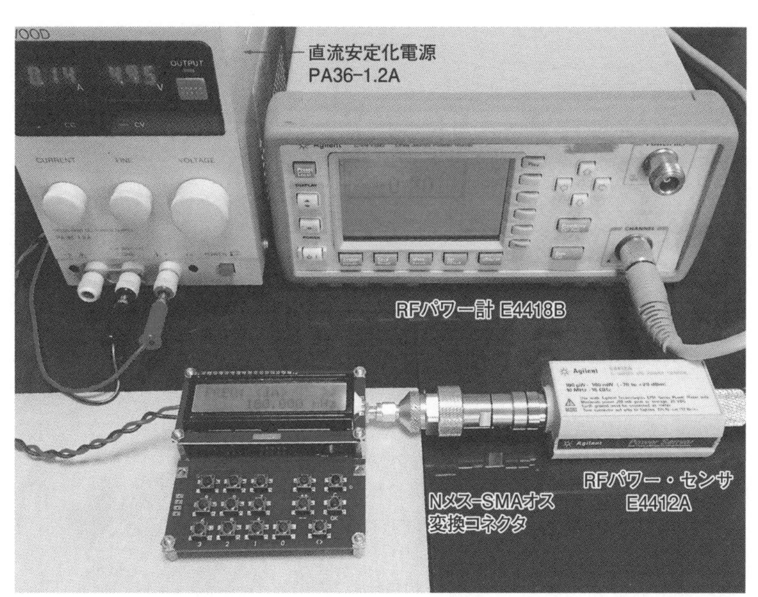

〈写真3〉周波数特性を評価するようす

〈表1〉評価に使用した測定機器

測定項目	測定器	型名	メーカ	備考
周波数特性	RFパワー計	E4418B	キーサイト・テクノロジー	
	RFパワー・センサ	E4412A	キーサイト・テクノロジー	10 MHz～18 GHz, －70～＋20 dBm, CW
	直流安定化電源	PA36-1.2A	ケンウッド	0～36 V, 1.2 A
周波数スペクトラム	スペクトラム・アナライザ	8562E	キーサイト・テクノロジー	30 Hz～13.2 GHz
	直流安定化電源	AD-8723D	エー・アンド・デイ	0～30 V, 1.5 A

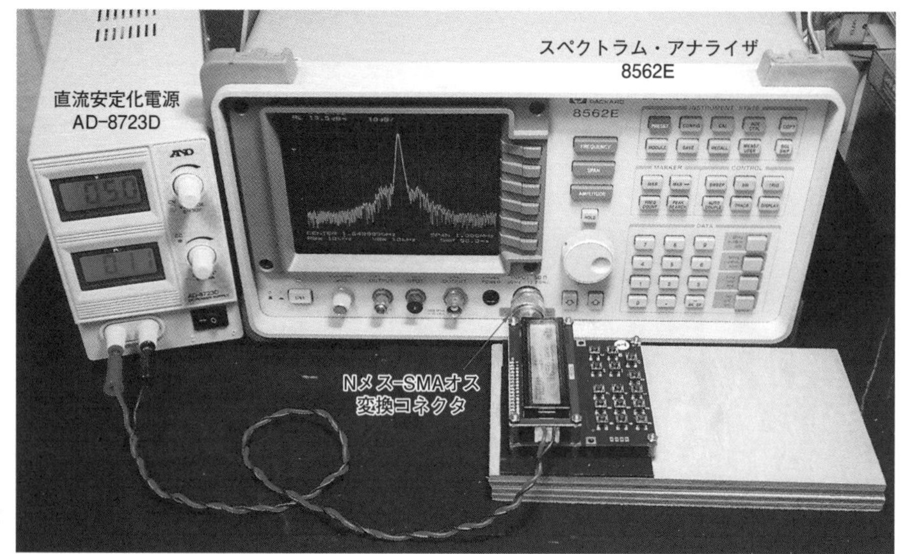

〈写真4〉スペクトラムを観測するようす

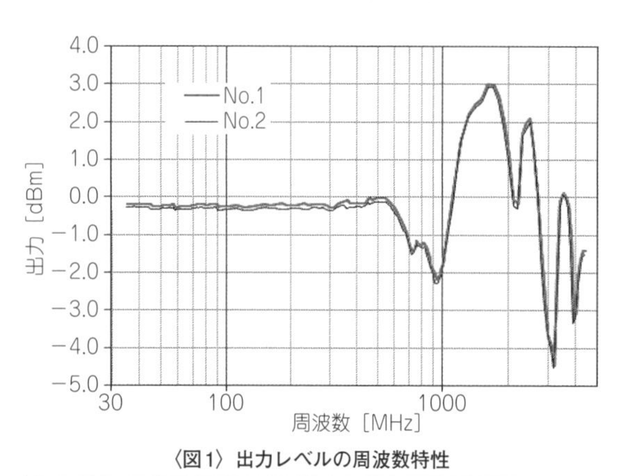

〈図1〉出力レベルの周波数特性

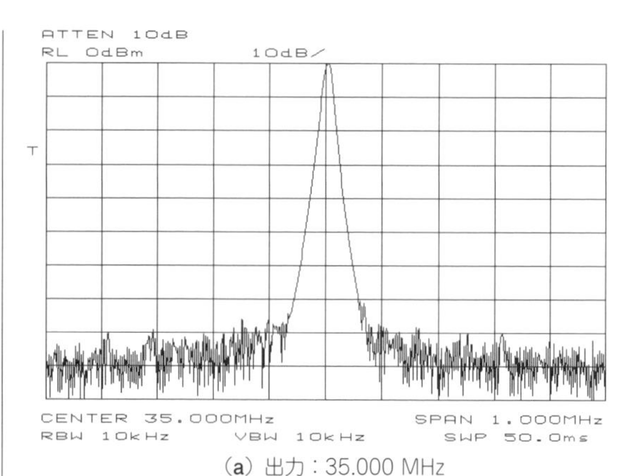

(a) 出力：35.000 MHz

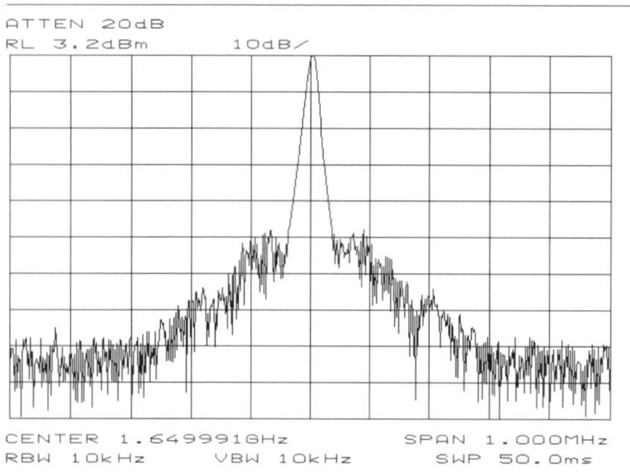

(b) 出力：1650.008 MHz

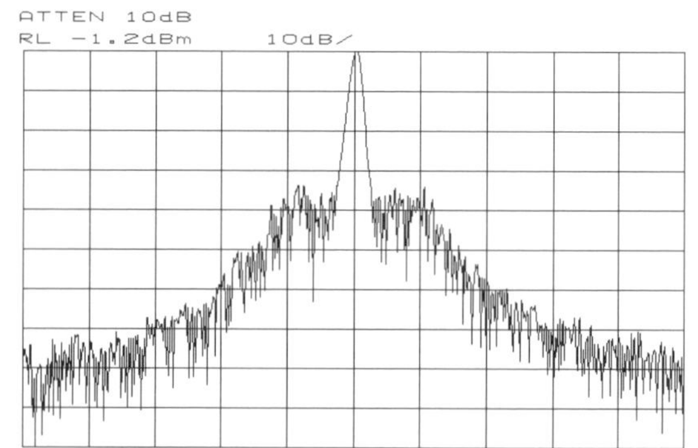

(c) 出力：4400.008 MHz

〈図2〉出力信号の近傍スペクトラム(スパン1 MHz，10 dB/div.)

3 測定結果

3.1 消費電流

基板モジュールの電源を入れた直後は約12 mAです．周波数を設定すると，周波数により消費電流が異なりますが，およそ120〜150 mAです．

RF出力のSMAコネクタに50 Ω終端器を接続しても，何も接続しなくても消費電流に変化はありませ

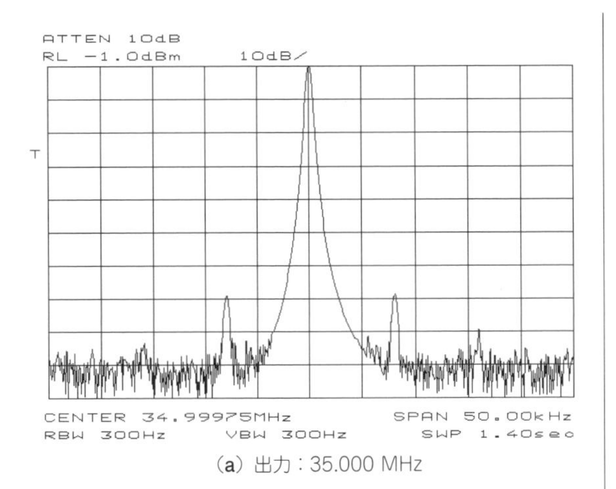

(a) 出力：35.000 MHz

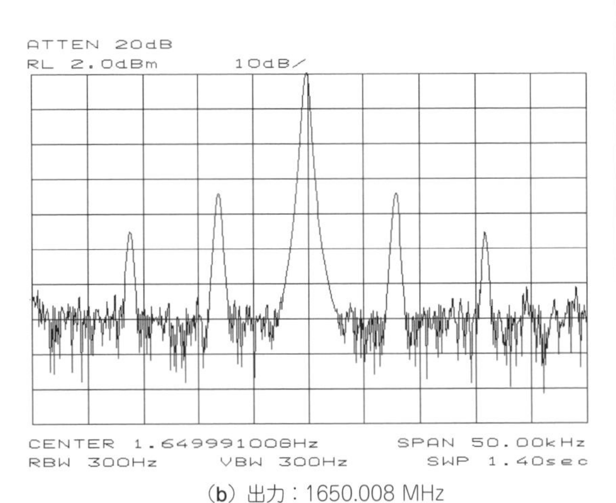

(b) 出力：1650.008 MHz

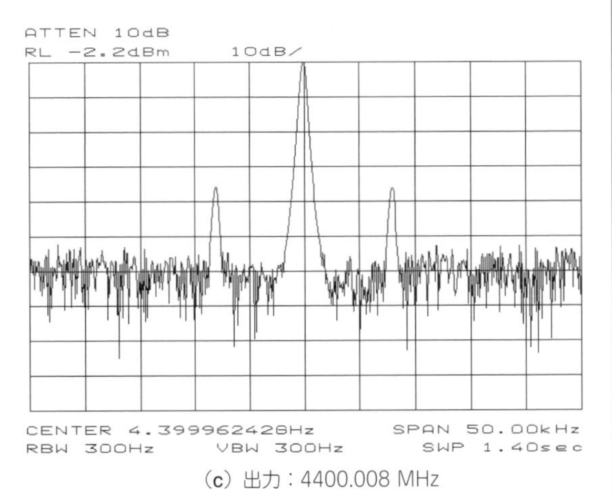

(c) 出力：4400.008 MHz

〈図3〉出力信号の近傍スペクトラム（スパン50 kHz，10 dB/div.）

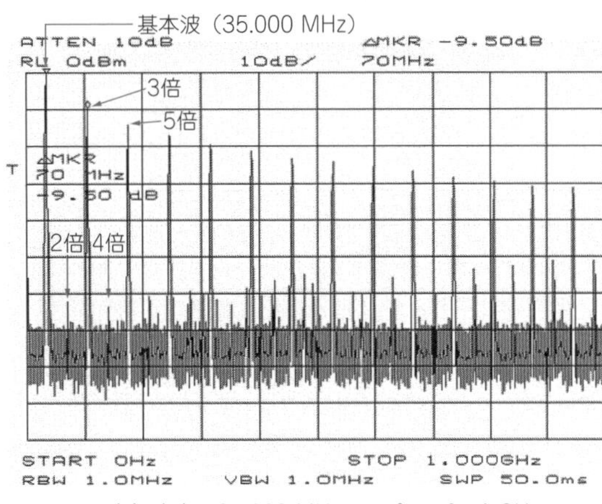

(a) 出力：35.000 MHz，スパン：0～1 GHz

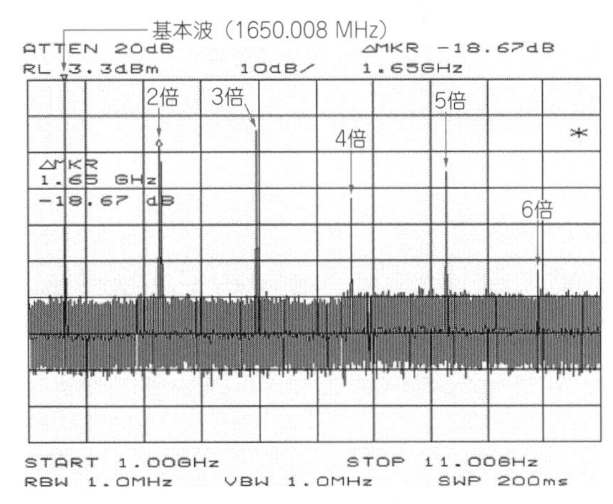

(b) 出力：1650.008 MHz，スパン：1 G～11 GHz

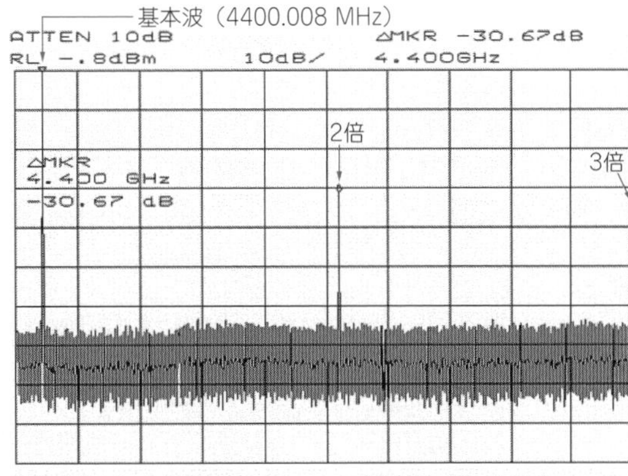

(c) 出力：4400.008 MHz，スパン：4 G～13.231 GHz

〈図4〉高調波スプリアス（10 dB/div.）

ん．

3.2 出力レベルの周波数特性

図1は測定した出力レベルの周波数特性です．二つの基板の特性はほぼそろっています．

530 MHz近辺を境に，低い周波数ではフラットな特性で，出力はおおよそ0 dBmです．それより高い周波数では－4 dB～＋3 dBの幅で波打ちがあります．

■ 3.3 近傍周波数のスペクトラム

図2(p.62) は，出力周波数を中心としてスパン1 MHzのスペクトラムです．また，**図3**はスパン50 kHzのスペクトラムです．それぞれ出力周波数は，35.000 MHz，1650.008 MHz，4400.008 MHzです．

● **スパン1 MHzの特性**

1650.008 MHzと4400.008 MHzは±100 kHzを越える幅でノイズの盛り上がりが目立ちます．35.000 MHzのノイズ盛り上がりはそれほど気になりません．

● **スパン50 kHzの特性**

1650.008 MHzと4400.008 MHzは，スパン全体にノイズ・フロアが上昇していることがわかります．35.000 MHzに対して1650.008 MHzのノイズ・フロアは約20 dB上昇，4400.008 MHzはさらに10 dB上昇しています．

±8 kHz間隔のスプリアスも確認できます．1650.008 MHzと4400.008 MHzは，±8 kHzのところで約−35 dBです．けっこう目立つレベルです．

■ 3.4 高調波スプリアス

図4は高調波スプリアスです．それぞれ出力周波数は，35.000 MHz，1650.008 MHz，4400.008 MHzです．

● **35.000 MHz**

3次高調波は基本波に比べて−9.5 dB，5次は3次に比べ−4 dBです．さらに高い奇数次のスプリアスは緩やかな右肩下がりの特性です．

2次や4次高調波レベルはとても低く，その後の高い偶数次のスプリアスは少しずつレベルが上昇する特性です．

以上のことから，デューティ比50 %の比較的きれいな矩形波が出力されていると想像できます．

● **1650.008 MHz**

35.000 MHzでは気にならなかった偶数次の高調波も目立ちます．とくに，2次高調波は3次とあまり変わらないレベルです．

● **4400.008 MHz**

基本波に比べて2次高調波は−30 dB，3次は−34 dBです．35.000 MHzや1650.008 MHzとくらべると高調波レベルはかなり低いです．半導体の周波数特性も手伝っていると思われます．

■ 3.5 そのほかのスプリアス

図5は基板の電源をONし，周波数を設定する前のスペクトラムです．このとき，液晶表示の周波数は0 Hzで，どこの周波数にもPLL(ADF4351)はロックしていない状態です．

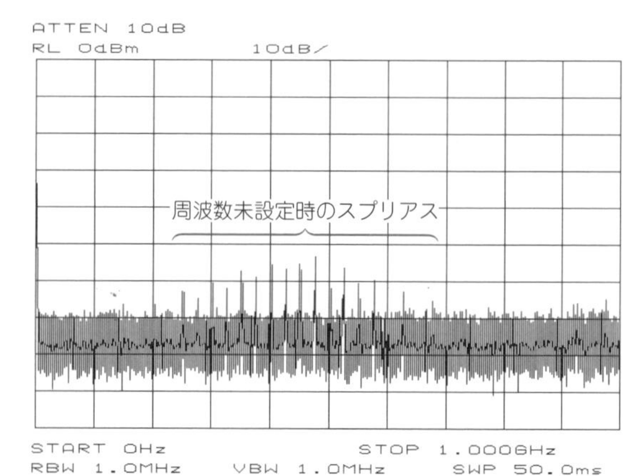

〈図5〉 周波数未設定時のスプリアス(0〜1 GHz，10 dB/div.)

250 MHz〜700 MHzに多数のスプリアスが見えます．レベルの高いスプリアスで約−53 dBmです．どのような周波数を設定しても，おおよそこの範囲にスプリアスが多数分布します．

4 まとめ

- 消費電流：120〜150 mA(出力周波数で変化)
- 出力レベル：約0 dBm，ただし500 MHzを越えると+3 dB/−4 dBの周波数特性をもつ．
- 近傍スペクトラム：周波数が高いほどノイズ・フロアが上昇する．
- 高調波：低い出力周波数の偶数次のレベルはとても少ない．高い出力周波数ほど偶数次レベルが高まる．
- 周波数表示の注意：PLLのADF4351がロックしない周波数でも設定できてしまう．また，500 MHz以上ではステップ周波数が少し粗く，1 kHz単位は表示周波数と出力周波数が異なることがある．

◆参考文献◆

(1) ADF4351信号発生器 基板モジュール，ネット通販の一例
https://www.amazon.co.jp/gp/product/B082KVQCHC/

とみい・りいち　祖師谷ハム・エンジニアリング

第7章　1 MHz～600 MHz, −75～＋16 dBm, 測定値のオフセットも可能

液晶表示RFパワー・メータ基板

富井 里一
Tommy Reach

1 概要

ディジタル表示RFパワー・メータ基板(**写真1**)を評価します．電源はDC6 V～12 Vです．価格はネット通販サイト[1]で3,667円(2021年3月)です．他のサイトでも多数が売られています．

表示値はオフセットが可能で，範囲は0～99 dB，ステップ1 dBです．この数値を大きくすると表示値は高くなります．三つの赤色のタクト・スイッチでオフセット値を変えます．このオフセット値は電源をOFFしても記憶しています．今回の測定ではオフセットを0 dBとします．

基板のうら面は銅箔パターンだけで，チップ部品は実装されていません．

写真2は液晶表示部で隠れた部分です．マイコンは，STCmicro Technology社(中国)のSTC12LE5A60S2でインテル8051互換の8ビットMCUです．

RF検出部はAD8307(アナログ・デバイセズ社)を使っています．このICは，いわゆるログ・アンプであり，RF入力電力を検波し対数変換したDC値を出力します．AD8307のデータ・シート[2]によれば，入力周波数DC～500 MHz，入力レベル−75 dBm～＋17 dBmの範囲で動作します．

〈写真1〉液晶表示RFパワーメータ基板の外観

2 測定項目と条件

RF信号発生器(SG)のE4400B(250 kHz～1 GHz，キーサイト・テクノロジー社)をRFパワー・メータ基板に接続して，2項目を評価します．測定器との接続はどちらも**写真3**に示すとおりです．

測定した基板はNo.1とNo.2の二つです．SGの変調はOFFにします．

2.1 周波数特性

SGの出力レベルを一定にし，周波数を300 kHz～700 MHzの範囲で変化させ，各周波数におけるパワー・レベル(液晶表示の値)を記録します．SGの出力レベルは，−70 dBm～＋10 dBmの範囲を10 dB間隔とします．

〈写真2〉液晶表示モジュールを外した基板

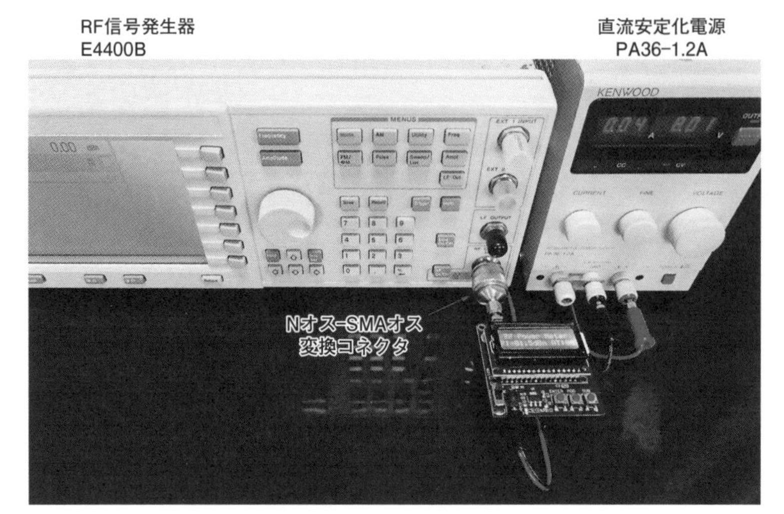

〈写真3〉 測定中のようす

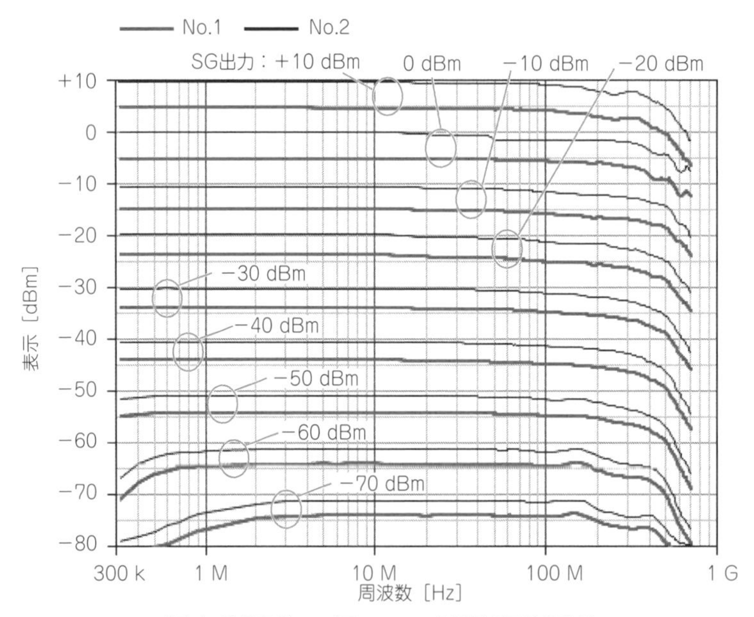

〈図1〉 液晶表示RFパワー・メータ基板の周波数特性

2.2 誤差

SGの出力表示レベルを基準に，基板モジュールの測定値のずれを調べます．周波数は50 MHz一定で，−90～+15 dBmの範囲を測定します．

50 MHzを選んだ理由は，100 MHz以下の誤差スペックが厳しい[2]ことと，100 MHzではすでに右肩下がりの周波数特性が現れているためです．

+15 dBmを測定上限にしたのは，SGが安定してして出力できる上限であるためです．

3 測定結果

3.1 消費電流

DC9 V供給のときに約41.7 mA(基板No.1の測定値)でした．RF入力の有無で消費電流は変化しませんでした．

3.2 周波数特性

表示の周波数特性を図1に示します．

No.1は周波数全体的に−4～−5 dBのオフセットがあります．

どの入力レベルも，100 MHz付近から右肩下がりの

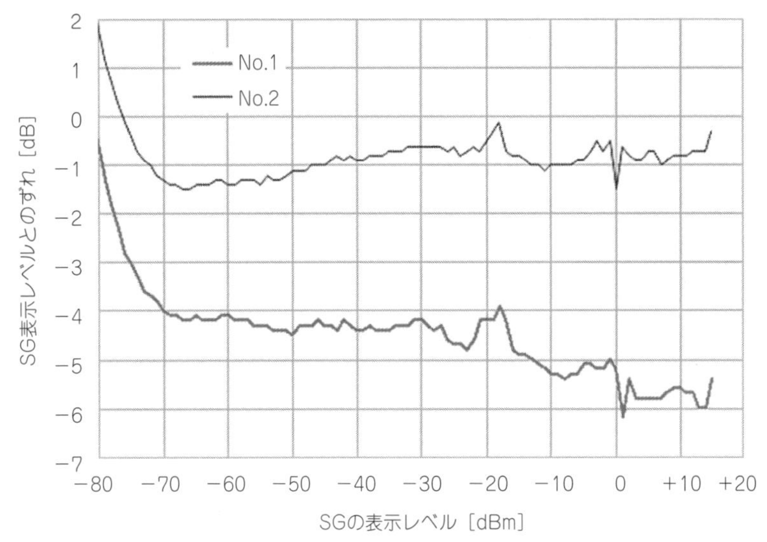

〈図2〉液晶表示RFパワー・メータ基板の表示誤差(入力50 MHz)

傾向で，500 MHzでは約－5 dBです．

3.3 誤差

誤差を図2に示します．横軸はSGの表示レベル(SGから基板に入力するレベル)，縦軸はSGの表示レベルを基準にしたパワーメータ基板の表示との差です．

No.1は，全体的に－4 dBから－6 dBずれていることがわかります．周波数特性で測定した全体的なオフセットが再現されています．

誤差は－70 dBm～＋15 dBmにわたって2.2 dB以内です．ただし，No.1は全体的なオフセットを除きます．

4 オフセット調整とまとめ

オフセット設定が前提のようです．AD8307のINTピン(8番ピン)の電圧を調整することで，出力OUTピン(4番ピン)のDC電圧を微調整できます．この基板のINTピンは電源に接続されているので，測定値は低めに出ます．そして，マイコンの表示処理にオフセット機能を入れて高くずらせるようにしています．このことから，No.1の測定値が－4～－5 dBずれることは想定内と思われます．

個体差を把握できればオフセットを設定して，－70 dBm～＋15 dBm，1 MHz～100 MHzの範囲でおよそ2 dBの確度が得られそうです．

◆参考・引用*文献◆

(1) 液晶表示付きRFパワー・メータ 基板モジュール，ネット通販サイトの一つ，
https://www.amazon.co.jp/dp/B082PZNN18
(2) AD8307データ・シート；アナログ・デバイセズ，pp.1～3.
https://www.analog.com/media/en/technical-documentation/data-sheets/AD8307.pdf

とみい・りいち　祖師谷ハム・エンジニアリング 

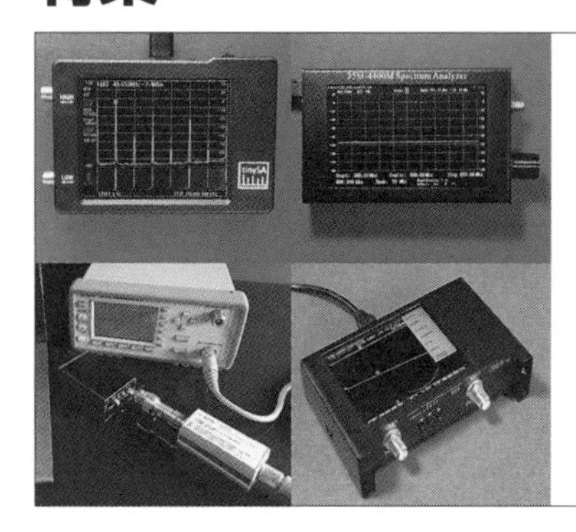

第8章　利得，出力P_{1dB}，雑音指数NFを実測する

5 MHz～3.5 GHz/20 dB 広帯域アンプ基板の実力

富井 里一
Tommy Reach

1 概要

5 MHz～3.5 GHzで利得20 dBが得られる広帯域アンプ基板(**写真1**)を評価します．価格はネット通販サイト[1]で1,379円(2021年3月)です．他のネット通販サイトでも多数見つかります．

写真1はアンプ基板の部品面です．うら面に部品はなく，グラウンドのベタ・パターンだけです．基板サイズ33×25 mmにRF入出力にそれぞれSMAメス・コネクタが付いた，こじんまりしたユニットです．

写真2はシールド・ケースを取り除いた基板です．ICは1個だけ配置されていて，パッケージには“3M9009”と印字されています．インターネットで検索すると，TQP3M9009(Qorvo社，米国)がヒットします．Qorvoは2014年末にRF Micro Devices社とTriQuint社が対等合併して誕生した会社で，型名から旧TriQuint系の化合物半導体ICです．

TQP3M9009のデータ・シート[2]によれば，ピン配置，パッケージ・サイズ，電源電圧は一致します．しかし，消費電流は実測75.5～85.7 mA(三つのモジュールを測定)に対して，スペックはtypical 125 mA，max 150 mAです．消費電流の実測値はスペックより低すぎますが，TQP3M9009のスペックを踏まえながら，基板モジュールの評価に進みました．

なお評価に必要な測定の一部は，㈱ディエステクノロジ様の作業室と測定機器をお借りしました．誌面を借りて御礼申し上げます．

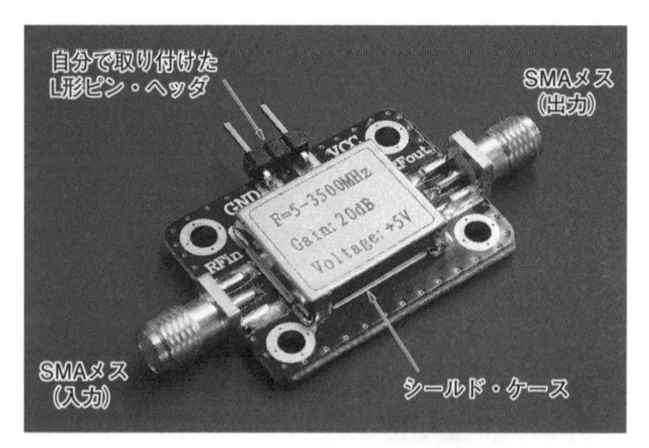

〈写真1〉広帯域アンプ基板の部品面

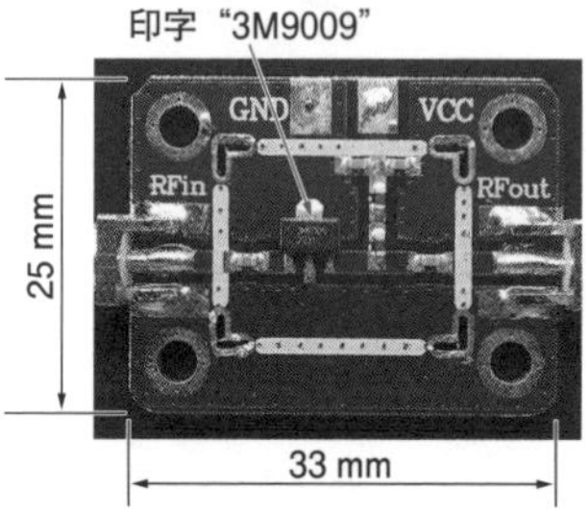

印字“3M9009”
GND VCC
RFin RFout
25 mm
33 mm

〈写真2〉広帯域アンプ基板のシールド・ケース内部

2 測定項目と条件

3項目を測定します．使用する測定機器を**表1**に示します．測定する基板は三つです．

2.1 利得の周波数特性

利得はVNAでS_{21}を測定します．**写真3**はVNAにアンプ基板を接続したようすです．

アンプの入力が飽和しないように，VNAポート1の出力を−30 dBmに下げます．VNAポート2は，アンプ出力との間に10 dBのアッテネータを挿入します．これは，操作ミスや異常発振したときにVNAポート2へ過大レベルが入力されることを防止するためです．

2.2 Output P_{1dB} (1 dB利得圧縮出力電力)

Output P_{1dB}は，アンプの入力電力を徐々に増加させていったときに，十分に低い入力レベルにおける利得に対して，利得が1 dB下がったときの出力レベルを測定します．アンプ基板の入力はSG出力に接続し，出力は10 dBアッテネータを接続してからパワー・センサに入力します．パワー・センサの入力上限が+20 dBmなので，保護のためにアッテネータを入れます．

写真4(p.70)は，P_{1dB}を測定する機器とアンプ基板を接続したようすです．

SG出力レベルは，アンプ基板の動作レンジに対し

〈表1〉広帯域アンプ基板の評価に使用した測定機器

測定項目	測定機器	型名	メーカ	備考
利得周波数特性	ベクトル・ネットワーク・アナライザ(VNA)	8753D	キーサイト・テクノロジー	30kHz～6 GHz
	アッテネータ	18B5W-10 dB	API-Inmet	10 dB, 5W
	直流安定化電源	PA18-3A	ケンウッド	0～18V, 3A
1 dB圧縮出力電力(P_{1dB})	シグナル・ジェネレータ(SG)	E4400B	キーサイト・テクノロジー	250kHz～1 GHz
	RFパワー計	E4418B	キーサイト・テクノロジー	
	RFパワー・センサ	E4412A	キーサイト・テクノロジー	10 MHz～18 GHz, −70～+20 dBm, CW
	アッテネータ	18B5W-10 dB	API-Inmet	10 dB, 5W
	直流安定化電源	PA36-1.2A	ケンウッド	0～36V, 1.2A
NF周波数特性(10 MHz～2 GHz)	NFメータ	8970B	キーサイト・テクノロジー	10 MHz～2047 MHz
	ノイズ・ソース	346B	キーサイト・テクノロジー	10 MHz～18 GHz
	直流安定化電源	PA18-3A	ケンウッド	0～18V, 3A
NF周波数特性(2 GHz～6 GHz)	シグナル・アナライザ	N9000A	キーサイト・テクノロジー	9kHz～7.5 GHz
	ノイズ・ソース	346C	キーサイト・テクノロジー	10 MHz～26.5 GHz
	直流安定化電源	PAB 32-1.5DU	菊水電子工業	0～32V, 1.5A

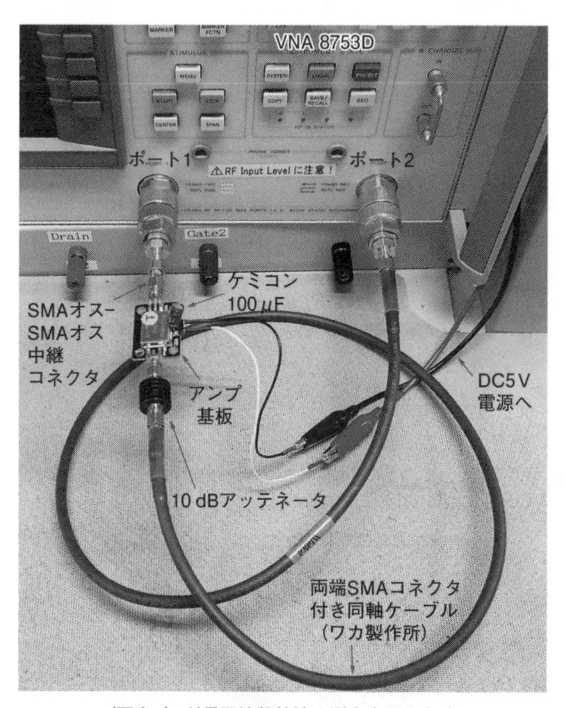

〈写真3〉利得周波数特性の測定中のようす

て十分低い−50 dBmから，出力レベルが飽和する少し手前の+5 dBmとします．また，SGの変調はOFFにします．

測定周波数は100 MHzにします．TQP3M9009のデータ・シート[2]のP_{1dB}スペックは1.9 GHzの条件ですが，次節で示す測定結果のように1.9 GHzは−3 dB帯域から外れます．100 MHzを越えると利得は右肩下がりの特性なので，フラットな特性の上限周波数として100 MHzを選びます．

2.3 NF(雑音指数)の周波数特性

測定周波数は10 MHz～6 GHzです．2 GHzを境にNFメータが異なります．最初に2047 MHzまで測定できる8970Bで測定しましたが，その後にもっと高い周波数まで測定できるN9000Aを借りることができたからです．**写真5**は，2～6 GHzのNFを測定する機器とアンプ基板を接続したようすです．測定下限10 MHzはノイズ・ソースのスペックによるものです．

3 測定結果

3.1 消費電流

RF入出力を50 Ω終端したときに，75.5～85.7 mAでした．三つのアンプ基板を測定した結果です．

3.2 利得の周波数特性

図1(p.71)に利得の周波数特性を示します．

● 公称周波数外の0.1 MHz～1 MHzで利得が暴れる

ネット通販サイト[1]に記載された周波数範囲(5 MHz～3.5 GHz)から外れますが，赤色破線の特性は0.1 MHz～1 MHzの間で利得が大きく暴れています．これはアンプ基板No.1のオリジナル特性です．このとき，電源ラインに手を触れると特性が変化することを見つけ，電源ラインにケミコンを入れることで暴れのない特性になりました．4.7 μFのケミコンでは不十分で，手元にあった次に大きい容量の100 μFを付けて対策しました．グラフの三つの実線(赤/灰/黒)は100 μFを付けて測定した特性です．

● 利得ピークは約23 dB@6 MHz，3 dB帯域幅は約2 MHz～1.1 GHz

三つのアンプ基板はほぼそろった特性でした．利得のピークは約23 dB@約6 MHzです．100 MHzから高い周波数で右肩下がりの特性です．−3 dBの条件で帯域幅を調べるとおよそ2 MHz～1.1 GHzになります．

データ・シート[2]にある評価回路では，50 MHz～

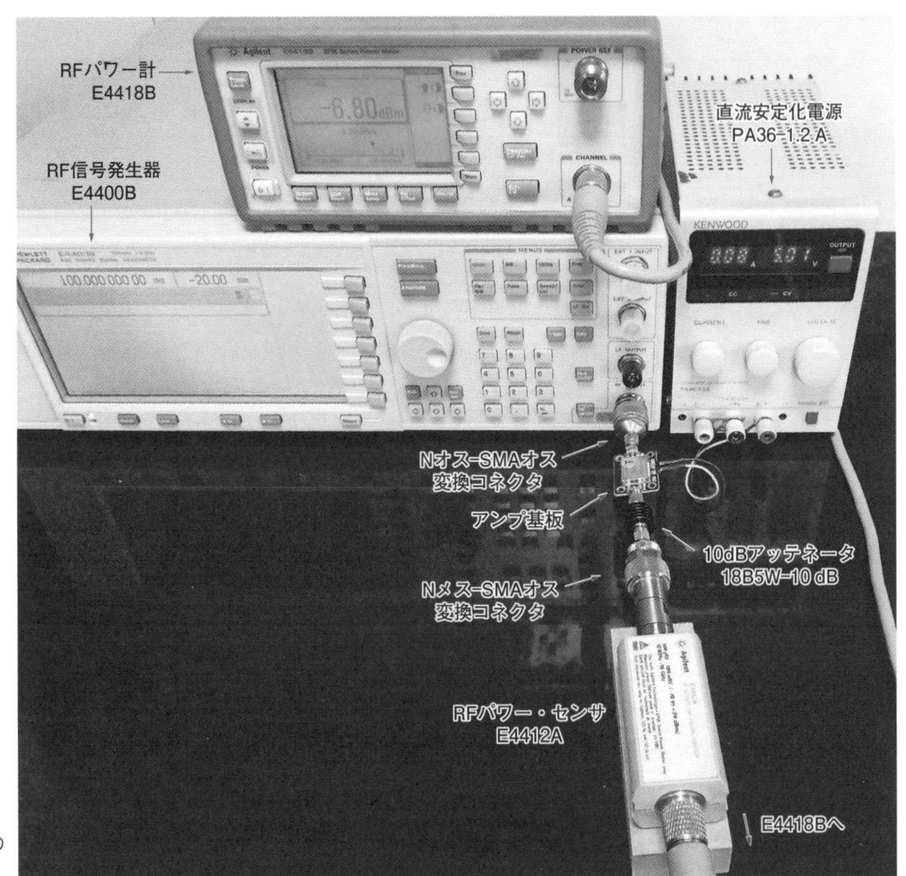

〈写真4〉
Output P_{1dB}を測定中のようす

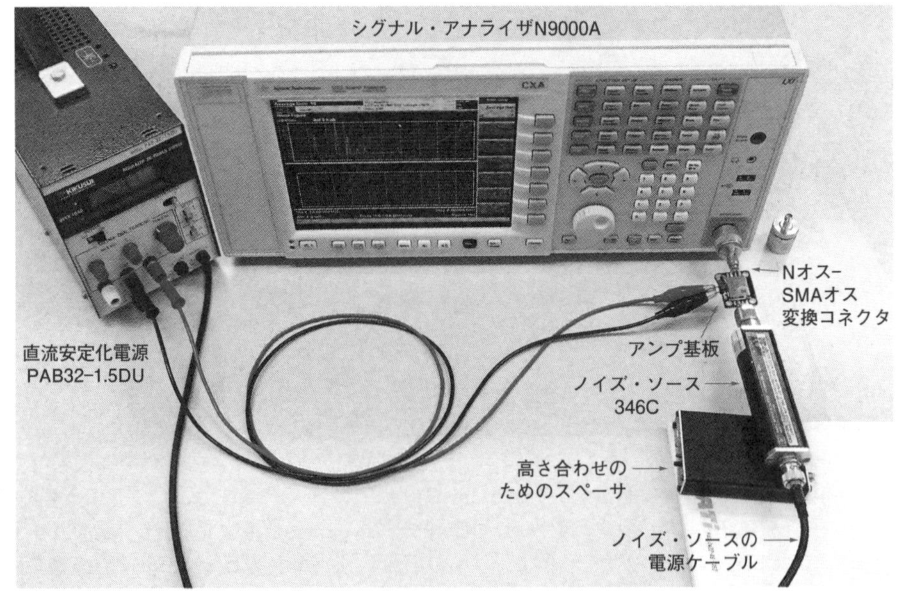

〈写真5〉
NF測定中のようす
(2〜6 GHz)
[設備提供：㈱ディエステクノロジー]

500 MHzと500 MHz〜4 GHzで，コイルの定数が違います．もしかしたら，チップ部品を変更することで高い周波数に利得をシフトできるかもしれません．

3.3 Output P_{1dB}

図2はOutput P_{1dB}の特性です．直線の傾きと1 dB圧縮の両方がわかる適度なスケールにしています．

P_{1dB}はある程度の直線性を保ちながら使える電力の

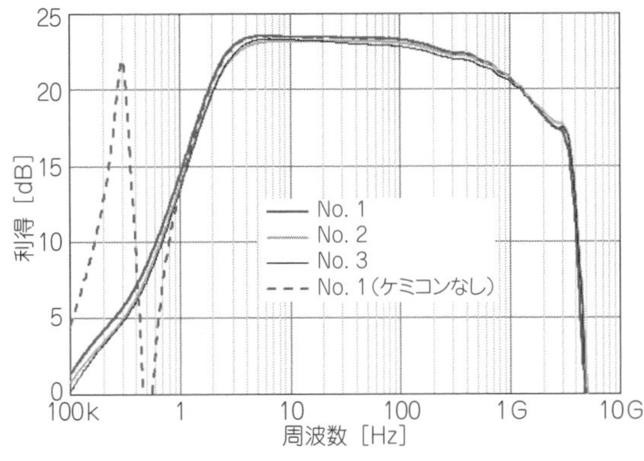

〈図1〉 利得周波数特性(入力：－30 dBm)

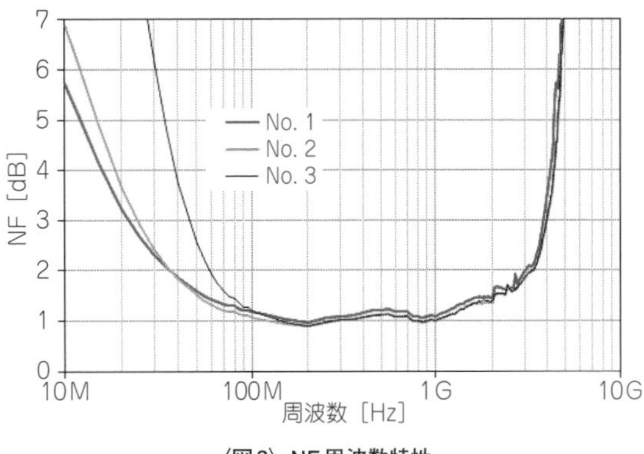

〈図3〉 NF周波数特性

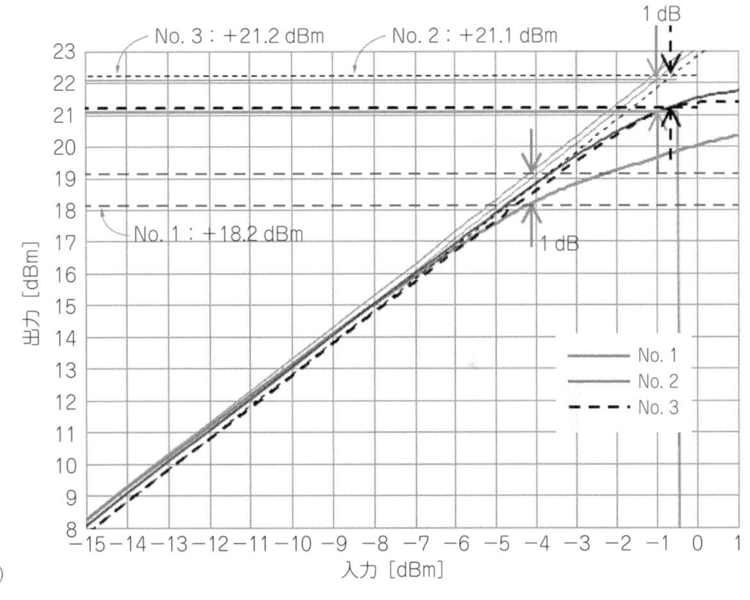

〈図2〉
Output P_{1dB}特性(100 MHz)

目安になりますが，今回の測定結果は＋18～＋21 dBm @100 MHzです．

3.4 NF(雑音指数)の周波数特性

図3はNFの周波数特性です．NFメータを交換する2 GHzに少し段差がありますが，NF特性の把握には影響ないレベルと思います．

およそ150 MHz以上では三つのアンプ基板はほぼそろった特性でした．3 GHz付近より高い周波数のNF悪化は，利得の急な減少に伴うものだと思います．

100 MHz以下は，ばらばらにNFが悪化する特性です．

4 まとめ

要点をまとめます．

電源にケミコンを追加すると1 MHz以下の利得特性が安定します．

利得ピークは約23 dB@6 MHz，3 dB帯域幅は約2 MHz～1.1 GHzです．

Output P_{1dB}は＋18～＋21 dBm@100 MHzでした．

NFは約1～1.3 dB@100 MHz～1.3 GHzです．これは利得がフラットで，NFが低い値を推移する範囲です．

注意点があります．電源のプラスとマイナスを逆に接続すると壊れます．電源を入れて10秒くらい経過する間に消費電流が徐々に増加します．その間，それなりにRFが出力されます．そのうちに過熱したときの独特の匂いが漂い，慌てて電源を切っても手遅れでした．このパターンで私は2個も壊してしまいました．

なお，TQP3M9009データ・シート[2]には絶対定格として最大逆電圧－0.3Vと記載されています．

◆参考文献◆

(1) RF広帯域アンプ基板，ネット通販サイトの一つ；
https://www.amazon.co.jp/dp/B07QHCQQSV
(2) TQP3M9009データ・シートrev. M；Qorvo, Inc., pp.2～4, Nov. 2020.
https://www.qorvo.com/products/d/da005510

とみい・りいち　祖師谷ハム・エンジニアリング 

特設記事

本免許による実証実験がスタート！
Society 5.0時代の注目インフラ

ローカル5Gの全貌と実証システムの成果

池田 博樹/藤野 学/櫻庭 泉
Hiroki Ikeda/Manabu Fujino/Izumi Sakuraba

1 “5G”の特徴と実現目標

1.1 5G概要

携帯電話は1979年に自動車電話として登場した第1世代方式から，第5世代を意味する最新の5G方式まで，約10年ごとに世代交代してきました．

5Gは，下記に示す三つの特徴をもつ第5世代移動通信システムの通称です．

- 高速大容量(eMBB)〔enhanced Mobile BroadBand〕
- 超高信頼低遅延(URLLC)〔Ultra-Reliable and Low Latency Communications〕
- 超多数接続(mMTC)〔massive Machine Type Communications〕

その仕様は世界の通信事業者やベンダが参加する3GPP(The 3rd Generation Partnership Project)が定めた国際規格であり，最大スループット20 Gbps，遅延時間1 ms，1平方km当たり最大100万台の端末(モノ〔things〕)が接続可能とすることを目標にしています．

表1は3GPPによるリリース一覧，**図1**はリリース・スケジュールです．各仕様はリリース番号で表されており，主な機能拡張のたびに新たな番号が付与されます．現時点ではリリース15対応までの製品が市場で販売/使用されています．これに続くリリース16ではURLLCの特徴を活用したV2X(Vehicle to X：車と車/歩行者/インフラなどの相互接続の総称)やIoT向け仕様およびアンライセンス帯向けの仕様がすでに固まっています．2021年内に確定見込みのリリース17では車車間通信向けのD2D〔Device to Device〕(基地局を介さない端末どうしの通信)仕様が盛り込まれています．

〈表1〉3GPPによる5G関係のリリース一覧

リリース	時期	規格
リリース15	2019年3月	**5Gの基本仕様** • NSAとSA • 5G無線
リリース16	2020年7月	• 自動車向けV2X • 産業向けIoT • 工場向けURLLC • アンライセンス帯向け5GNR • 仕様改善/拡張(位置情報，MIMO拡張，低消費電力化)
リリース17	2021年以降	• IoT向け拡張 • 車車間通信向け拡張

注▶**5GNR**: 5th Generation New Radio, **IoT**: Internet of Things, **MIMO**: Multiple Input Multiple Output, **NSA**: Non Stand Alone, **SA**: Stand Alone, **URLLC**: Ultra-Reliable and Low Latency Communications, **V2X**: Vehicle to X.

1.2 5Gで実現すること

5Gの超高速通信では4K/8Kの高解像度映像をリアルタイムで送受信できるようになります．そこで，スポーツ観戦中に自分が見たい視点からのリアルタイム映像を確認したり，現実世界と仮想世界を融合したxR(VR〔Virtual Reality〕：仮想現実，AR〔Augmented Reality〕：拡張現実，MR〔Mixed Reality〕：複合現実の総称)技術を適用した映像を表示したり，これまでにないユーザ・エクスペリエンスを体感できます．**図2**は次世代スポーツ観戦の例です．

また，高信頼で超低遅延の通信を使うことで遠隔手術(**図3**)やロボットの遠隔操作(**図4**)のような物理的距離の壁を越えた活動が可能になります．現在のコロ

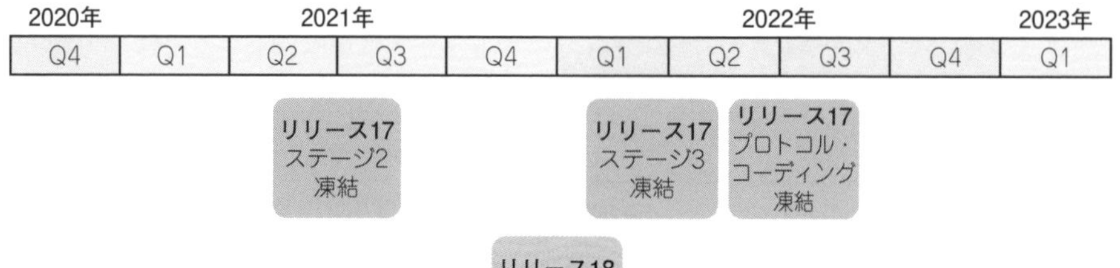

〈図1〉(1)3GPPによるリリース・スケジュール

ナ禍で急激に普及し始めたリモート・ワークでは事務作業が中心ですが，5Gの普及によって広範な産業での効率化や省力化が期待されます．

さらに極めて多数のモノ（**図5**）を5Gに接続することで得られるビッグ・データをAI処理することによって高精度の故障予知や事故予測ができるようになるので，より安心，安全な社会の実現に役立つでしょう．

このような近未来を実現するためには，高性能，高信頼で安価なデバイスなどが必要となるので，ベンダの役割は益々大きくなると考えられます．

■ 1.3 5Gのネットワーク形態と使用周波数帯

5Gシステムには二つのネットワーク形態があります．

一つは制御データの通信にLTEを活用し，ユーザ・データの通信のみ5GNR（5G New Radio）を使用するNSA（Non Stand-Alone）です．もう一つの形態は，制御データとユーザ・データ両方の通信をすべて5GNRで実現するSA（Stand-Alone）です．現時点では，国内5G商用システムとして使われているのは前者のNSAです．

使用する周波数帯は3GPP仕様ではFR1（Frequency Range）と呼ばれる6 GHz以下の周波数帯と，FR2と呼ばれるミリ波帯があります．現在，日本国内では各携帯電話事業者に対して**表2**のような周波数が割り当てられています．

また，上記帯域に加えて既存のLTE方式等に割り当てられてFDD（Frequency Division Duplex）（周波数分割複信）で運用されている

〈図2〉 次世代スポーツ観戦

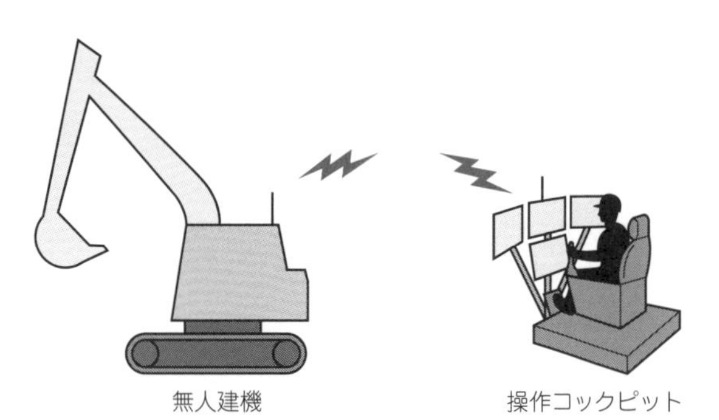

〈図4〉 建機や農機の遠隔操作

〈図5〉 超多数接続

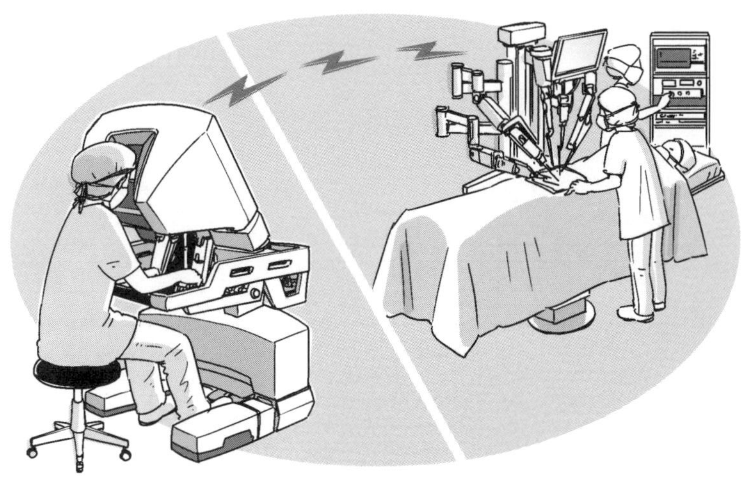

〈図3〉 遠隔医療（ロボット手術）

700 MHz帯，800 MHz帯，900 MHz帯，1.5 GHz帯，1.7 GHz帯および2 GHz帯，そしてTDD(時分割複信)(Time Division Duplex)で運用される3.5 GHz帯，3.7 GHz帯および4.5 GHz帯も5GNR方式を使用可能にするための技術検討が行われています．

2 ローカル5Gとは？

総務省による紹介資料(2)にはローカル5Gに関して次のように記載されています．

通信事業者以外のさまざまな主体(地域の企業や自治体等)が，自ら5Gシステムを構築可能とするもの

ローカル5Gには次のような特徴があります．

- 地域や産業の個別のニーズに応じて柔軟に5Gシステムを構築できる
- 通信事業者ではカバーしづらい地域で独自に基地局を設けられる
- ほかの場所での通信障害や輻輳(混雑)，災害などの影響を受けにくい

〈表2〉5G向け周波数割り当て

オペレーション・バンド	周波数帯	事業者
n77	3.6～3.7 GHz	NTTドコモ
n79	4.5～4.6 GHz	
n257	27.4～27.8 GHz	
n77	3.7～3.8 GHz	KDDI
n77	4.0～4.1 GHz	
n257	27.8～28.2 GHz	
n77	3.8～3.9 GHz	楽天モバイル
n257	27.0～27.4 GHz	
n77	3.9～4.0 GHz	ソフトバンク
n257	29.1～29.5 GHz	

2.1 ローカル5Gの特徴

ローカル5Gはプライベートで独自のネットワーク網を実現できるので，eMBB，URLLC，mMTCに関係する個々のパラメータを調整することでユーザ・ニーズに合わせたネットワーク機能の最適化が可能です．例えば，現在の5G商用網では高速伝送機能であるeMBBを最も重視しているので，特に下り信号(基地局→端末)の大容量化を図ったパラメータに最適化されています．そのため，上り信号(端末→基地局)に大容量が必要な監視カメラや，低遅延の応答が不可欠な建設機械の遠隔制御のようなアプリケーションには残念ながら適していません．

一方，ローカル5Gは，アプリケーションによって大きく異なる通信要求にもパラメータの最適化によって対応できるようになっており，自社ニーズに合わせた通信システムを構築可能です．その背景には，通信システムのさまざまな機能を独立したハードウェア・ユニットの組み合わせで実現してきた従来システムと異なり，(ローカル)5Gシステムでは汎用サーバ装置等によるソフトウェア化や仮想化を積極採用していることが指摘できます．

このようにローカル5Gは，ネットワーク機能のソフトウェア化や仮想化によって，システム規模や性能が異なる多様な要求に柔軟に対応できるため，**表3**に示すさまざまな分野での活用が期待されています．

2.2 ローカル5Gの周波数帯

図6はローカル5Gの周波数帯です．現行のミリ波(28 GHz帯)が拡張されるのに加えて，「サブ6」(6 GHz以下)である4.7 GHz帯が新たに法制度化されました．

〈表3〉さまざまな分野におけるサービス

項目	製造	自動車	建設	小売り
用途	•工場内のロボット •無人工場 •VR活用の開発/製造支援	•自動運転 •コネクテッド・カー •車内エンターテインメント・システム	•建機の遠隔操作 •車両管理 •ドローン測量	•無人店舗 •ドローン輸送 •ビデオ監視システム
企業	•ロボット・メーカ •工作機械メーカ	•自動車メーカ •部品メーカ •電装メーカ	•ゼネコン •建機メーカ	•無人店舗 •ドローン輸送 •ビデオ監視システム
市場が盛り上がると想定される時期	2022年～	2023年～	2022年～	2020年～

項目	医療	セキュリティ	ゲーム	動画
用途	•遠隔診断/医療 •医療情報システム •患者管理	•ドローン監視 •顔認証入場 •広域警備	•クラウド・ゲーミング •多人数対戦ゲーム •VR活用の次世代ゲーム	•多視点切り替え中継 •ライブ会場の体験向上 •VR活用の仮想旅行
企業	•医療機器メーカ •医療情報システム・メーカ	•監視カメラ・メーカ •ドローン・メーカ	•ゲーム制作会社 •端末メーカ	•放送局 •動画配信事業者 •コンテンツ制作会社
市場が盛り上がると想定される時期	2023年～	2020年～	2020年～	2020年～

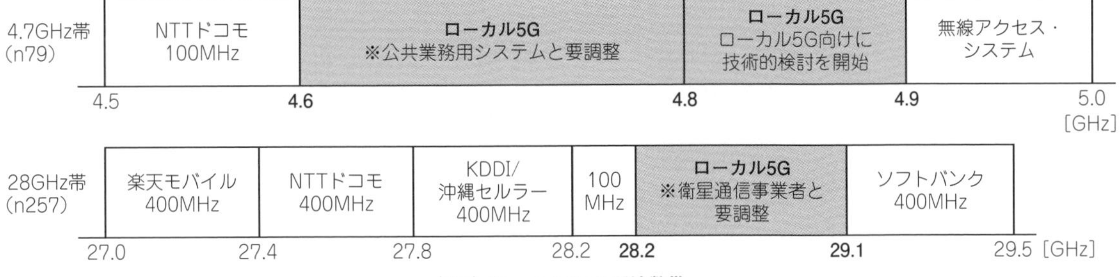

〈図6〉ローカル5Gの周波数帯

2.3 無線局免許

本稿は令和2年(2020年)12月最終改定の「ローカル5G導入に関するガイドライン」[3]に基づいて無線局免許の手続きを概説しています．詳しくは当該ガイドラインならびに5GMF発行のガイドライン[4]をご参照ください．

また，本稿では今後主流になると予測されるSA構成のシステムを念頭に手続きなどを説明していますので，NSA構成を検討される方は各資料[3][4]をご参照ください．なお，使用環境や周波数によっては特定エリアで使用できない場合があるため，あらかじめ資料[3]を確認したうえで申請手続きを行ってください．

(1) 申請

ローカル5Gを導入する場合，無線局免許(電波法第四条)の申請が必要となります．

(2) 使用機材の選定

ローカル5G無線設備は技術基準適合証明の対象となっているので，個々の無線局ごとに落成検査を受けることなく簡易な手続きで免許を取得できます．ただし，使用する無線設備が技術基準適合証明を受けていない場合には，予備免許取得後に設備設置場所での落成検査が必要となります．

特に陸上移動局(UE：User Equipment)は特定無線局に該当することから，技術基準適合証明を受けた機器であれば包括免許の申請が可能です．そこで，使用するUEが包括免許を取得済みであれば個別の免許申請は不要なので，機材選定時にこれらの証明や免許取得状況を装置メーカに確認することをお薦めします．

(3) 必要な書類

無線局免許手続規則[5](昭和25年電波監理委員会規則 第15号)で様式が定められている書類として下記が必要です．

①免許申請書
②無線局事項書
③工事設計書(無線設備系統図を含む)

そのほかに下記の書類が必要です．

④基地局設置場所を記載した業務区域，カバー・エリアならびに調整対象区域の図(規定[6]の計算式で算出し，より精度が必要な場合には計算機シミュレーションを活用する)
⑤サイバー・セキュリティ対策を講じた電気通信設備の概要を記した資料
⑥選任予定の無線従事者リスト
⑦自己土地利用であることの証明書類(登記事項証明書，貸借契約書または所有者からの依頼状等)

さらに(必要に応じて)追加書類として下記があります．

⑧他事業者(全国携帯事業者，ローカル5G事業者)との干渉調整結果を記した書類

(4) 資格

第3級陸上特殊無線技士の資格者が適用されます．ただし空中線電力100 Wを越える場合や基地局からの送信電力を変更する場合，第1級陸上特殊無線技士の資格が適用される等，異なる資格要件が必要となることがあります．免許申請に際しては，電波法施行令第四条の規定を確認することをお薦めします．

(5) 電波利用料(年額)

各局の電波利用料は**表4**のとおりです．

(6) 免許人の範囲

自ら基地局を広く設置して携帯電話サービス用および広帯域移動無線アクセス・システム用の周波数(2575～2595 MHzを除く)を使用する事業者(全国MNO：Mobile Network Operator)はローカル5Gの免許取得が認められていません．ただし，その子会社/関連会社の免許取得は可能です．

(7) 提供範囲

ローカル5Gは，自己土地利用または賃借権のある利用者が自ら構築することを基本としています．また，当該土地所有者等からシステム構築を依頼された者も，依頼を受けた範囲内で免許取得が可能となっています．

他者土地利用も許されますが，固定局のみが使用できるほか，自己土地利用者が優先となります．ただし，私有地の敷地内の公道等で自己土地周辺にある狭域の他者土地で，ほかにローカル5Gを開設する可能性が極めて低い場合や，近隣の土地の所有者が加入する団

〈表4〉ローカル5Gや類似サービスの電波利用料

システム	周波数	基地局	陸上移動局(包括免許)	備考
ローカル5G	4.6〜4.9 GHz	5,900円/局	370円/局	
ローカル5G	28.2〜29.1 GHz	2,600円/局	370円/局	
(参考1)自営等BWA	2575〜2595 MHz	19,000円/局※	370円/局	※空中線電力が0.01 Wを超える場合
(参考2)TD-LTE方式デジタルコードレス電話	1.9 GHz帯	不要	不要	

BWA：Broadband Wireless Access，TD-LTE：Time Division-LTE

〈表5〉ローカル5G基地局の設置環境に関する規制

等価等方輻射電力	屋内	屋外
−20 dBm/MHzを超える電力	使用禁止	使用禁止
−20 dBm/MHz以下	公共無線に影響のない地域で使用可能	使用禁止

(a) 4.6〜4.8 GHzの周数帯を使用する場合

等価等方輻射電力	屋内	屋外
+48 dBm/MHzを超える電力	使用禁止	使用禁止
+25 dBm/MHzを超え+48 dBm/MHz以下	公共無線に影響のない地域で使用可能	公共無線に影響のない地域で使用可能
−20 dBm/MHzを超え+25 dBm/MHz以下	特定地域では−16 dBm/MHz以下で使用可能．それ以外の地域は公共無線に影響のない地域で使用可能	特定地域では−16 dBm/MHz以下で使用可能．それ以外の地域は公共無線に影響のない地域で使用可能
−20 dBm/MHz以下	制限なし	特定地域では−16 dBm/MHz以下で使用可能．それ以外の地域は公共無線に影響のない地域で使用可能

(b) 4.8〜4.9 GHzの周波数帯を使用する場合

〈表6〉IMSIの割り当て

コア・ネットワーク設備を設置する主体	利用形態	使用するIMSI
コア・ネットワーク設備の提供を受けて運用する場合	自らの通信の利用のみ	卸元事業者のIMSIを使用
	電気通信役務の提供	441-＊＊＊-＊＊＊＊＊＊＊＊＊
自らコア・ネットワークを構築して運用する場合	自らの通信の利用のみ	999-002-＊＊＊＊＊＊＊＊＊
	電気通信役務の提供	運用者自らが指定を受けたIMSIを使用 441-＊＊＊-＊＊＊＊＊＊＊＊＊

体によって，加入者の土地において一体的に業務が行われる場合は自己土地利用とみなされます．

(8) 基地局設置環境

使用する周波数帯により使用条件が変わります．

4.6〜4.8 GHzおよび4.8〜4.9 GHzの周波数帯を使用する場合の使用条件を**表5**に示します．

28.2〜28.45 GHzの周波数帯を使用する場合は，屋内および屋外での設置が可能です．

28.45〜29.1 GHzの周波数帯を使用する場合は，固定衛星業務の地球局から保護を要求しないことを前提に，屋内および屋外での設置が可能です．

(9) IMSI

International Mobile Subscriber Identity

IMSIは携帯電話の加入者に発行される国際的な加入者識別番号です．IMSIはコア・ネットワーク設備を設置する主体や利用形態により異なります．それらを**表6**に示します．

(10) その他

ローカル5Gは，サプライチェーン・リスク対応を含むサイバー・セキュリティ対策を講じることが求められています．

3 ローカル5Gの導入手順

3.1 手順概要

以下，自社利用の場合の手順を記します．自社以外にもサービス(電気通信役務)を提供する場合には，電気通信事業登録等が別途必要となります．

ステップ1：利用目的の明確化

利用シーン，ローカル5Gの利用目的，利用場所を明確にし，概要を文書化します．

ステップ2：機材選定

利用目的に合わせたローカル5G機材を選定します．

ステップ3：事前説明

利用場所を管轄する総合通信局にステップ1，2で作成した資料を使ってシステム概要を説明します．

ステップ4：書類作成

申請に必要な書類を作成します．

〈表7〉 機材選定シート

項目	内容	備考
概要	利用目的	利用シーン
	アプリケーション	
	通信エリア	具体的な図面
基地局装置	使用環境	屋内/屋外
	電源	
	装置サイズ，重量	
	設置台数	アンテナ部の台数
	コア・サーバー設置位置	オンプレミスまたはクラウド
端末装置	使用環境	
	タイプ	スマートフォンまたはCPE
	通信レート	
	接続台数	
	各端末のトラフィック	通信容量，通信頻度等

CPE：Customer Premises Equipment（顧客設置機器）

ステップ5：書類提出

総合通信局に書類を提出します．

ステップ6：新設検査

技術基準適合証明を取得済みの無線設備以外で無線局を開設する場合は，申請書を提出し，予備免許取得後に新設検査が必要となります．

ステップ7：免許交付

総合通信局から交付の連絡を受け，免許を受領します．

3.2 機材選定

利用目的に応じて，適した機材を選定する必要があります．**表7**を参考に要求項目をまとめて，装置ベンダや代理店に直接問い合わせるか，システム・インテグレータやコンサルタントに相談します．

弊社エイビットでも御相談を承り，機材の選定やシステム・インテグレータを紹介します．概要だけいただければ御相談可能です．また，このタイミングで無線従事者の選任準備をするといいでしょう．

3.3 事前説明

総合通信局に事前に説明することにより，干渉調整先の確認や必要書類の事前確認を行うことができます．

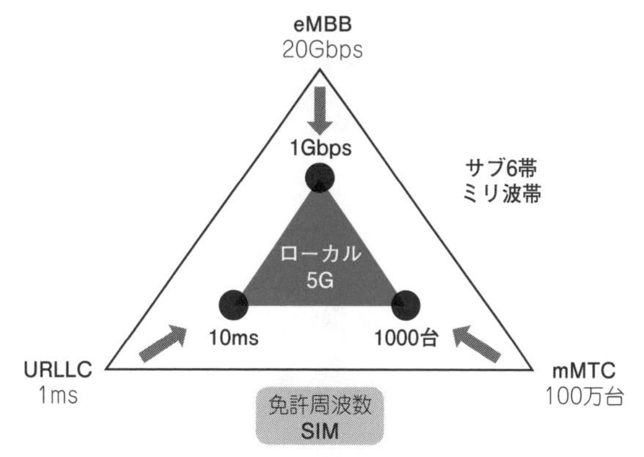

〈図7〉 スペックをユーザ・ニーズに見合った性能や機能に限定して大幅なコスト削減を図った仕様

3.4 書類作成

システム・インテグレータや㈱スリーダブリューのような登録点検業者で書類作成の支援を実施しています．弊社エイビットでも書類作成の支援を行っています．

4 エイビット社ローカル5G製品のご紹介

エイビットのローカル5G製品はユーザ・ニーズに見合った性能や機能に限定し，**図7**のような仕様とすることで，フルスペックで高額な商用基地局装置に比べて大幅なコスト削減を図っています．

また，一つの基地局でさまざまな顧客ニーズにすべて対応しようとすると複雑で大規模なシステムとなりコスト増大を招くため，エイビットは各アプリケーションに特化した個別の基地局の設置が望ましいと考えています．

4.1 AU-500概要

上記コンセプトで開発した製品がローカル5G評価システムAU-500で，**図8**はそのシステム構成です．AU-500はコア・ネットワーク機能をもつAU-500

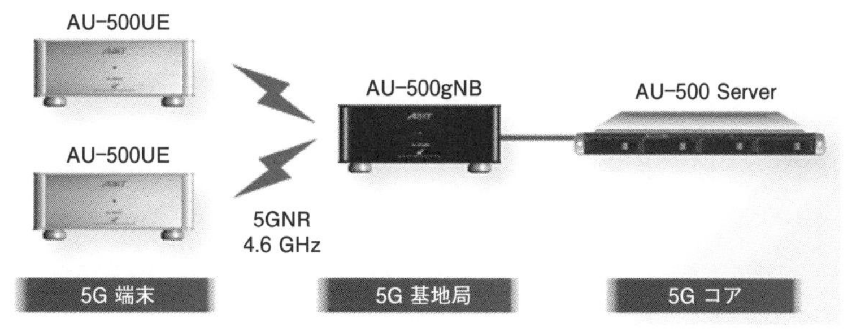

〈図8〉 ローカル5G評価システム"AU-500"の構成 ［㈱エイビット］

(a) AU-500 server

(b) AU-500gNB (c) AU-500UE

〈写真1〉ローカル5G評価システムAU-500を構成する製品 [㈱エイビット]

Server，基地局機能をもつAU-500gNB，端末(UE)に相当するAU-500UEの三つのユニットで構成されます．

〈表8〉AU-500 Serverの諸元

項目	仕様	備考
CPU	Xeon×6コア，3.4 GHz	Windows Server 2019
電源	AC入力	100～240 V，240 W
寸法(W×H×D)	434×44×424 mm	19インチ1U，ラック・マウント型
重量	7.9 kg	
LAN	GbEthernet×2	
RAM	16 Gバイト	
動作保証温度	10～35 ℃	

AU-500UEとAU-500gNBは，いずれもEthernet接続が可能なので，有線LAN環境をそのまま無線化する目的にも使用できます．

● AU-500 Server(写真1(a))

本機からは，AU-500gNBやAU-500UEが使用する各種パラメータの設定変更や内部状態確認が可能です．**表8**はその諸元です．

● AU-500gNB(写真1(b))

5G基地局機能をもつ一体型の装置であり，RU(Radio Unit)，DU(Distributed Unit)，CU(Centralized Unit)相当の機能を内蔵しています．アンテナとしてオムニ・アンテナが標準で付属しており，本体装置に直接接続されます．**表9**に諸元を示します．

〈表9〉AU-500gNBの諸元

項目	値	備考
主なアプリケーション	eMBB	
無線システム/中心周波数/帯域幅	5GNR/4.8 GHz/100 MHz	
最大スループット(基地局)	140 Mbps	
同時最大接続端末数	100	AU-500UEのみ接続可
端末認証	SIMによる認証	独自SIM採用
送信電力	＋18 dBm(60 mW)	
3GPP仕様	リリース15	
電源	ACアダプタ	AC100～240 V，75 W
寸法(W×H×D)	174×70×180(mm)	突起物を除く
重量	1.5 kg以下	
動作保証温度	0～40 ℃	
付属品	アンテナ，ACアダプタ，LANケーブル	

〈表10〉AU-500UEの諸元

項目	値	備考
主なアプリケーション	eMBB	
無線システム/中心周波数/帯域幅	5GNR/4.8 GHz/100 MHz	
最大スループット	70 Mbps	
ハンドオーバー/CA/MIMO	非対応	
端末認証	SIMによる認証	独自SIM採用
送信電力	+18 dBm(60 mW)	
3GPP仕様	リリース15	
電源	ACアダプタ	AC100～240 V, 75 W
寸法(W×H×D)	174×70×180(mm)	突起物及び電源を除く
重量	1.5 kg以下	
動作保証温度	0～40 ℃	
付属品	アンテナ, ACアダプタ	

CA：Carrier Aggregation

〈表11〉AU-500gNB/UEの基板上の主要なデバイス

主要なデバイス	型名	メーカー名
デュアルRFトランシーバIC	AD9375	アナログ・デバイセズ
ベースバンド信号処理用IC	XC7Z045-FFG900	ザイリンクス
上位信号処理用IC	STM32H743	STマイクロエレクトロニクス

● AU-500UE(写真1(c))

AU-500gNBとの間で無線接続可能な5GUE(User Equipment)です．RJ-45型コネクタをもっているので外部LAN製品とEthernetで接続できます．**表10**に諸元を示します．

4.2 AU-500内部構成

AU-500はソフトウェア無線(SDR)(Software Defined Radio)技術で構成されているので，内部ソフトウェアを変更することで基地局機能(AU-500gNB)と端末機能(AU-500UE)のいずれかに切り替えできます．

アンテナは標準ではオムニ・アンテナ1本のみですが，オプション・アンテナを追加することで受信ダイバシチ機能が実現できます．

AU-500のハードウェアは，おもにメイン基板とフロントエンド基板とから構成されています．**表11**が主要なデバイスで，**写真2**が内部です．

メイン基板(**写真3**)にはデュアルRFトランシーバIC，ベースバンド信号処理用IC(FPGA)，上位レイヤ信号処理用IC(ARMマイコン)のほか，外部とのインターフェース用にRJ-45コネクタが実装されています．電源はDC12V単電源で，付属のACアダプタにより電源を供給します．

フロントエンド基板(**写真4**)にはフィルタやRFスイッチ類が実装されており，TDDフレーム内で送受信を切り替える回路などが実装されています．

また，これらのほかに内部状態表示用のLED基板とSIMカード実装用のSIMリーダ(UE側のみ)を内蔵しています．

〈写真2〉AU-500gNB/UEの内部

4.3 AU-500の特徴

● 低遅延

AU-500はスマート・ファクトリ向け評価システムに使用できるように，内部処理を高速化して低遅延を実現しています．

図9のようにAU-500UEとAU-500gNBの両者にPCを接続してIP層での遅延時間を実測したところ，5～10 msという結果になりました．一般的な5Gシステムではエンド・ツー・エンドで100 ms程度の遅延時間

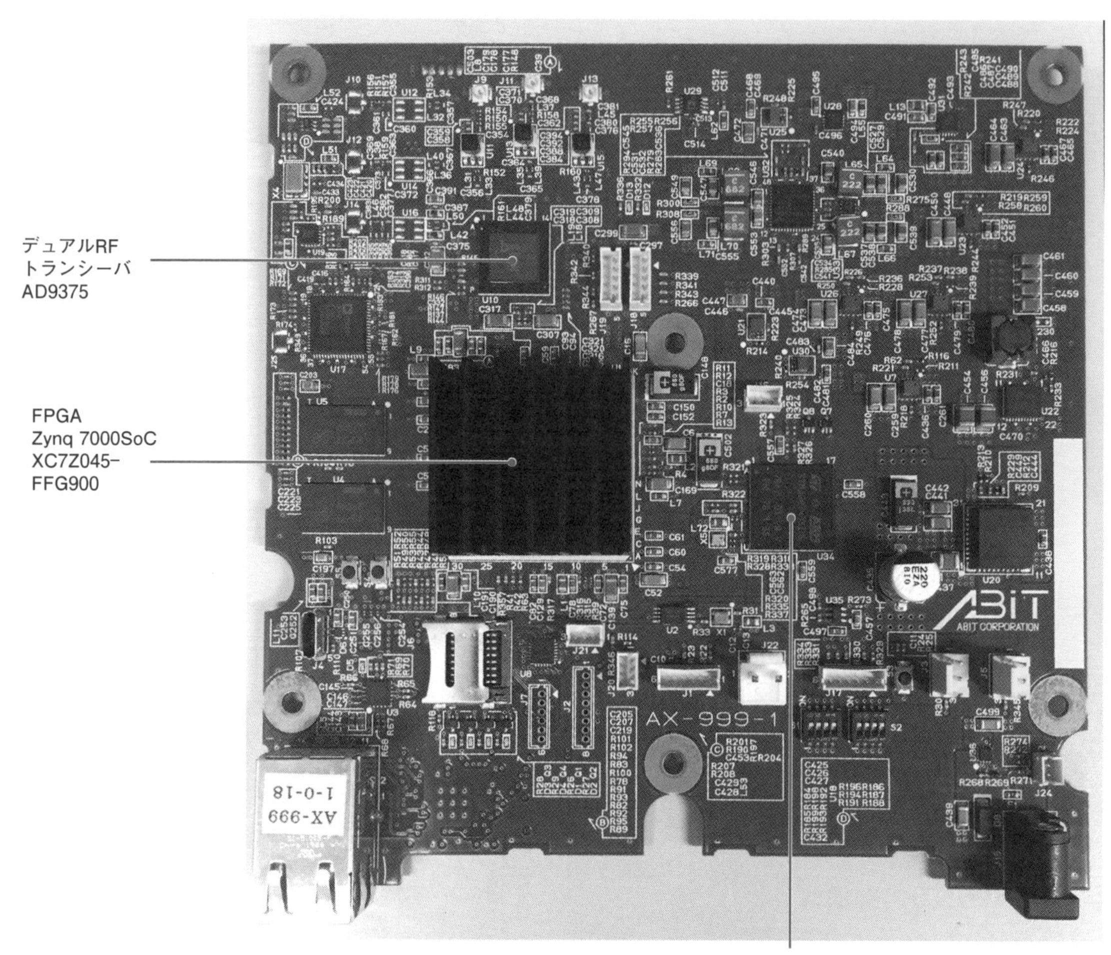

〈写真3〉 メイン基板

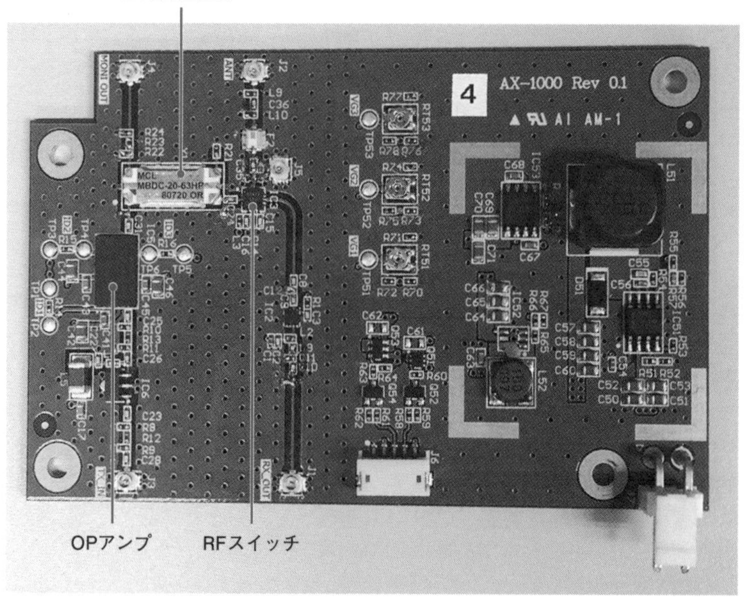

〈写真4〉 フロントエンド基板

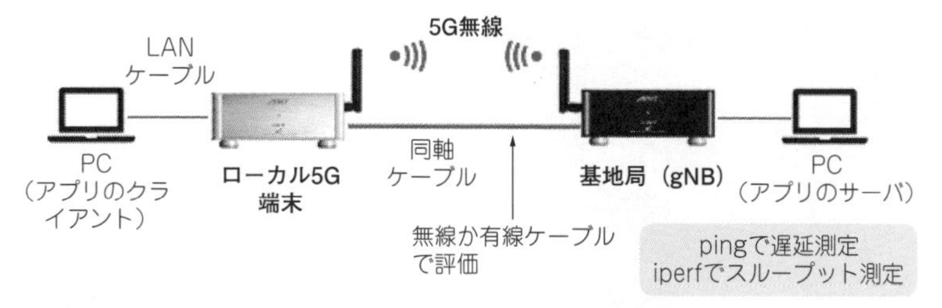

〈図9〉 IP層の遅延時間を実測する測定系

〈表12〉 オプション・アンテナAU-900シリーズの仕様

品名	L5Gオムニ・アンテナ	L5G平面アンテナ	L5G平面アレイ・アンテナ
型名	AU-901	AU-902	AU-903
アンテナ型式	単一型	平面	平面
対応周波数	4700～4900 MHz		
利得	1.6 dBi以上@4800 MHz	3 dBi以上@4800 MHz	8 dBi以上@4800 MHz
偏波	垂直		
半値角	–	100°	38°
VSWR	2以下@4800 MHz		
インピーダンス	50 Ω		
接続	SMA-R		
外形寸法	ϕ27×133 mm	D125.6×W155.6×H25 mm	D125.6×W155.6×H25 mm
アンテナ外観			

がありますが，AU-500の構成では，その1/10程度に低減しています．

● **Ethernetパケット対応**

多くの工業通信規格ではIPパケットだけでなく独自のEthernetパケットを使用します．AU-500は外部のインターネット網に接続されないことから，IPパケットではなくEthernetパケットを転送するシステムとすることで，一般的な5Gシステムでは疎通確認できないEtherCAT等のプロトコルも使用可能です．

● **UL/DL比の変更**

ローカル5Gではさまざまなアプリケーションに対応したフレーム・フォーマットの変更が望まれます．AU-500ではユーザがGUI上からUL/DL(UpLink/DownLink)比を実験的に変更できるようにしています．ただし，設定変更はオプション機能であり，無線フレーム設定変更には第1級陸上特殊無線技士の資格が必要です．

標準設定ではTDDフレームの全20スロット中で下りリンク・データ・チャネルであるPDSCH(Physical Downlink Shared Channel)用のスロット数は7スロット，上りリンク・データ・チャネルであるPUSCH(Physical Uplink Shared Channel)用のスロットは8スロットとしているのでDL/UL比は7/8です．

例えば，このDL/UL比を上りリンクの多い3/12のように変更が可能です．実証試験では実際にアプリケーションを使用しながらフォーマットを変更することで最適なフレーム構成を確認できます．

● **受信ダイバシチ効果の確認**

AU-500の標準システムではアンテナが1本のみですが，ハードウェア・オプションで受信アンテナを1本追加できます．受信アンテナを合計2本とした構成では，内部で両アンテナの受信信号の振幅と位相の両方を調整して合成する最大比合成を行なっています．そこで，マルチパス環境のような特別な環境では特性改善が期待できます．

■ 4.4 オプション・アンテナ

標準で付属するアンテナは無指向性(オムニ)アンテナのため，基地局を部屋の端に設置した場合には，部屋の外側方向は電波が不要になります．このような場合は指向性アンテナを使うと必要なエリアのみに効率よく電波を送受できます．

〈写真5〉鉄道車両基地における電波伝搬調査に使った装置

〈表14〉無線信号の仕様

項目	値
周波数	4630 MHz
帯域幅	10 MHz
サブキャリア間隔	15 kHz
MCS	8
変調方式	QPSK
リソース・ブロック数	4
データ・サイズ	576ビット/回
通信頻度	1回/秒
通信速度	576 bps

MCS：Modulation and Coding Scheme

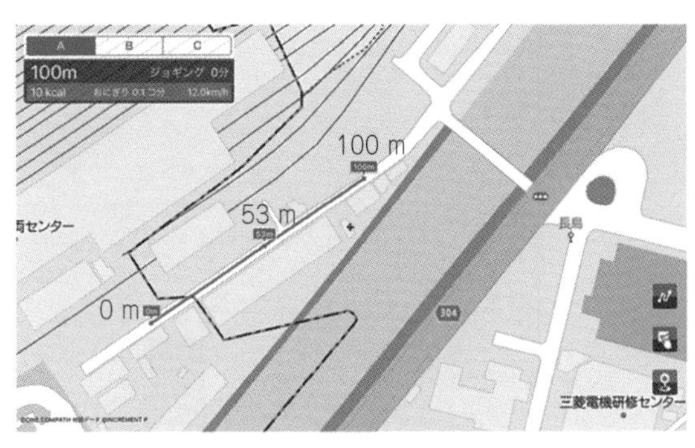

〈図10〉LOS試験の実験場所

〈表13〉使用した基地局(gNB)の諸元

項目	AU-100基地局(gNodeB)
無線システム/中心周波数/帯域幅	5GNR/4630 MHz/10 MHz
最大スループット(基地局)	10 Mbps
同時最大接続端末数	100
ハンドオーバー/CA/MIMO	非対応
端末認証	非対応
送信電力	+3 dBm(200 mW)
3GPP仕様	リリース15

指向性アンテナはビームが鋭くなるのでより遠くまでの通信できる反面，通信可能範囲は狭まります．

そこで目的により，異なるタイプのアンテナの評価ができるようにAU-900オプション・アンテナ(**表12**)を準備しています．

5 実証実験のご紹介

5.1 車両基地における サブ6の5G実証実験

鉄道車両基地での電波伝搬調査として，①通信経路内に障害物がない見通し内(LOS)(Line Of Sight)での通信距離，②車両内に子機を搭載し車両自身が通信経路の障害となる見通し外(NLOS)(Non Line Of Sight)での通信距離とを測定しました．使用した装置は**写真5**に示した基地局1台とUE3台で，使用した通信機の諸元を**表13**，無線信号の仕様を**表14**にそれぞれ示します．

LOS試験では，**図10**のように事務所前の道路を使用し，基地局を図中の0 m地点に地上高1.5 mの台に設置しました．0 m地点から**写真6(a)**のように実験者がUEを地上高1 m程度に維持したまま徒歩で基地局から遠ざかりつつ移動中の受信特性を評価しました．

一方，NLOS試験では，基地局を敷地内建物の渡り廊下で地上高3 mの台上に設置し，UEは**写真6(b)**のように車両の運転席に設置して受信特性を評価しました．**写真6(c)**は車両が障害物となるケースです．

実験によって，下記がわかりました．

- 通信経路内に障害物がない見通し内(LOS)で155 mまで通信可能なことを確認した．
- 車両が通信経路の障害となる見通し外(NLOS)では70 mまで通信可能なことを確認した．
- 上記NLOSでアンテナ方向を変えると通信距離が約90 mに改善することを確認した．

5.2 産業用ネットワークの5G実証実験

図11は産業用ネットワークの構成図，**表15**は各種産業用ネットワーク規格です．

産業用ネットワークの上位層と下位層にあたる，コントローラ・ネットワークとフィールド・ネットワークではEthernetの利用が増えていることから，当該ネットワークでは無線化が望まれています．

そこで，典型的な産業用ネットワーク環境におけるローカル5G方式の接続確認実験を㈱たけびし様などのご協力を得て実施しました．

● SLMPとMELSECの通信試験

Ethernet準拠のシーケンサ向けプロトコルであるSLMPの対応機器および三菱電気製シーケンサであるMELSEC機器での通信試験(**写真7**)を実施しました．MELSEC機器には，Q33B，Q62P，Q02HCPU，QJ71E

(a) 徒歩で移動中

(b) UEを運転席に設置

(c) 車両が障害物となる場合

〈写真6〉 鉄道車両基地内における実験のようす

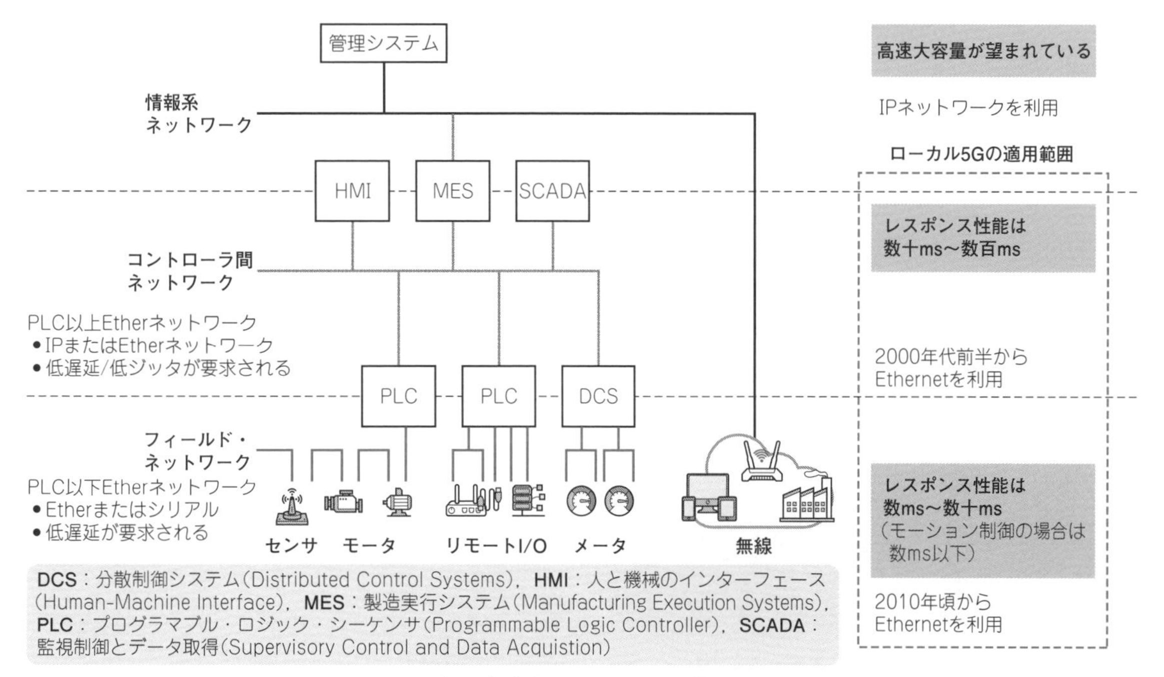

〈図11〉 産業用ネットワークの構成

-100，QX48Y57を使いました．

実験の結果，クライアント側のPCからマスタ側の各々のSLMP対応機器/MELSEC機器に対して100 ms周期でデータを合計1000回送信し，マスタ側にていずれもデータ・ロスなく受信できることを確認しました．

● **OPC-UA(TCP/IP)通信**

マルチベンダ製品間や異なるOS間でデータ交換できる産業通信用データ交換標準OPC-UAについて，CPS-MC341-ADSC1(コンテック製，**写真8**)を使って，通信試験を実施しました．

インダストリPC(OPC-UAクライアント)からマスタ側のゲートウェイ機器(OPC-UAサーバ)に対して500 ms周期で，データを合計1000回送信し，疎通を確認しました．

実験の結果，1000回の送信でいずれもデータ・ロスなくマスタ側で受信したことを確認しました．**図12**

〈表15〉各種の産業用ネットワーク規格

<table>
<tr><th colspan="2">規格</th><th>Modbus TCP</th><th>Ethernet/IP</th><th>PROFINET</th><th>EtherCAT</th></tr>
<tr><td colspan="2">制定年</td><td>1999</td><td>2000</td><td>2001</td><td>2003</td></tr>
<tr><td colspan="2">標準化団体</td><td>MODBUS-IDA</td><td>ODVA</td><td>PROFIBUS & PROFINET International</td><td>EtherCAT Technology Group</td></tr>
<tr><td colspan="2">主導企業
(国)</td><td>Schneider Electric
(仏)</td><td>Rockwell Automation(米)</td><td>Siemens
(独)</td><td>Bechoff Automation
(独)</td></tr>
<tr><td>第7層</td><td>アプリケーション層</td><td rowspan="3">Modbus TCP</td><td rowspan="3">Ethernet/IP</td><td rowspan="3">PROFINET</td><td rowspan="5">EtherCAT</td></tr>
<tr><td>第6層</td><td>プレゼンテーション層</td></tr>
<tr><td>第5層</td><td>セッション層</td></tr>
<tr><td>第4層</td><td>トランスポート層</td><td colspan="3">TCP/UDP</td></tr>
<tr><td>第3層</td><td>ネットワーク層</td><td colspan="3">IP</td></tr>
<tr><td>第2層</td><td>データリンク層</td><td colspan="3">Ethernet MAC</td><td rowspan="2">Ether CAT用MAC</td></tr>
<tr><td>第1層</td><td>物理層</td><td colspan="3">Ethernet PHY</td></tr>
</table>

<table>
<tr><th colspan="2">規格</th><th>CC-Link IE</th><th>SLMP</th><th>OPC-UA</th><th>MECHATROLINK-Ⅲ</th></tr>
<tr><td colspan="2">制定年</td><td>2007</td><td>2007</td><td>2006</td><td>2007</td></tr>
<tr><td colspan="2">標準化団体</td><td>CC-Link協会</td><td>CC-Link協会</td><td>OPC Foundation</td><td>MECHATROLINK協会</td></tr>
<tr><td colspan="2">主導企業
(国)</td><td>三菱電機
(日本)</td><td>三菱電機
(日本)</td><td>–</td><td>安川電機
(日本)</td></tr>
<tr><td>第7層</td><td>アプリケーション層</td><td rowspan="5">CC-Link IE Field/
Control</td><td rowspan="2">SLMP</td><td rowspan="2">OPC-UA</td><td rowspan="5">MECHATROLINK-Ⅲ</td></tr>
<tr><td>第6層</td><td>プレゼンテーション層</td></tr>
<tr><td>第5層</td><td>セッション層</td><td rowspan="3">CC-Link IE</td><td>HTTPS/Web Sockets</td></tr>
<tr><td>第4層</td><td>トランスポート層</td><td>TCP/UDP</td></tr>
<tr><td>第3層</td><td>ネットワーク層</td><td>IP</td></tr>
<tr><td>第2層</td><td>データリンク層</td><td>CC-Link IE用
MAC</td><td colspan="2">Ethernet MAC</td><td>MECHATROLINK用
MAC</td></tr>
<tr><td>第1層</td><td>物理層</td><td colspan="4">Ethernet PHY</td></tr>
</table>

〈写真7〉SLMPとMELSEC機器の通信実験

はOPC-UAによるTCP/IP通信の結果例です.

● EtherCAT通信

論理的にリング状に接続された多数のスレーブ機器への小容量個別データを一つのEthernetフレームで一括伝送できるフィールド・バス・システムが“EtherCAT”です. これについてEtherCATターミナルのEK1000(Beckhoff製, **写真9**)とEL1202を使って通信試験を実施しました.

PC(EtherCATマスタ)からEtherCATスレーブ機器に対して100 ms周期で, データを合計1000回送信し, 疎通を確認しました.

実験の結果, 1000回ともすべてデータ・ロスなくマスタ側で受信したことを確認できました. **図13**は通信結果例です.

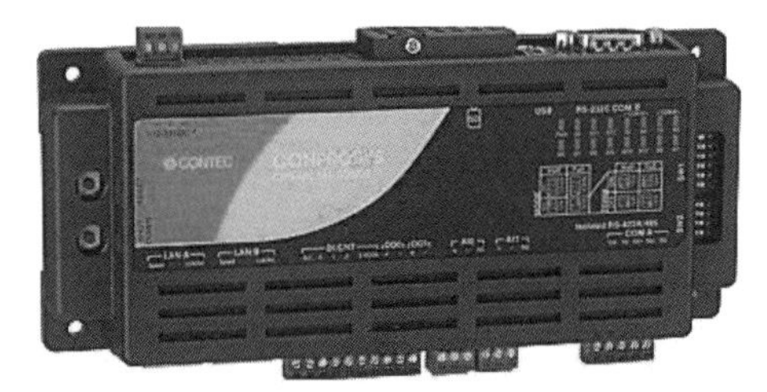

〈写真8〉Conprosys M2Mコントローラ“CPS-MC341-ADSC1”(コンテック製)

● GigE-VISION通信

Ethernet経由で産業用カメラの制御や撮影映像信号をPC等に伝送するプロトコルであるGigE-VISIONに関して, GigE-VISIONモノクロ・カメラ(Basler製, **写真10**)やソフトウェア(acA2500-14gm, Basler pylon Camera Software Suite)を使って実験します. 64×64画素カメラ・データをあらかじめ設定した時間間隔でマスタ側に連続送信し, 疎通を確認する方法です.

No.	Time	Source	Destination	Protocol	Length	Info
4	2.024100	10.1.1.101	10.1.1.1	OpcUa	139	UA Secure Conversation Message: PublishResponse
5	2.025659	10.1.1.1	10.1.1.101	OpcUa	120	UA Secure Conversation Message: PublishRequest
13	4.211839	10.1.1.1	10.1.1.101	OpcUa	150	UA Secure Conversation Message: ReadRequest
15	4.220052	10.1.1.101	10.1.1.1	OpcUa	128	UA Secure Conversation Message: ReadResponse
23	7.278462	10.1.1.101	10.1.1.1	OpcUa	139	UA Secure Conversation Message: PublishResponse
24	7.284566	10.1.1.1	10.1.1.101	OpcUa	120	UA Secure Conversation Message: PublishRequest
29	9.222714	10.1.1.1	10.1.1.101	OpcUa	150	UA Secure Conversation Message: ReadRequest
31	9.230252	10.1.1.101	10.1.1.1	OpcUa	128	UA Secure Conversation Message: ReadResponse
37	12.529608	10.1.1.101	10.1.1.1	OpcUa	139	UA Secure Conversation Message: PublishResponse
38	12.540823	10.1.1.1	10.1.1.101	OpcUa	120	UA Secure Conversation Message: PublishRequest
41	14.233341	10.1.1.1	10.1.1.101	OpcUa	150	UA Secure Conversation Message: ReadRequest

```
> Frame 4: 139 bytes on wire (1112 bits), 139 bytes captured (1112 bits) on interface \Device\NPF_{2BCDE8DD-ED86-4409-B26C-50857911E5FA}, id 0
v Ethernet II, Src: Contec_c8:80:8c (00:80:4c:c8:80:8c), Dst: Dell_51:b6:7b (84:7b:eb:51:b6:7b)
  > Destination: Dell_51:b6:7b (84:7b:eb:51:b6:7b)
  > Source: Contec_c8:80:8c (00:80:4c:c8:80:8c)
    Type: IPv4 (0x0800)
> Internet Protocol Version 4, Src: 10.1.1.101, Dst: 10.1.1.1
> Transmission Control Protocol, Src Port: 4840, Dst Port: 58171, Seq: 1, Ack: 1, Len: 85
> OpcUa Binary Protocol
```

〈図12〉 OPC-UAによるTCP/IP通信の結果例

No.	Time	Source	Destination	Protocol	Length	Info
1	0.000000	12:6f:3f:66:9f:fb	Broadcast	ECAT	60	2 Cmds, 'BRD': len 2, 'LRD': len 1
2	0.001612	Buffalo_66:9f:fb	Broadcast	ECAT	60	2 Cmds, 'BRD': len 2, 'LRD': len 1
3	0.009827	12:6f:3f:66:9f:fb	Broadcast	ECAT	60	2 Cmds, 'BRD': len 2, 'LRD': len 1
4	0.012486	Buffalo_66:9f:fb	Broadcast	ECAT	60	2 Cmds, 'BRD': len 2, 'LRD': len 1
5	0.019850	12:6f:3f:66:9f:fb	Broadcast	ECAT	60	2 Cmds, 'BRD': len 2, 'LRD': len 1
6	0.023476	Buffalo_66:9f:fb	Broadcast	ECAT	60	2 Cmds, 'BRD': len 2, 'LRD': len 1

```
> Frame 1: 60 bytes on wire (480 bits), 60 bytes captured (480 bits) on interface \Device\NPF_{1B1F0CDA-26C4-49D0-91F7-987BCA433151}, id 0
> Ethernet II, Src: 12:6f:3f:66:9f:fb (12:6f:3f:66:9f:fb), Dst: Broadcast (ff:ff:ff:ff:ff:ff)
> EtherCAT frame header
> EtherCAT datagram(s): 2 Cmds, 'BRD': len 2, 'LRD': len 1
  Pad bytes: 0000000000000000000000000000000000
```

〈図13〉 EtherCAT通信の結果例

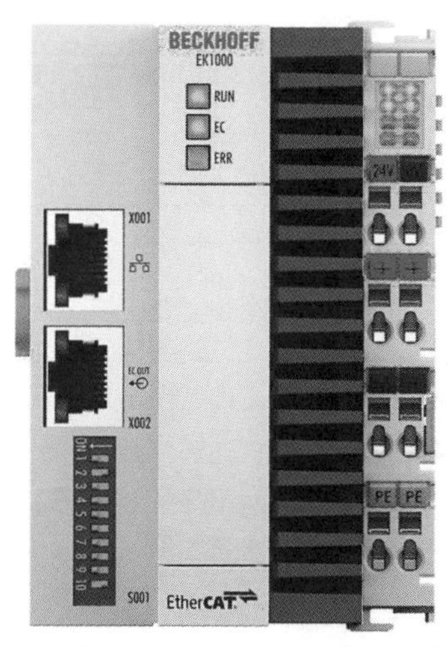

〈写真9〉 EtherCATターミナル"EK1000"
(Beckhoff製)

実験の結果，カメラ・メーカ提供のViewerソフトにてパケット・ロスやパケット再送がないことを確認しました．**図14**は通信結果例です．

● MECHATROLINK-Ⅲ通信

サーボ・ドライブなどのモーション制御領域に強みをもつオープン・フィールド・ネットワークでEthernetが利用できるMECHATROLINK-Ⅲに関して，**写真11**に示すスレーブ機器DI/DO(安川電機製)，接続ケーブルJEPMC-MTD231(安川電機製)と仮想マスタを使いました．

〈写真10〉 GigE-VISIONモノクロ・カメラ(Basler製)

マスタ機器側からスレーブ機器側に対して32 ms周期でデータを送信し，疎通を確認しました．

実験の結果，AU-500UEからデータが何も出力されませんでした．送信データ長が標準的なEthernetフレーム長より短いため，NIC内部で破棄されている可能性があり，原因調査が必要であることがわかりました．**図15**は通信結果の例です．

6 これからのローカル5G

2020年12月にサブ6 GHzの周波数帯が新たに法制度化されたことから，ローカル5Gの本格的普及が期

```
> WRITEREG_CMD [Heartbeat timeout] Value=0x00000BB8
< WRITEREG_ACK (Success)
> WRITEREG_CMD [Heartbeat timeout] Value=0x00000BB8
< WRITEREG_ACK (Success)
NOTIFY * HTTP/1.1
> WRITEREG_CMD [Heartbeat timeout] Value=0x00000BB8
< WRITEREG_ACK (Success)
> WRITEREG_CMD [Heartbeat timeout] Value=0x00000BB8
< WRITEREG_ACK (Success)
> WRITEREG_CMD [Heartbeat timeout] Value=0x00000BB8
< WRITEREG_ACK (Success)
> WRITEREG_CMD [Heartbeat timeout] Value=0x00000BB8
< WRITEREG_ACK (Success)
```

```
> WRITEREG_CMD [Addr:0x00040024] Value=0x00000001
< WRITEREG_ACK (Success)
> READREG_CMD [Addr:0x00040668]
< READREG_ACK [Addr:0x00040668] Value=0x00000000
49152 → 58395 Len=44
49152 → 58395 Len=1472
49152 → 58395 Len=1472
49152 → 58395 Len=1176
49152 → 58395 Len=16
49152 → 58395 Len=44
49152 → 58395 Len=1472
49152 → 58395 Len=1472
49152 → 58395 Len=1176
```

〈図14〉 GigE-VISION通信の結果例

```
No.  Time      Source             Destination        Protocol  Length Info
  13 0.185723  10:20:20:e2:00:00  04:00:01:00:00:00  0x0000    24 Ethernet II
  14 0.213726  10:20:20:e3:00:00  04:00:01:00:00:00  0x0000    24 Ethernet II
  15 0.241766  10:20:20:e4:00:00  04:00:01:00:00:00  0x0000    24 Ethernet II
  16 0.269729  10:20:20:e5:00:00  04:00:01:00:00:00  0x0000    24 Ethernet II
  17 0.297721  10:20:20:e6:00:00  04:00:01:00:00:00  0x0000    24 Ethernet II
  18 0.325761  10:20:20:e7:00:00  04:00:01:00:00:00  0x0000    24 Ethernet II
  19 0.353725  10:20:20:e8:00:00  04:00:01:00:00:00  0x0000    24 Ethernet II
  20 0.381731  10:20:20:e9:00:00  04:00:01:00:00:00  0x0000    24 Ethernet II
  21 0.409727  10:20:20:ea:00:00  04:00:01:00:00:00  0x0000    24 Ethernet II
  22 0.437734  10:20:20:eb:00:00  04:00:01:00:00:00  0x0000    24 Ethernet II
  23 0.465761  10:20:20:ec:00:00  04:00:01:00:00:00  0x0000    24 Ethernet II

> Frame 15: 24 bytes on wire (192 bits), 24 bytes captured (192 bits) on interface \Device\NPF_{256D333E-C6D8-4063-AC1C-ABCD8F231794}, id 0
> Ethernet II, Src: 10:20:20:e4:00:00 (10:20:20:e4:00:00), Dst: 04:00:01:00:00:00 (04:00:01:00:00:00)
v Data (10 bytes)
    Data: 00000000000000000000
    [Length: 10]

0000  04 00 01 00 00 00 10 20  20 e4 00 00 00 00 00 00   .......  .......
0010  00 00 00 00 00 00 00 00                            ........
```

〈図15〉 MECHATOROLINK-Ⅲ通信の結果例

〈写真11〉 MECHATOROLINK-Ⅲの通信実験

待されます．ただし，そのためにはコスト低減や導入簡易化など，いくつかの課題解決が望まれます．

このうち端末については，今後多くのメーカが市場に参入して，更に広域商用網と共用可能な端末が登場すると量産効果による低価格化が期待できます．一方，基地局については次のような課題があるので，低コスト化はなかなか難しいかもしれません．

6.1 ローカル5G基地局

ローカル5Gのユース・ケースは多岐に渡り，無線通信システムに対する要求性能はそれぞれ異なるので，すべてを1種類の基地局で対応するのではなく，ユース・ケースごとに特化した基地局とするのが有利と考えられます．

表16はユース・ケースごとの要求性能です．例えば，高解像度の動画転送が必要なアプリケーションと，遠隔操作のために低遅延の制御が必要なアプリケーションがともに必要な場合を考えます．

〈表16〉 ユース・ケース毎の要求性能

ユース・ケース	必要な性能			主な使用場所
	eMBB	URLLC	mMTC	
スマート・ファクトリ		○		屋内
ケーブル・テレビ会社向けFWA	○			屋外
スポーツ観戦	○			屋外
農業			○	屋外
スマート・オフィス	○			屋内
遠隔医療	○	○		屋内

低遅延の実現には上下リンクの切り替えを頻繁に行うとともに，インターフェース部のデータ・バッファを小さくしなければなりません．一方，高速大容量の通信では効率よくデータ転送できるように上下リンクの切り替え周期を長くして，ガード・タイム低減を図るとともに，無線区間と有線区間の接続に大容量のデータ・バッファを設けることなどが必要となります．

このように個々のユース・ケースに要求される通信性能は大きく異なるため，異なったハードウェア構成とするのが合理的です．

● スマート・ファクトリ向けローカル5G基地局

主にMTC(Machine Type of Communication)用として，高信頼，低遅延な無線システムが求められます．**表17**は映像の所要ビット・レート

〈表17〉[8]映像伝送に必要なビット・レート(1ピクセルを24ビットと仮定)

通称	解像度	フレーム・レート [fps]	非圧縮映像 [Gbps]	H.264符号化* [Mbps]
HD	1280×720	30	0.663	6.22～1.38
HD	1280×720	60	1.327	12.44～2.76
Full-HD	1920×1080	30	1.493	14.00～3.11
Full-HD	1920×1080	60	2.986	28.00～6.22
4K	3840×2160	30	5.972	55.99～12.44
4K	3840×2160	60	11.944	111.97～24.88
8K	7680×4320	30	23.888	223.95～49.77
8K	7680×4320	60	47.776	447.90～99.53

*注：0.255～0.050ビット/ピクセル

の例です．通信速度に関しては，ライン監視用に広く使用されるカメラの解像度はフルHD以下が多いので，上りリンクで最大30 Mbpsが達成できれば十分でしょう．

一方，遅延時間については，最短で数十μsecが必要となる場合には現状の5G規格では対応できません．しかし，1 ms以下といった要求条件であれば，現状のローカル5G装置でも利用可能なので用途が広がります．

その際，機器制御に使用する場合には符号化率の低減，受信ダイバシチの適用，再送制御等を組み合わせることで通信の信頼性を高める必要があります．

● FWA向けローカル5G基地局

Fixed Wireless Access

FWAシステムは固定の子局装置との間で1対1，または1対mの無線通信を行います．

そこでマッシブMIMOの適用が効果的です．しかし，ローカル5Gの無線周波数では固定局との通信であっても，周囲環境の微妙な変化でも通信状態が変動するため，これを補償して安定した高速通信ができるように基地局側アンテナにはアクティブ・アレイ・アンテナの採用が望まれます．

一方，上位レイヤでは接続端末数が少ないこと，ハンドオーバーもないことから，機能を限定した負荷が軽いプロトコルでも問題がありません．

● 競技場向けローカル5G基地局

子局側はほぼ静止状態である半固定の通信となるため，FWA向け基地局に近い仕様となります．また，観客向けの動画配信が支配的なのでフレーム・フォーマットはダウンリンク優先となります．

● 農業向けローカル5G基地局

近年，画像活用の管理システムが農業向けにも検討されていますが，現用されている多くは簡易なセンサ端末と想定されます．この場合，一つの基地局で多数の低速通信を行えるように低MCSとQPSK変調を使うのが適当です．高いスループットは要求されないので，基地局装置はフルソフトウェア設計が可能です．

一方，装置の設置環境への対策として，屋外設置の装置は防水防塵とすること，電力供給が難しい場所での使用も想定してエナジー・ハーベストなシステムとすることなどが望まれます．

● スマート・オフィス向けローカル5G基地局

既存の無線LANのような使用方法では，下り通信が大半であり，端末の同時接続数は最大100台程度が多いと想定されます．システム帯域幅100 MHzの場合では，MIMOを活用することで，下り1 Gbps，上り100 Mbps程度のシステム容量が達成できるので容量的には支障がないでしょう．基地局は既存のWi-Fiアクセス・ポイント程度の大きさで壁掛け可能とすることが望まれます．

● 遠隔医療向けローカル5G基地局

患者と医者が地理的に離れているケースでも利用できるのが理想的ですが，まずは医者同志の支援のための遠隔医療を考えます．例えば，スマート・グラスを装着した若い医師の見立てに対して，ベテラン医師が離れたところから指示や助言を与えるケースや，スマート・グラスの映像上にその内容を投影するような場面が考えられます．

そこで，アップリンクの高速通信(数十Mbps[7])に加えて低遅延のリアルタイム性が要求されます．フレーム・フォーマットはアップリンク優先としてTDD周期を短くするのが適当です．接続端末数は少数に限定できるので，基地局は必要最低限の機能，性能に絞ってできるだけ小型とする必要があります．

■ 6.2 導入のしやすさ

ローカル5G装置は無線局免許の取得が必要なので，アンライセンス帯を使用する無線LANのように誰でも手軽に使うことはできません．5GMF(第5世代モバイル推進フォーラム)で免許取得のためのガイドライン[4]が紹介されているので，無線通信経験者であれば免許申請ができますが，なにぶん始まったばかりの無線方式です．予見困難な問題に遭遇する恐れもあるので，円滑な導入を図るには専門業者の助けを借りることをお薦めします．

特に，近隣無線局との干渉調整が必要となるような場合，手続きは容易ではありません．

そこで今後のローカル5Gの普及には干渉調整が容易になるようなツールやしくみの構築が望まれます．例えば，干渉調整対象となる無線局のデータ・ベース化や装置パラメータや設置場所の情報を入力することで干渉調整範囲を自動計算するソフトウェアなどが考えられます．

■ 6.3 技術的課題

弊社装置のお客様や多くのローカル5G実証実験などでお聞きする質問や課題について紹介します．

● ほんとうに低遅延？

多くの5Gを紹介した資料では5Gの特徴の一つとして「1 ms以下の低遅延での通信が可能」と紹介されています．URLLCでは確かに片方向の無線区間部分における値として0.5 ms以下を掲げているので，5Gではおおむね1 ms以下の低遅延が得られると理解されても仕方ないかもしれません．

しかし，エンド・ツー・エンドでこれを実現するためには，接続装置等での調整やフレーム・フォーマットの変更が必要です．

特に，遠隔での機器制御や車両の自動運転のような場合は，機器状態をアップリンク送信から制御の応答をダウンリンクで得るまでのループバックでの総合的な遅延時間短縮が必要です．ローカル5Gの標準的な10 ms長の無線フレームでは，同一の無線フレーム内にアップリンク・スロットに対する応答を後続のダウンリンク・スロットに収容できたとしても，0.5 msのスロット長とスロット配置から往復で1 ms以内とすることは不可能です．

3GPPリリース16では自動運転を目指した車車間通信や産業向けIoTなどを主要テーマしているため，スロット内でより柔軟に制御情報の送受信が行える設定や動作が規定される予定ですが，現在のローカル5G装置が準拠するリリース15ではそこまで対応していません．

● 高速上り通信はほんとうに可能？

eMBBの関係資料ではダウンリンクのスループットだけ紹介されることが多いからか，弊社へのお問い合わせでは，アップリンクでも同様の性能があると思っている方が見受けられます．しかし実際にはアップリンクのスループットはダウンリンクほど高速とはなりません．

まず，TDDのフレーム・フォーマットでのUL/DLのスロット数の差があります．相互干渉回避のために他のローカル5G網や全国MNOと無線フレーム開始タイミングおよびTDD切り替えタイミングを一致させる同期システムではULのスロット数はDLの2/7になります．

アンテナ方式や変調方式による上下リンクの速度差もあります．DLには通常4×4MIMOが使用されますが，ULでは2×2MIMOまたはSISOに留まります．変調方式としてDLでは256QAMまでが使用されますがULでは64QAMまでに留まります．

そこで，ULのスループット増加には4×4MIMOや256QAMまでの利用や，ULスロット数が多いフレーム・フォーマットの使用が必要となります．

● セル間干渉

屋外ではサブ6，準ミリ波ともに使用できる周波数は100 MHz幅までです．そこで，ある程度広い敷地内に点在する多数の子局をカバーするには，複数の基地局を配置して，複数セルで同一周波数を運用する必要があります．この場合にはセル間干渉，特に近傍セル内のUEから送信される信号によるUL干渉がシステム性能に大きく影響するので，これを軽減するための工夫が必要になります．

◆参考・引用*文献◆

(1) 3GPP Standardisation Schedule;
https://www.3gpp.org/images/articleimages/Releases/graphic_version3_SP-200222.jpg

(2) 総務省　総合通信基盤局　電波部；「ローカル5Gの概要について」，情報通信審議会　情報通信技術分科会　新世代モバイル通信システム委員会報告，2019年9月11日．https://www.soumu.go.jp/main_content/000644668.pdf

(3) 総務省；「ローカル5G導入に関するガイドライン」，2019年12月(2020年12月最終改定)．https://www.soumu.go.jp/main_content/000722596.pdf

(4) 第5世代モバイル推進フォーラム　地域利用推進委員会；「ローカル5G免許申請支援マニュアル　2.0版」，2020年12月18日．https://5gmf.jp/wp/wp-content/uploads/2020/12/local-5g-manual2.pdf

(5)「無線局免許手続規則」https://www.tele.soumu.go.jp/horei/reiki_honbun/72069000001.html

(6)「電波法関係審査基準の一部を改正する訓令」
https://www.soumu.go.jp/main_content/000711787.pdf

(7) 総務省　情報流通行政局　情報流通振興課　情報流通高度化推進室；「5G等の医療分野におけるユースケース(案)」，初版2020年6月．https://www.soumu.go.jp/main_content/000694551.pdf

(8)*総務省　九州総合通信局；電波利活用促進セミナー2017，「5Gで社会や暮らしはどう変わるのか」，パナソニック㈱コネクティッドソリューションズ社，イノベーションセンター，無線ソリューション開発部，加藤 修．
http://www.kiai.gr.jp/jigyou/h29/jigyou05.html

いけだ・ひろき/ふじの・まなぶ/さくらば・いずみ
㈱エイビット　5Gビジネスユニット
https://www.abit.co.jp/

技術解説

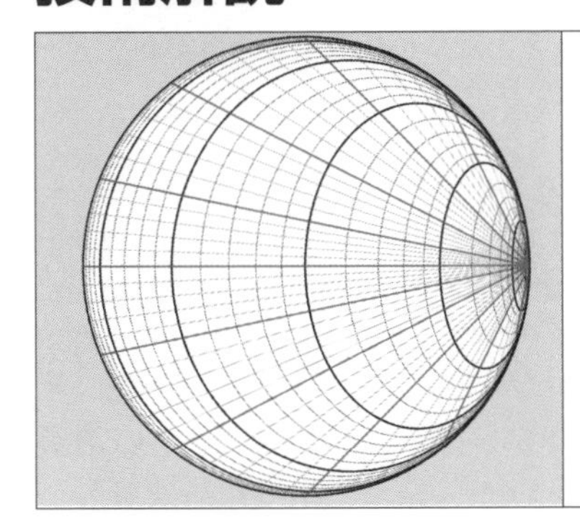

“VSWR” から “PSWR” へ

電力定在波比とベルトラミ円盤

大平 孝
Takashi Ohira

1 電力次元で定義する定在波比を考える

高周波回路やアンテナの設計および測定における性能指標として定在波比(SWR)が広く用いられています[1]．**写真1**は定在波比メータを搭載したRF計測機器類の例です．

SWRは伝送線路における入射波と反射波が干渉して生じる定在波の山と谷の電圧比を意味します．さらにこれが「電圧」比であることをあえて意識させるために先頭にVを冠してVSWRと書くこともあります．VSWR以外のSWRは実際のところあまり見かけません．しかしながら少なくとも理論的には電圧比の代わりに「電力比」でSWRを表示するという発想は可能です．

そこで少し唐突ですが，電力次元で定義する定在波比を考え，これを“PSWR”と呼ぶことにしましょう．先頭の文字Pは電力を意味します．一般に電気回路では，負荷抵抗が同じであれば電圧比の2乗が電力比になります．例えばVSWRが1.2のアンテナはPSWRで書くと1.2×1.2つまり1.44という表示になります．

なんだかアンテナの性能が劣化したような印象を与えますね．しかしそうではありません．

少しの定在波でも値を大きく表示することにより警告を促そうというのがPSWRの趣旨です．

特に最近では電気自動車ワイヤレス給電など大電力RFシステムの実験が行われています．大電力システムでは，わずかの反射波も見逃さずディスプレイに表示することが望まれます．

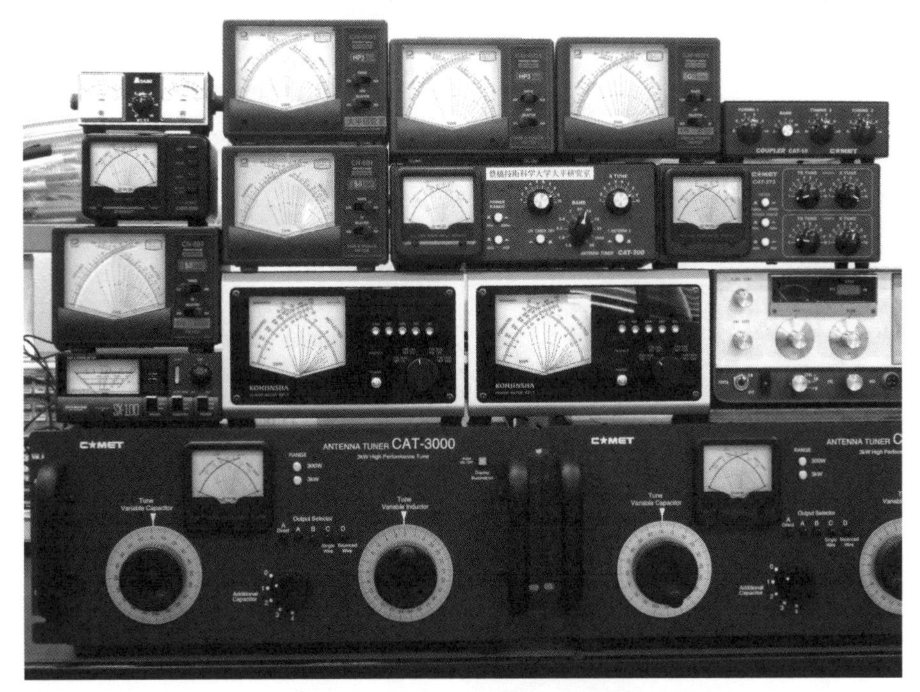

〈写真1〉VSWRメータを搭載したRF機器

2 VSWRと反射率の関係

最初に波動工学を少しおさらいします．入射波に対する反射波の振幅比を反射率と呼びます．VSWR(ρ)と反射率(γ)は相互に換算できます．

$$\gamma = \frac{\rho - 1}{\rho + 1} \quad \cdots\cdots (1)$$

例えば反射率が0.5のときVSWRは3となることが上式から計算できます．早見表としてγとρの数値例を**表1**に示します．

換算式(1)は波動工学の授業で天下り式に教えることがあるので「一体なぜそうなるのですか?」と後輩に質問されて，物理的理由を答えられない学生君がいます．実は上式は中学校で習うオームの法則から簡単に導き出すことができるのです．電圧と電流からスタートする明快な説明が文献(1)に掲載されていますのでご覧ください．

次に位相の概念を取り入れます．入射波に対して反射波は時間遅れがあるので，それによる位相回転をθとします．これを指数関数で表します．

$$e^{j\theta} = \cos\theta + j\sin\theta \quad \cdots\cdots (2)$$

これを位相因子と呼びます．例えば$\theta = 90°$のとき$e^{j\theta} = 0 + j$となります．指数関数の中に虚数jが入っているので初めて見る学生君達には少し敷居が高く感じられますが，実は三角関数のことだったのか！ と気づくと計算の中で使えるようになります．

以上をまとめると反射率は振幅が式(1)，位相が式(2)です．両方を理解したところでこれらを合体させます．

〈表1〉 反射率γと定在波比ρの換算早見表

反射率γ	0	0.2	0.5	0.6	0.75	0.8	0.9	1
定在波比ρ	1.0	1.5	3	4	7	9	19	∞

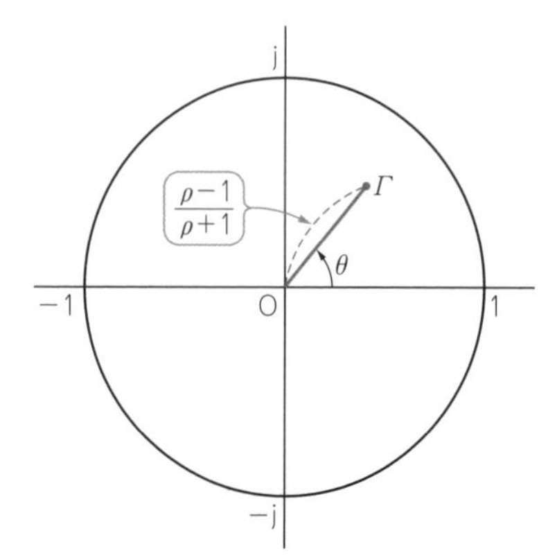

〈図1〉 電圧定在比ρと反射係数Γの関係

◎第1関門：反射率に位相因子を乗算する

$$\Gamma = \frac{\rho - 1}{\rho + 1} e^{j\theta} \quad \cdots\cdots (3)$$

これが複素数としての反射係数Γの公式です．これを視覚的に把握するために図形化してみましょう．上式の右辺を複素数平面(横軸：実部，縦軸：虚部)上にプロットします．VSWRを1から∞まで，位相を0°から360°までスイープすると，**図1**に示す原点中心，半径1の円内が塗りつくされます．原点が$\rho = 1$，外周円が$\rho = \infty$に対応することもこれでよくわかります．

3 VSWRを2乗する

本記事のメイン・テーマである電力定在波比(ρ^2)を上記の公式に取り入れてみましょう．

◎第2関門：ρをρ^2で置き換える

$$\Omega = \frac{\rho^2 - 1}{\rho^2 + 1} e^{j\theta} \quad \cdots\cdots (4)$$

この置き換えにより定義される複素数をΩと書くことにします．ΩはΓと同様に無次元量なので単位は不要です．式(4)を可視化すると**図2**となります．複素数Ωの移動範囲は**図1**と同じく原点中心の単位円内です．

$\rho = 1$のときΩとΓはいずれも原点にいます．ρが1から大きくなるとΩは原点から離れていきます．その速度はΓよりも大きいです．なぜならば$1 < \rho < \rho^2$という大小関係があるからです．$\rho \to \infty$の極限が外周円$|\Omega| = 1$です．位相角θはΩとΓで共通です．このような図形を「ベルトラミ円盤」と呼びます．ベルトラミ(**図3**)は19世紀に活躍したイタリアの数学者です．

4 インピーダンスを写像する

上記で導入した円盤と電気工学の関係を考えてみましょう．**図2**の円盤上に回路のインピーダンスを写像するとどうなるでしょうか．まさにこれがRFエンジニアとして興味ある点です．

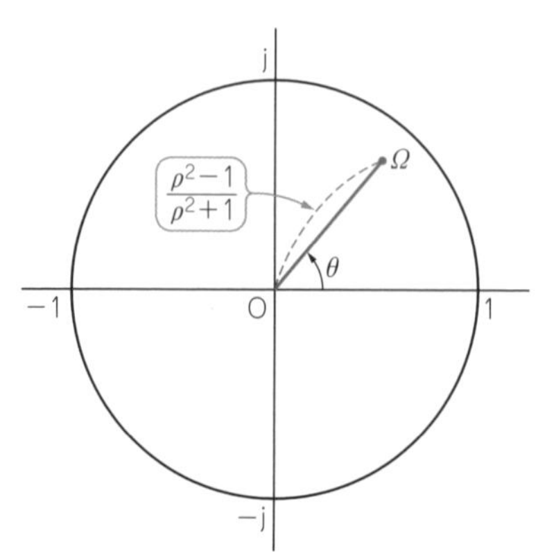

〈図2〉 ベルトラミ円盤を理解する第一歩

〈図3〉ユージニオ・ベルトラミ(1835～1900年)

〈表2〉インピーダンスZから複素数Ωへの換算例

インピーダンスZ		複素数Ω
抵抗R	リアクタンスX	
0	0	－1＋j0
0	25	－0.6＋j0.8
0	50	0＋j1.0
0	100	0.6＋j0.8
0	∞	1＋j0
25	0	－0.6＋j0
30	40	0＋j0.8
40	30	0＋j0.6
50	0	0＋j0
60	80	0.6＋j0.64
80	60	0.6＋j0.48
100	0	0.6＋j0
∞	0	1＋j0

インピーダンスを実部と虚部に分けて$Z=R+\mathrm{j}X$と書きます．そして50Ω系の反射係数公式$\Gamma=(Z-50)/(Z+50)$を思い出します(1)(4)．これらを合わせて式(3)(4)に代入して得られた式からρとθを消去すると，最終的にR-X座標からΩへの変換式が導けます．

$$\Omega=\frac{R^2+(X+\mathrm{j}50)^2}{R^2+X^2+50^2} \quad \cdots\cdots (5)$$

式の導出は高専高学年で所要時間10分程度の計算演習です．みなさん紙と鉛筆でチャレンジしてみてください．正解すれば達成感が得られること請け合いです．ヒントを文献(3)に掲載しています．

インピーダンス点$(R,\ X)$が円盤上のどこに写像されるか上式で調べてみましょう．もちろんこれも紙と鉛筆で手計算できますが，複素数電卓があれば迅速に確認できます．結果の例を**表2**に示します．これで特定のRとXに対するΩがわかります．

さらに円盤全体的なようすはどうなるでしょうか．その答えが**図4**です．円盤の中心が原点で，半径が1です．水平線がR軸に，外周円がX軸に対応します．Xを固定してRを変えたときに描かれる軌跡「等リアクタンス線」がすべて直線になります．これらの直線は右端の点1＋j0から左方向へ放射状に伸びる弦であり，その傾きは$-X/50$です．上半円内では$X>0$なので傾きが右下がり，逆に下半円内では$X<0$なので

■ ポアンカレ視点で見るベルトラミ円盤

本編の**図2**をもう一度見てみましょう．原点Oから点Ωまでの距離を測ります．距離計測の手段としてVSWRの自然対数$\ln\rho$で刻まれた目盛の付いた定規を使います．そうすることで計測結果がポアンカレ距離Dとなります(1)(2)．つまり逆にいうと，VSWRはDの指数関数ということになります．

$$\rho=\mathrm{e}^D=\cosh D+\sinh D \quad \cdots\cdots (\mathrm{A.1})$$

ここでeはネイピア数(2.718…)です．

例えばVSWRが1(無反射)になるのは距離Dがゼロ，すなわち点Ωが原点にいるとき，しかもそのときだけです．点Ωが外周円に近づくとρもDも無限大に発散(全反射)します．上式を本編の式(4)に代入するとΩの振幅因子をDの関数として表すことができます．

$$|\Omega|=\frac{\rho^2-1}{\rho^2+1}=\frac{\mathrm{e}^D-\mathrm{e}^{-D}}{\mathrm{e}^D+\mathrm{e}^{-D}}=\frac{2\sinh D}{2\cosh D}=\tanh D \quad \cdots\cdots (\mathrm{A.2})$$

この式変形は各ステップを目視で追えます．

本来Ωは複素量なので仕上げに位相因子を乗じます．

$$\Omega=\tanh D\cdot\mathrm{e}^{\mathrm{j}\theta} \quad \cdots\cdots (\mathrm{A.3})$$

これがベルトラミ円盤のポアンカレ的表現です．とてもエレガントですね．今後の研究に使ってみたくなりませんか．公式としても丸暗記しやすいので，高周波工学の期末試験前夜は学生君達の大切な復習時間を大きく節約できます．

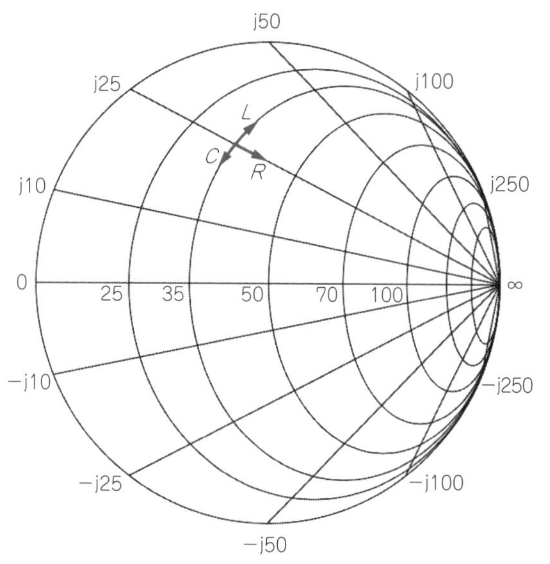

〈図4〉ベルトラミ円盤にインピーダンス格子を写像する

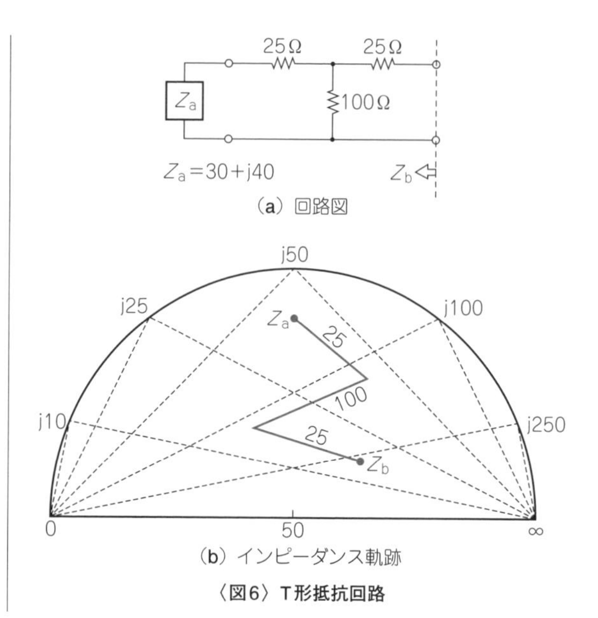

〈図6〉T形抵抗回路

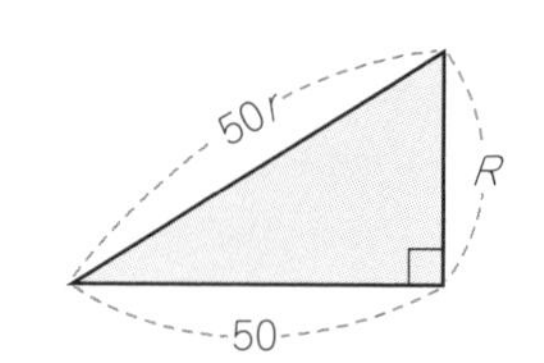

〈図5〉楕円の軸比rと抵抗値Rの法則を覚えるための直角三角形

傾きが右上がりとなります．

一方，Rを固定してXを変えたとき描かれる軌跡「等抵抗線」は楕円になります．これらの楕円は水平線を軸にして上下対称形であり，すべて右端の点1 + j0で鉛直に接し合います．これら楕円の軸比rと抵抗値Rに着目すると$50^2 + R^2 = 50^2 r^2$なる美しき法則が成り立ちます．この法則を覚えやすいように図式化したものが**図5**に示す直角三角形です．

$R = 0$のとき軸比が1，つまり楕円は外周円になります．Rが増加するとともにrも大きくなっていきます．その途中で$R = 50$のとき原点を通る楕円となります．このとき**図5**が直角二等辺三角形になることから軸比が$\sqrt{2}$とわかります．これらの振る舞いはすべて式(5)から解析的に導出できます．導出方法に興味ある方は文献(5)をご覧ください．

5 T形抵抗回路

上記のインピーダンス軌跡を具体的な回路で体験してみましょう．回路例として**図6(a)**に示す対称T形抵抗網を考えます．入力ポートにインピーダンスZ_a = 30 + j40を接続し，このZ_aが3本の抵抗でどのように変化していくか円盤上にプロットしてみます．入力ポートの点Z_aから出発し，直列抵抗25 Ωを通ることで等リアクタンス直線に沿って右下方向へ動きます．次に並列抵抗100 Ωによって等サセプタンス直線に沿って左下方向へ動きます．最後に再び直列抵抗25 Ωで右下方向へ動きZ_bへ達します．

ちなみにこのT形抵抗網を複数作って，それをどんどん多段にカスケード接続していくと多重ジグザグ軌跡を辿って，最終的に水平線上のある点(この場合は75 Ω点)に限りなく近づいていきます．しかもこの収束点は初期値のZ_aに無関係となります．このように抵抗が直列であっても並列であっても直線的軌跡となることがベルトラミ円盤の特徴です．

図7は**図4**の格子本数を増やしたものです．

6 まとめ

電圧定在波比を2乗することにより電力定在波比を定義しました．これを使ってベルトラミ円盤を導入しました．この円盤上にインピーダンスを写像すると，抵抗の変化が直線に，リタクタンスの変化が楕円になります．具体例として抵抗回路網のインピーダンス軌跡がジグザグ直線を描くことを示しました．

ベルトラミがこの円盤を考案したのは19世紀ですが，高周波工学への応用はまだまだこれからで，アイデア期待の段階です．本記事が幾何学とRFの世界との架け橋となり，皆さんの研究創出のトリガになると幸いです．

本研究は内閣府SIP「ワイヤレス給電ドローン」と愛知県「知の拠点：GaNパワー半導体ワイヤレス給

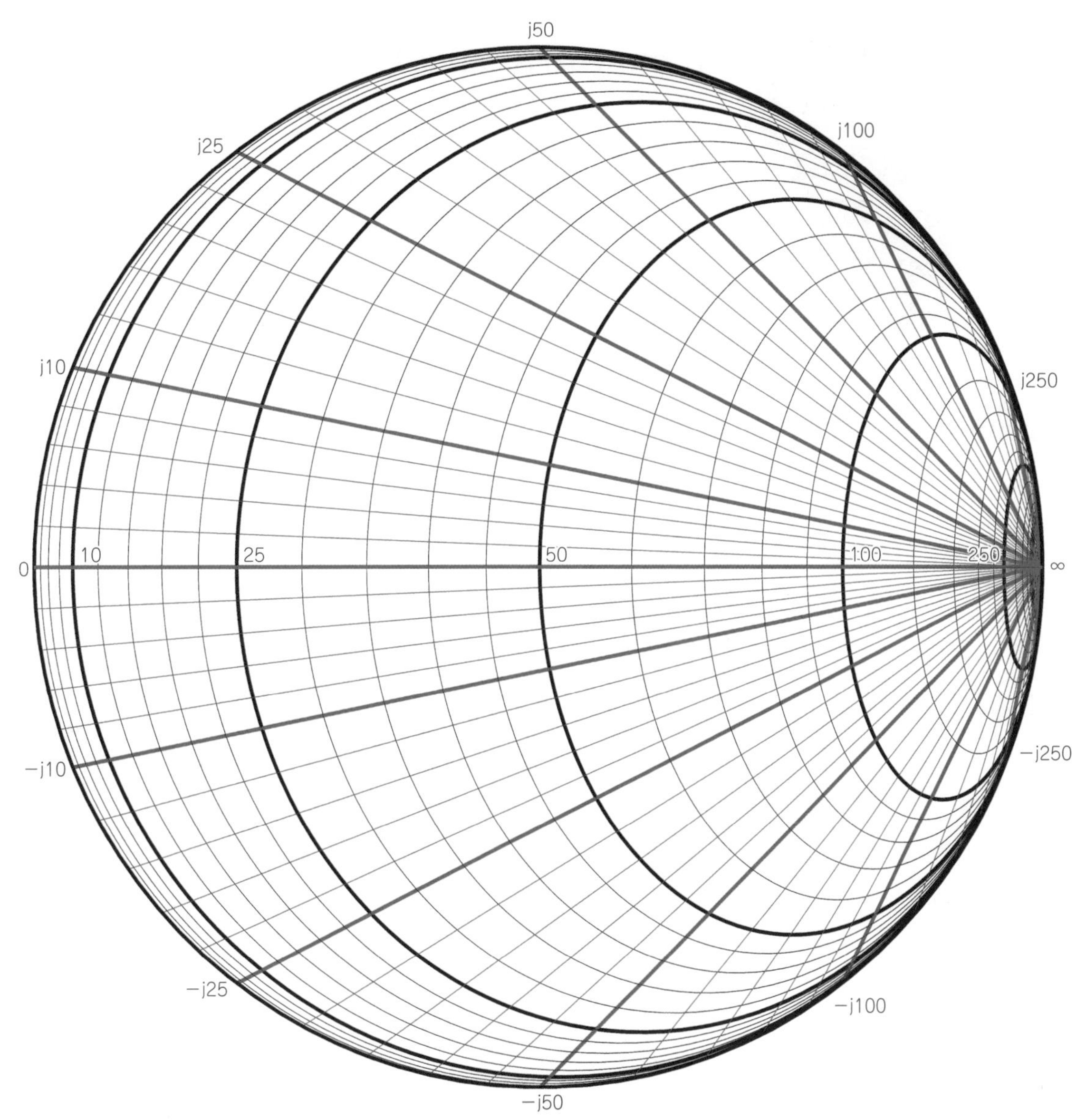

〈図7〉 図4の格子本数を増やしたベルトラミ円盤

電」の支援を受けています.

原稿作成にご協力頂いた㈱パワーウェーブ代表取締役 阿部晋士君と豊橋技術科学大学 田村昌也研究室 修士1年生の松本まりも君に謝意を表します

◆ 参考文献 ◆

(1) 大平 孝;「これでわかった三つの反射係数」, RFワールド No.49, pp.103～105, 2020年1月, CQ出版社.
(2) 大平 孝;「ポアンカレ視点で見るコイルとコンデンサ」, RFワールドNo.50, pp.113～115, 2020年4月, CQ出版社.
(3) T. Ohira; "A radio engineer's voyage to double-century-old plane geometry", IEEE Microwave Magazine, vol.21, no.11, pp.60～67, Nov. 2020.
(4) 大平 孝;「スミスチャートの歩き方:LC編」電子情報通信学会誌, 第103巻, 第7号, pp.709～712, 2020年7月.
(5) T. Ohira; "Beltrami-Klein disk model as viewed for use in complex impedance projection", IEICE Communications Express, vol.9, no.7, pp.256～261, July 2020.

おおひら・たかし 豊橋技術科学大学 未来ビークルシティリサーチセンター長 教授

技術解説

Zynq UltraScale+ RFSoCが変える5G時代
リコンフィギャラブルな1チップ無線FPGAと評価ボード
第3回（最終回） アナログ・デバイセズ社の広帯域RFトランシーバIC

戸部 英彦
Hidehiko Tobe

5 広帯域RFトランシーバIC ADRV9009とADRV9026の紹介

5.1 RFトランシーバICの進化

この章ではアナログ・デバイセズ社が提供するディジタル無線ICを紹介します.

図23はRFトランシーバICの構成例です. RFトランシーバICは, アナログのミキサ回路とADC & DACが一体になったICです. 通称「サブロク」と呼ばれる6 GHzまでのRF周波数まで対応しており, 多くの無線のアップ・コンバートとダウン・コンバートはこのICチップ1個で解決します. 残るアナログ部分はパワー・アンプ(PA)とロー・ノイズ・アンプ(LNA)とアンテナです.

近年のアナログ・デバイセズ社のRFトランシーバICの機能を**表5**にまとめました. 世代が変わるごとに, 帯域とチャネル数が増加し, その進化は目まぐるしいものがあります.

私は2019年にADRV9009評価ボードを2台使い, 研究向けに4アンテナ対応のシステムを構築し, 2台の同期に非常に苦労しました. しかし, 2020年にはADRV9026が登場し, ワンチップで4アンテナ対応となりました. この苦労は無駄とは思いませんが, デバイスの進化の速さに驚くと同時に, 進化に追い付くためには, 最新デバイスの情報を常にチェックしておくことが必要だと感じています.

5.2 ADRV9009：サブ6 GHz, 2アンテナ, 帯域：受信200 MHz, 送信450 MHz

5.2.1 内部構成

ADRV9009は, 200 MHzもの広帯域をサポートするので, サブ6 GHzでは, ほぼすべての無線に対応するといって良いでしょう. **図24**はADRV9009の機能ブ

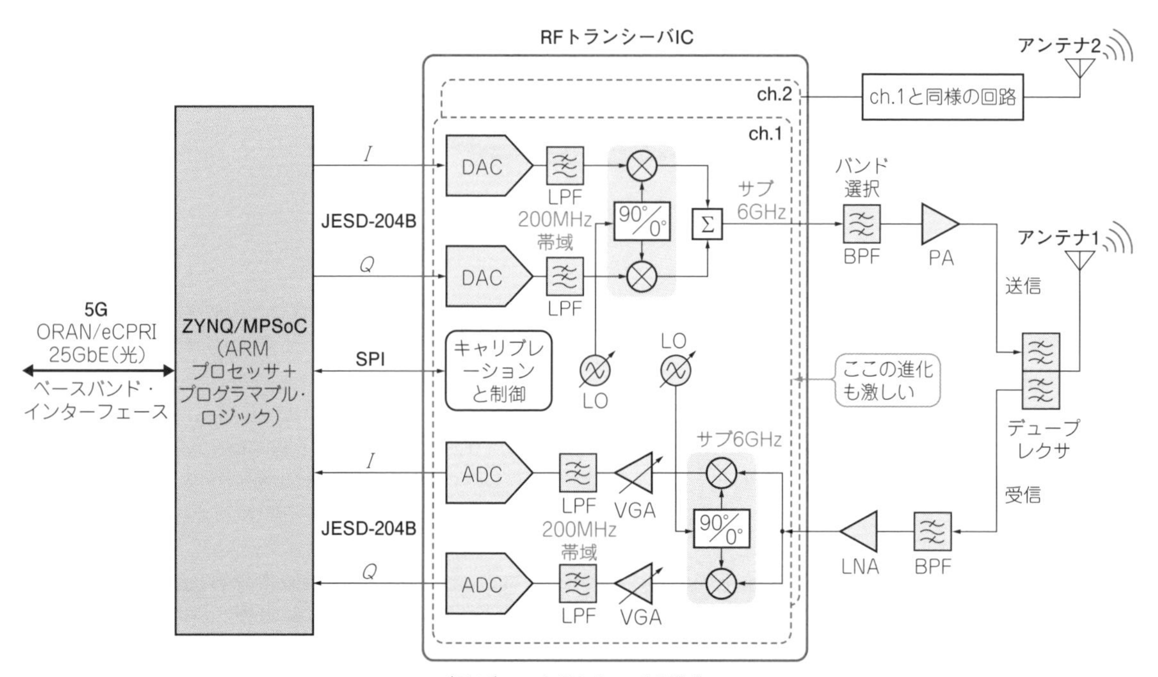

〈図23〉RFトランシーバの構成

〈表5〉アナログ・デバイセズ社の広帯域RFトランシーバIC

項目	AD9361	AD9371	AD9375	ADRV9009	ADRV9026
リリース	2013年	2016年	2017年	2018年	2020年
プロセス(シリコンCMOS)	65 nm	65 nm	65 nm	65 nm	28 nm
周波数	70 M～6 GHz	300 M～6 GHz	300 M～6 GHz	75 M～6 GHz	100 M～6 GHz
受信チャネル数，帯域幅	2ch，56 MHz	2ch，100 MHz	2ch，100 MHz	2ch，200 MHz	4ch，200 MHz
送信チャネル数，帯域幅	2ch，56 MHz	2ch，250 MHz	2ch，250 MHz	2ch，450 MHz	4ch，450 MHz
監視受信*チャネル数，帯域幅	—	1ch，250 MHz	1ch，250 MHz	1ch，450 MHz	2ch，450 MHz
インターフェース	LVDS	6 GHz，JESD	6 GHz，JESD	12 GHz，JESD	25 GHz，JESD
付加機能	—	—		—	(DPD/DFE)
用途(セルラー無線世代)	—	3G，4G	3G，4G	3G，4G，5G	2G，3G，4G，5G

注▶*：Observation Path Receiver, **DPD**：Digital Pre-Distortion, **DFE**：Decision Feedback Equalizer.

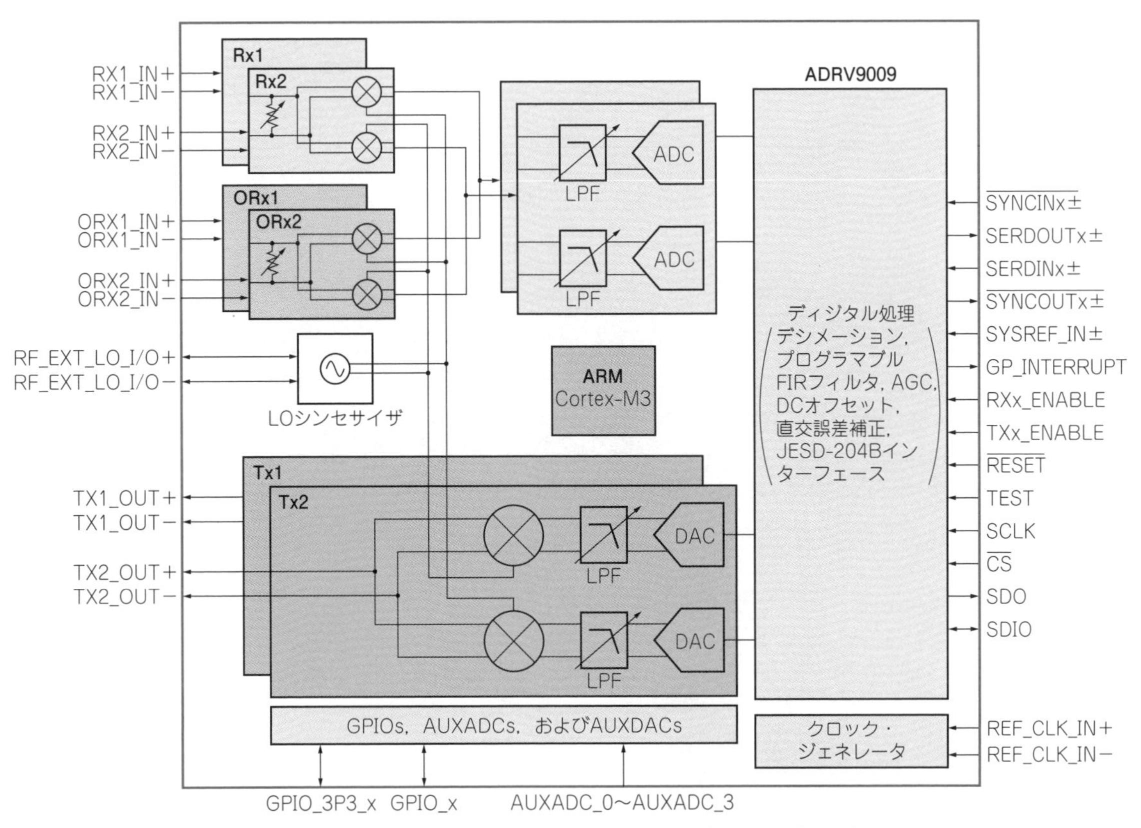

〈図24〉広帯域RFトランシーバIC ADRV9009の機能ブロック・ダイヤグラム

ロック図です．

読者の皆様さんがこのICをプログラミングするときに，まずレジスタ・マップを入手しようとするでしょう．しかし，このレジスタ・マップは公開されておらず入手できません．なぜでしょうか？

図24の中心にARM Cortex-M3のブロックが見えます．チップの設定を変更するには，レジスタへアクセスするのではなく，APIを呼んでプロセッサにコマンドを渡すことになります．

RFトランシーバICの機能は複雑であり，シーケンスを組んで判断して動作を変更しています．デバッグ段階では，ハードウェア設計者自身でレジスタにアクセスして細部の動作確認を進めたいところですが，もはやレジスタ・マップが存在しません．ソフトウェア設計者と一緒になって，どのAPIで設定するかや最新バージョンで変更されていないかなどの情報を確認しながらデバッグを進める場面が多いと思います．

● 5.2.2 ADRV9009評価ボード

ADRV9009評価ボードはFMC(FPGA Mezzanine Card)モジュールにRFトランシーバICが実装されたシンプルな構成で，制御するマイコンなどはありません．**写真2**のようにザイリンクス社のZCU102評価ボードと接続して動作させ

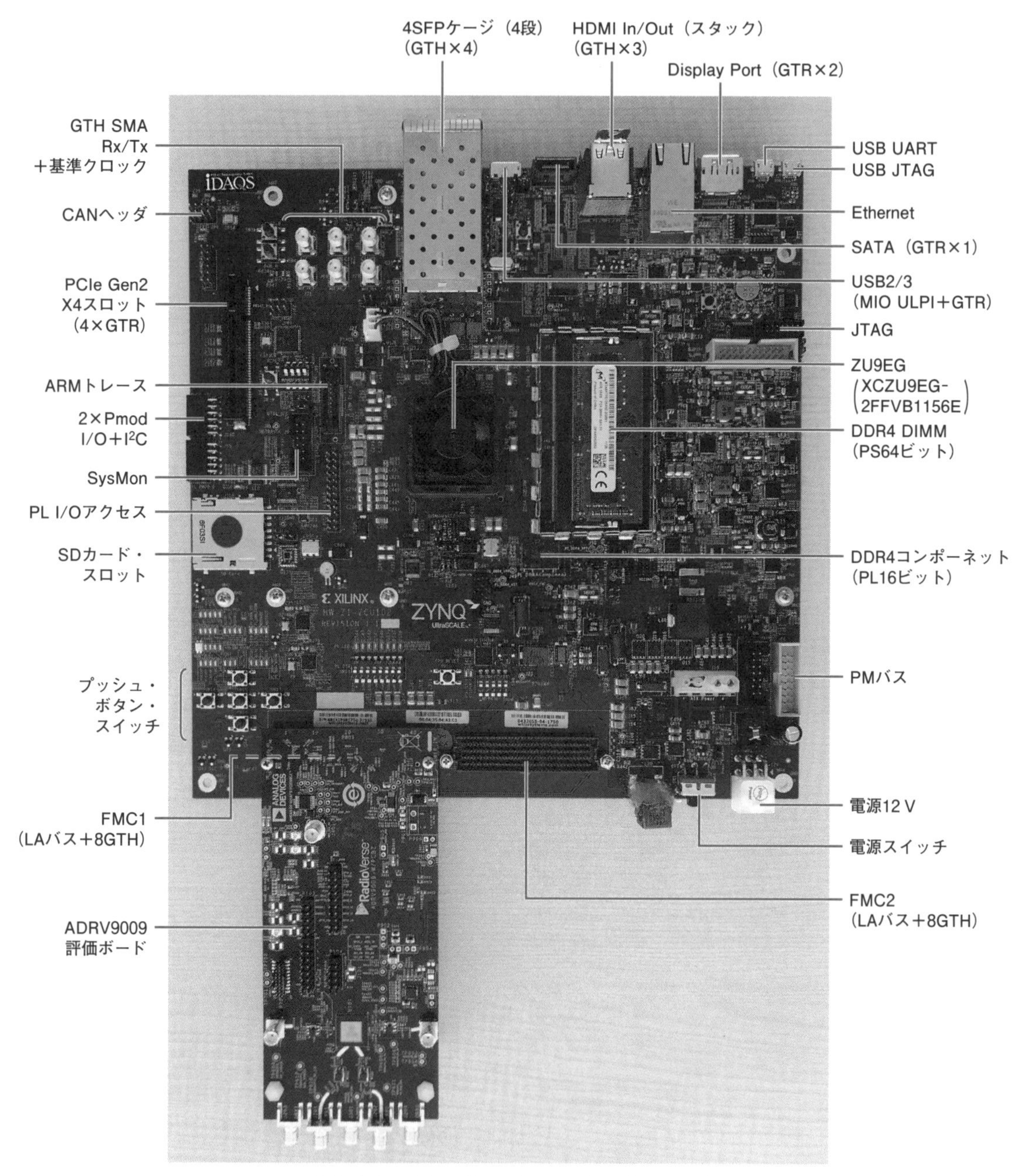

〈写真2〉ZCU102評価ボードとADRV9009評価ボード

ます．なお，FMCモジュールとは，主にFPGAが実装された基板のためのI/O拡張を行うために使われる規格で，ANSI/VITA 57.1として標準化されています．

ZCU102には，FPGAとしてZynq MPSoCが搭載されており，内蔵のARMプロセッサでLinuxが走ります．アナログ・デバイセズではLinaroと呼ばれるディストリビューションのLinuxにドライバやアプリを用意してチップのデバッグ環境を用意しています．ZCU102にモニタとキーボードをつなげばPCなしで波形を出力したり，収集したりできて簡単に無線信号を評価できます．このボードだけで立派なLinuxパソコンです．

波形収集/出力のアプリは「IIO（Industrial I/O）オシロスコープ」と呼ばれています．**写真3**のデバッグ風景では，デフォルトで用意されているLTEの帯域20 MHz，2キャリヤの信号をループバックで動作させています．

● 5.2.3　28 GHz帯の5G信号再生

MATLAB 5G Toolboxを使い，帯域100 MHzの5G信号を生成して，28 GHz帯のミリ波でループバックしてみました．**図25**はその構成です．

ミリ波のアップ・コンバータ，ダウン・コンバータ，LOシンセサイザはすべてアナログ・デバイセズ社の評価ボードを使いました．**写真4**は実験のようすです．

IIOオシロスコープで表示したスペクトルが**図26**です．IIOオシロスコープはオシロスコープのような時間軸の波形表示ももちろんできますが，図のように複素FFT表示も可能です．OFDMスペクトルを見ると，一目で信号品質が想像できる方も多いと思います．非常にフラットです．帯域外不要輻射についても，IF信号は非常に綺麗です．28 GHzは多少持ち上がっていますが，アップ・コンバータ/ダウン・コンバータの設定を試行錯誤すれば解決すると思います．

〈写真3〉デバッグ中のようす

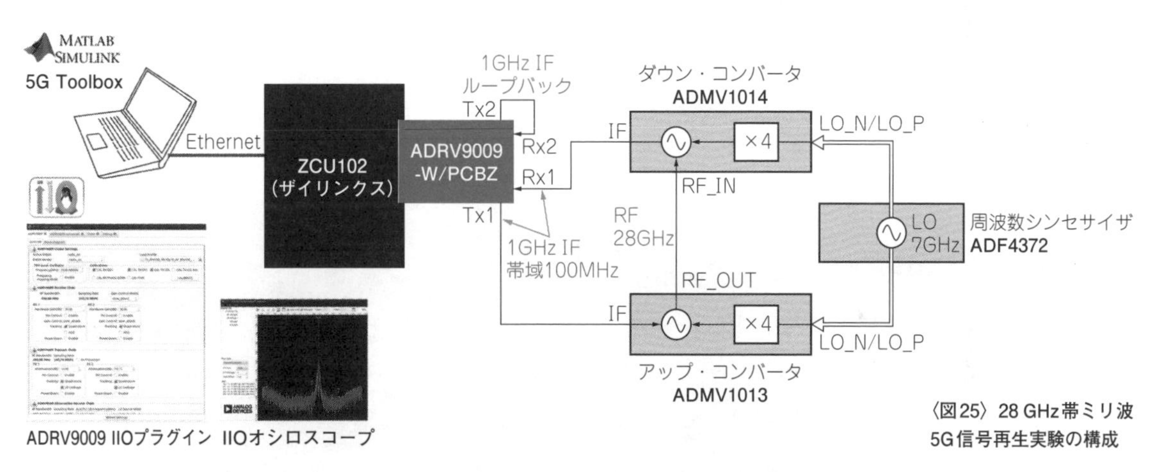

〈図25〉28 GHz帯ミリ波5G信号再生実験の構成

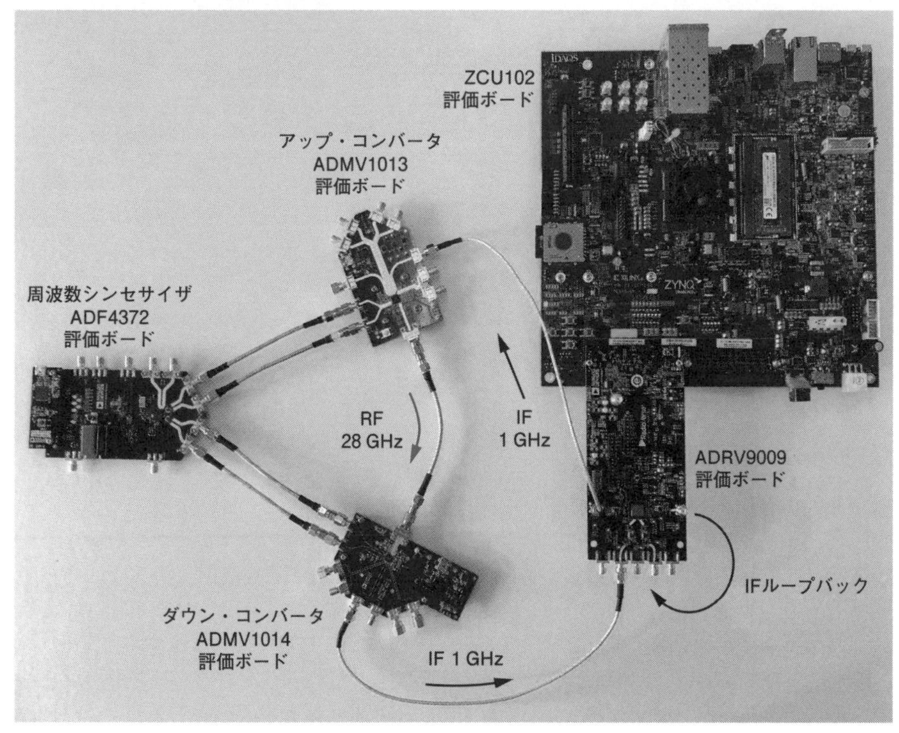

〈写真4〉図25の実際の配置

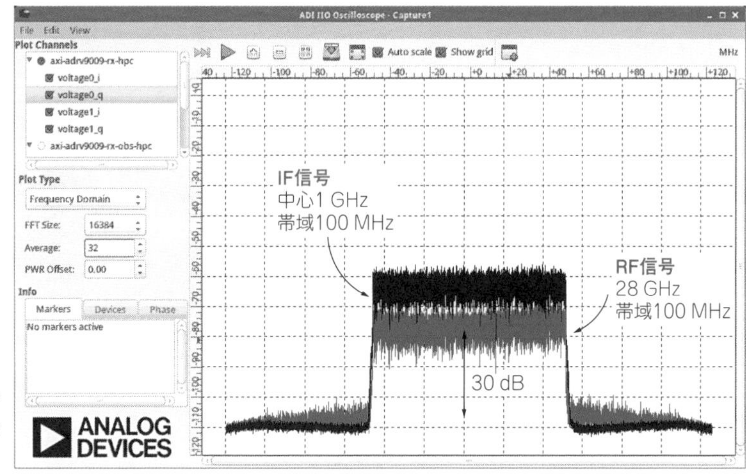

〈図26〉IIOオシロスコープで表示した5G信号のスペクトル

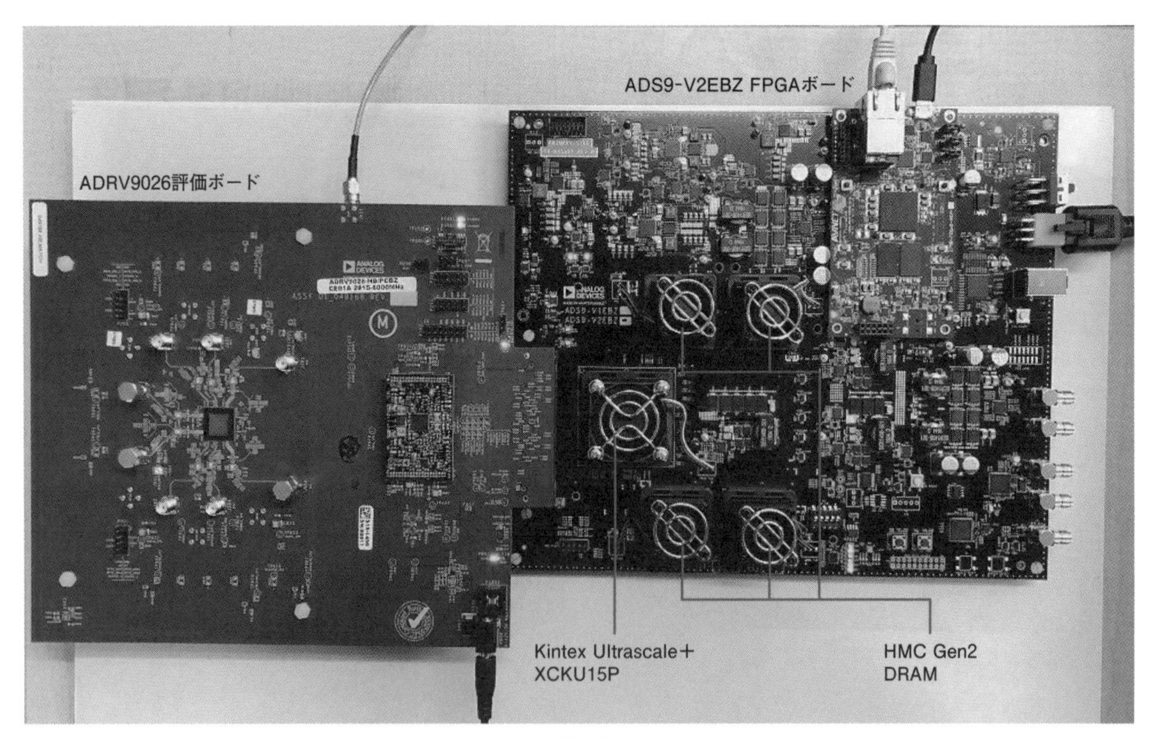

〈写真5〉ADRV9026評価ボードとFPGAボード

このように評価ボードを使い，簡単に広帯域の信号を出力，観測，収集できます．

5.3 ADRV9026チップ

2020年になりADRV9026という新しいRFトランシーバICが登場しました．一つ前世代のADRV9009は，前節で紹介したように2アンテナ対応でした．ADRV9026は4アンテナになり，回路規模は2倍になりましたが，消費電力は半分とのアナウンスです．確かにADRV9009の評価ボードは触れないくらい熱く，**写真3**のデバッグ風景にあるように冷却ファンで風を当てていました．ところがADRV9026は長時間触っていられる熱さであり，ファンは不要な感じです．65 nmから28 nmのプロセスの違いを実際に肌で感じました．

5.3.1 内部構成

図27が機能ブロック図です．4アンテナなので，送信(Tx)が4出力，受信(Rx)が4入力になっているほかには，ローカル発振器(LO)が3種類用意されているところが嬉しいところで，Tx/Rxをずらして LO設定できます．また，ORxは4入力独立ピンが用意されていますが，ADCは2個なので，スイッチで切り替える方

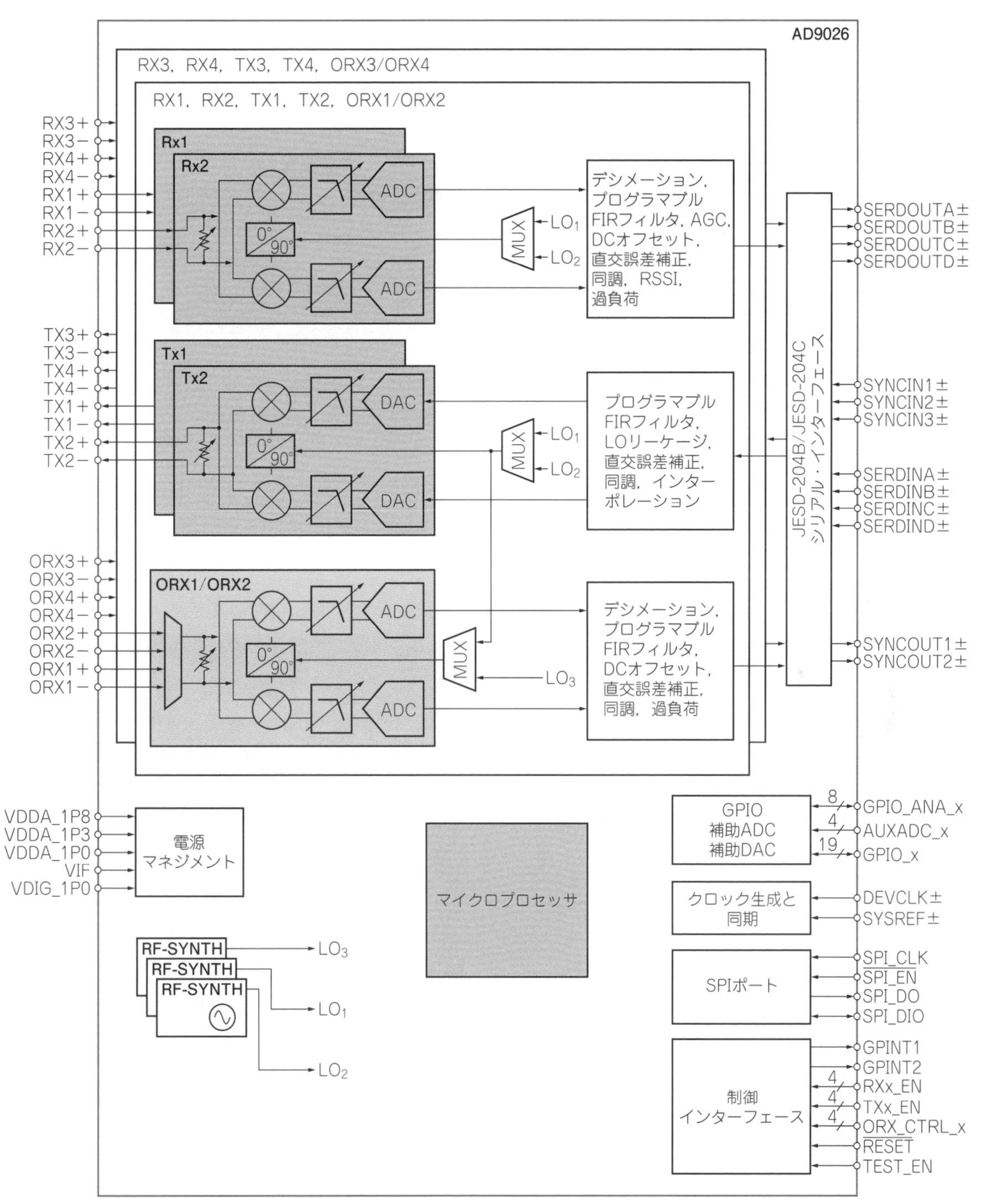

〈図27〉広帯域RFトランシーバIC ADRV9026の機能ブロック・ダイヤグラム

式です．このORxはDPD(Digital Pre-Distortion)などのキャリブレーション(CAL)に使われます．2回に分けてもCALは実行できるのでADCを節約したのだと思います．

● 5.3.2　ADRV9026評価ボード

写真5が評価ボードです．左側がADRV9026で，右側がADS9-V2EBZと呼ばれるFPGAボードです．ザイリンクス社のFPGAであるKintex Ultrascale＋XCKU15が搭載されて，FMC＋のコネクタには，20個もの28 Gbps高速シリアルが接続されていますが，ADRV9026は4レーンしか使いません．

FPGAのほかにも冷却ファンを搭載するチップが4個もあり，何かと思ってWikiを見ると，HMC Gen2 DRAMと記載されていました．“Hybrid Memory

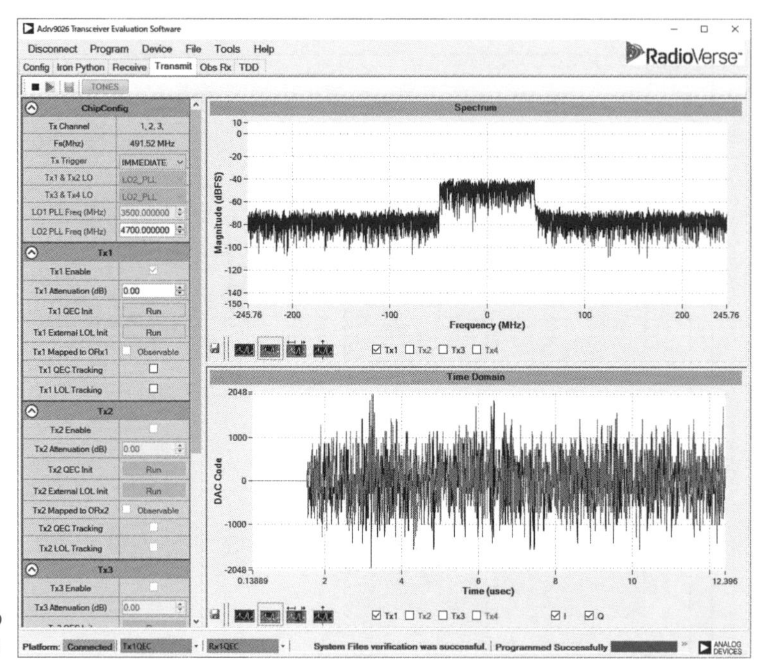

〈図28〉5G疑似信号の送信スペクトルと波形

Cube"のことで「超高速だが発熱がすごい」とネットにありました．超高速のADCやDACを相手にするFPGAボードではこれ位のメモリも当然必要と感じますが，私はもう少し安価なFPGAボードでも十分だろうと思います．

● 5.3.3　5G疑似信号のループバック

第5.2項で生成した信号は規格に準拠した帯域100 MHzの5G信号でしたが，復調処理が軽く済むように帯域100 MHzの5Gの疑似信号を生成しました．**図28**がその信号をRadioVerseのアプリに読み込んだスペクトルと波形です．

このような波形出力収録アプリが用意されているのは大変重宝します．さらにはIron Pythonでスクリプトを実行してチップ設定を変更できるので，C言語でプログラムを書くよりは非常に簡単です．

この信号をローカル5Gの周波数である4.7 GHzでTx1から出力し，同軸ケーブルでスペクトラム・アナライザに接続して信号を確認してみたのが**写真6**です．ノイズと信号の差は30 dB程であり，もっとダイナミック・レンジを稼ぎたいところです．まだ各種の設定をまったく見直していませんので，今後徐々に改善して行こうと思います．

最後に受信(Rx)に信号をループバックして観測したスペクトルと波形が**図29**です．

今後，このADRV9026評価ボードを本格的に動作させて行きます．次はMATLABとつなぐなど環境を準備し，変調/復調のロジックを動かしたいと考えています．

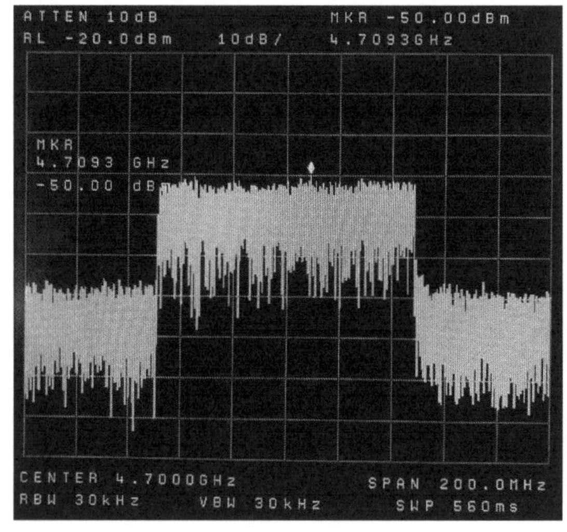

〈写真6〉5G疑似信号のスペクトル(中心周波数4.7 GHz，スパン200 MHz，10 dB/div.)

6 まとめ

5Gやローカル5Gではエッジ・コンピューティングの製品やサービスが各社から発表されて行くでしょう．セルラー無線の基地局が，無線に限らず，AI，センサ，カメラ，画像処理などIoTの複合技術の塊になろうとしています．現実的な製品やサービスは，これから登場すると思いますが，今の段階では強力な計算エンジンを搭載した試作機による実証実験が必要と思

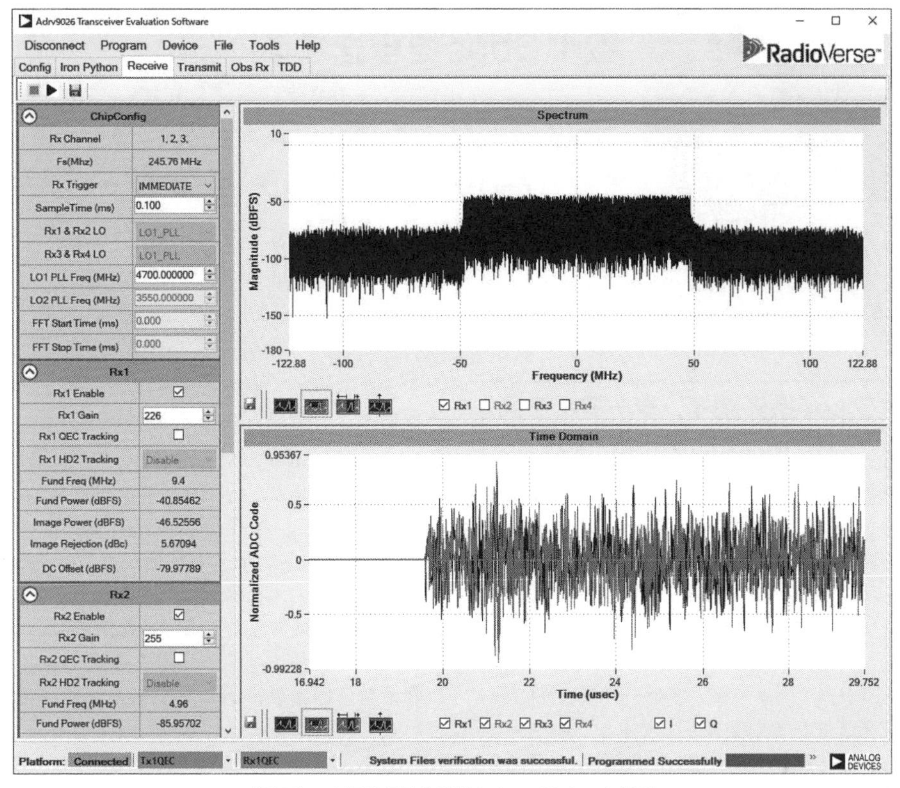

〈図29〉 5G疑似信号を受信したスペクトルと波形

います．

今回紹介しましたリコンフィギャラブルなディジタル無線ICは，ディジタルの計算パワーを軽減しますが，一方，5GではマッシブMIMOなどアンテナ数が増大し，更に大きな計算パワーも要求されています．本解説が，ディジタル無線ICやFPGAの進化を取り込む次世代通信の研究に参考になれば幸いです．

とべ・ひでひこ ㈱アイダックス　営業技術部
https://www.idaqs.jp/

■ 後継チップがリリース！

この記事を執筆していた2020年前半にはリリースされていませんでしたが，ADRV9009にはADRV9010が，ADRV9026にはADRV9029が後継チップとしてそれぞれリリースされました．

ADRV9010は4ch版の200MHz帯域となり，ほぼADRV9026と同じ性能になりました．ADRV9029はDPD(Digital Pre-Distortion)機能が追加されましたので，FPGAにDPDの機能を作り込む必要も無く，高額なIPコアを購入する必要も無くなりました．進化の目まぐるしいトランシーバ・チップを皆様の新製品にぜひお役立てください．

技術解説

数十Gbpsを伝送する高解像ディスプレイのI/O
ディスプレイ系高速シリアル・インターフェース
前編　HDMIとDisplayPort

畑山　仁
Hitoshi Hatakeyama

1 ディスプレイ系外部インターフェースの代表：HDMIとDisplayPort

　ディスプレイ系インターフェースは，高解像度化やダイナミック・レンジの向上，高フレーム・レート化など，画像の高精細化，3D対応に伴い，データ・レートの高速化/広帯域化が要求されています．

　ディスプレイ系インターフェースは，その用途に応じて装置の内部と外部にわかれます．ここではパソコンやDVDやBlu-rayレコーダ/プレーヤなどのソース機器と，ディスプレイやプロジェクタなどのシンク機器とをケーブルで接続する外部インターフェースをおもに紹介します．

　図1は外部ディスプレイ・インターフェースの変遷です．パソコンでは，従来はVGA(Video Graphics Array)やDVI(Digital Visual Interface)など，映像機器ではNTSCコンポジット・ビデオ信号やS端子，アナログRGBが主でしたが，その後，家電系企業が策定したHDMIと，パソコン系企業団体であるVESA(Video Electronics Standards Association)が策定した“DisplayPort”が主流となっています．

　なお，VGAは元々IBM社がパソコン製品に搭載したグラフィック表示システムの名称ですが，640×480ピクセルの画素数やここでの使用例のようにアナログRGB信号を出力するコネクタを指す場合があります．画素数は画素数に応じてSVGAやXGAなどの名称が用意されています．

　さらに放送用/業務用映像機器や医療機器では，HDMIやDisplayPortに加え，SMPTE(Society of Motion Picture Television Engineers)(米国映画テレビ技術者協会)で規格化されたSDIや3G-SDI，さらに

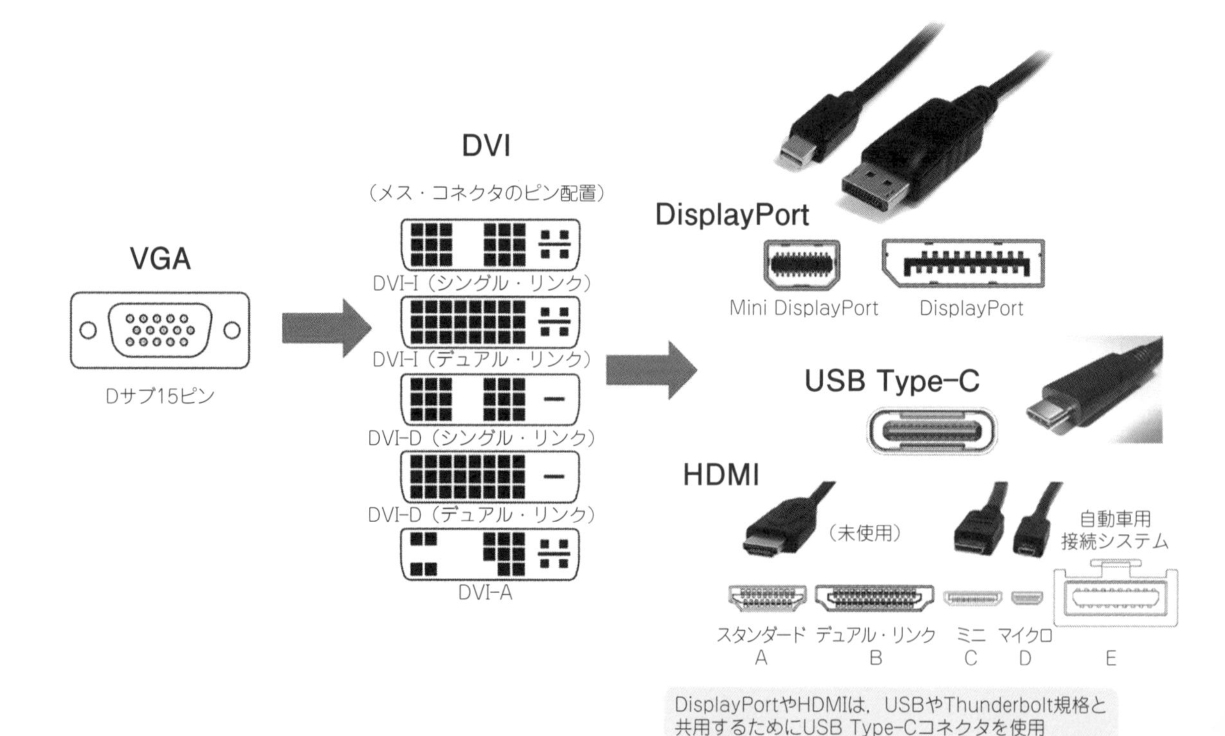

〈図1〉ディスプレイ系インターフェースの変遷．VGA→DVI→DisplayPortやHDMIへと進化

3G-SDIを4本使用したクワッド・リンク，6G-SDI，12G-SDIも使用されています．これらは後編で紹介する予定です．

HDMIはそのルーツから家電系企業が多く採用しており，パソコン系企業はDisplayPortを採用しています．しかしながら，DisplayPortはプロトコル変換(トランスコーダ)とレベル・シフタを併用することでデュアル・モードとしてDVIおよびHDMIにも対応可能で**図2**のようなロゴで識別されます．現在はCPU(インテル社)にこれらの回路を内蔵し，DDI(Digital Display Interface)という名称でDisplayPortとHDMIの双方に対応するようになっています．ただし，DisplayPortとHDMIはコネクタ形状が異なるので，双方のコネクタを持ち，それぞれのコネクタが別々のDDIポートに接続されています．

HDMIとDisplayPortはお互いに刺激し合い，改良され続けています．最高データ・レートではDisplayPortに分がありましたが，HDMI2.1の策定で48 Gbpsとなりました．一方，DisplayPortもUSB Type-Cコネクタの使用で80 Gbpsを実現するDisplayPort 2.0が策定されました．

なお，HDMIもDisplayPortも規格の開示は規格団体の会員であることやライセンス契約者であることが必要です．したがって，ここでは説明が限定的となることをご了承ください．

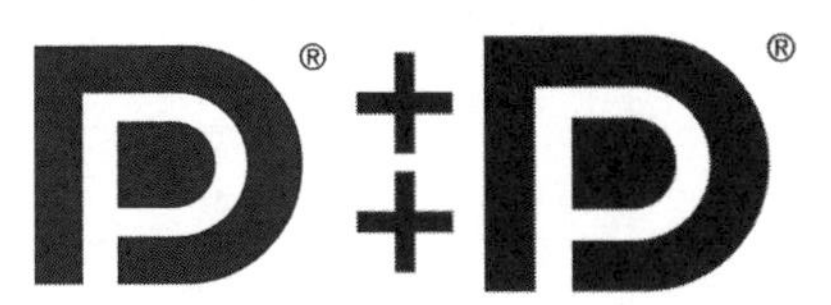

(a) DisplayPort　(b) DPデュアル・モード

〈図2〉DisplayPortロゴとDisplayPortデュアル・モード・ロゴ

2 DisplayPort

2.1 概要

VESAにより策定されたディジタル・ディスプレイ用のインターフェースです．**表1**に世代をまとめます．

〈表1〉DisplayPortの進化

規格バージョン	DP 1.0/1.1/1.1a		DP 1.2/1.2a		DP 1.3	DP 1.4
策定時期	2006年5月/2007年3月/2008年1月		2010年1月/2012年5月		2014年9月	2016年2月
ビット・レート	1.62 Gbps	2.7 Gbps	5.4 Gbps		8.1 Gbps	
データ帯域幅	6.48 Gbps	10.8 Gbps	21.6 Gbps		32.4 Gbps	
リンク・レート名	RBR	HBR	HBR2		HBR3	
符号化	8B/10B					
レーン数	1, 2, 4					
サポートする解像度						
24ビット, 60 Hz, 4：4：4	1920×1080	2560×1600		3840×2400	5120×3840	
24ビット, 60 Hz, 4：2：0	－	－	－	－	7680×4320	
その他				• マルチストリーム	• HDCP2.2 • ALTモード対応(USB Type-Cコネクタ使用時)	• DSC • HDR • FEC • 高音質フォーマット(32ch/1536 kHz/24ビット音声対応)

規格バージョン	DP 2.0		
策定時期	2019年6月		
ビット・レート	10 Gbps	13.5 Gbps	20 Gbps
データ帯域幅	40 Gbps	54 Gbps	80 Gbps
リンク・レート名	UHBR10	UHBR13.5	UHBR20
符号化	128b/132b		
レーン数	1, 2, 4		
サポートする解像度			
24ビット, 60 Hz, 4：4：4	8K/60 Hz HDR		
	8K/60 Hz SDR		
	4K/144 Hz HDR		
24ビット, 60 Hz, 4：2：0	2×5K/60 Hz		
その他	• USB Type-Cコネクタ/ケーブル		

注▶**DSC**：Display Stream Compression(圧縮伝送)，**FEC**：Forward Error Correction(前方エラー訂正)，**HBR**：High Bit Rate，**HDR**：High Dynamic Range，**HDCP**：High-bandwidth Digital Content Protection，**RBR**：Reduced Bit Rate，**SDR**：Standard Dynamic Range，**UHBR**：Ultra High Bit Rate

■ 2.2　信号と回路形式

DisplayPortの物理層は下記のようにPCI Express類似の差動伝送(CML[Current Mode Logic])を使用しています．**図3**に等価回路を示します．そのため通常のFPGAのトランシーバの物理層で対応できます．IP[Intellectual Property](知的財産として保護された回路ブロック)は必要です．

複数の拡張スクリーンによる高解像度化を目的としたマルチストリーム・トランスポートが可能で，ハブを経由して二つのディスプレイに別々の画像を表示できます．特徴は次の通りです．

- 符号化：8b/10b
- プリエンファシス：0，3.5 dB，6 dBまたは9.5 dB
- レシーバ・イコライザ(CTLE)
- スペクトラム拡散クロッキング：30～33 kHzのダウン・スプレッド
- 振幅400 mV，600 mV，800 mV，1.2 V

■ 2.3　信号線

図4にDisplayPortの信号線，また**図5**と**図6**にコネクタの信号配置図をそれぞれ示します．

メイン・リンク(DPレーン)はパケット転送で，映像データのマッピングはチャネル(RGBや$Y/C_b/C_r$)と無関係であり，スケーラブルで1，2，4レーンを選択可能です．

Hot Plug Detect(ホット・プラグ検出)は，機器の接続/切り離しを検出します．

AUXチャネルは双方向1 Mbpsで，リンク確立時のネゴシエーション，EDID (Extended Display Identification Data)情報がやりとりされます．

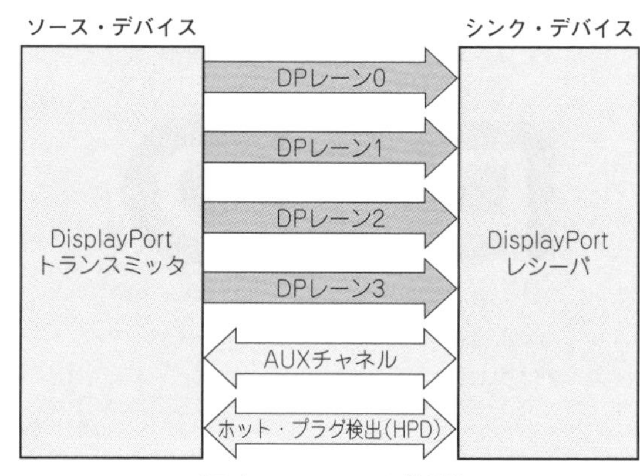

〈図4〉DisplayPortの信号線

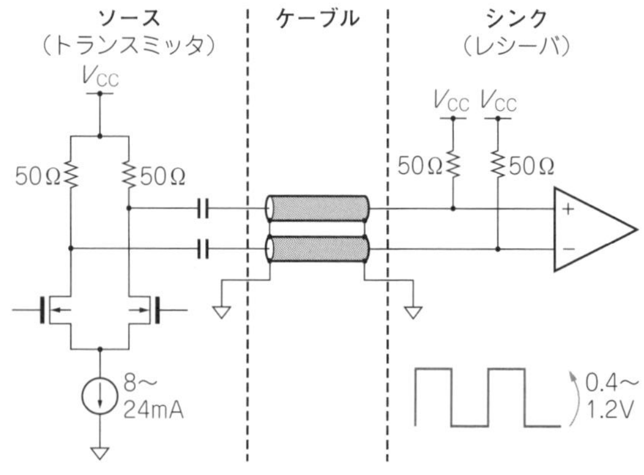

〈図3〉DisplayPort伝送路の等価回路

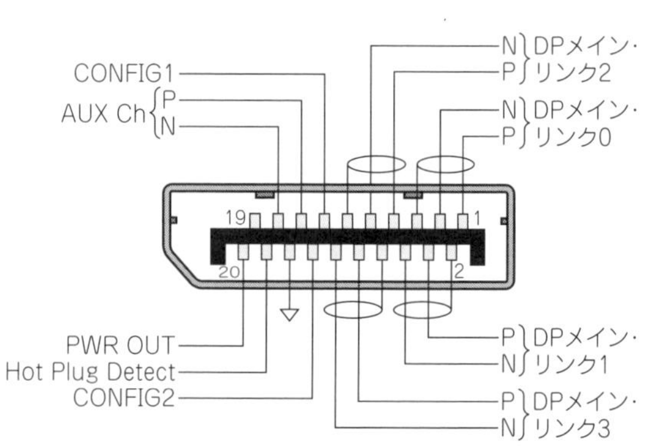

〈図5〉DisplayPortの標準コネクタ

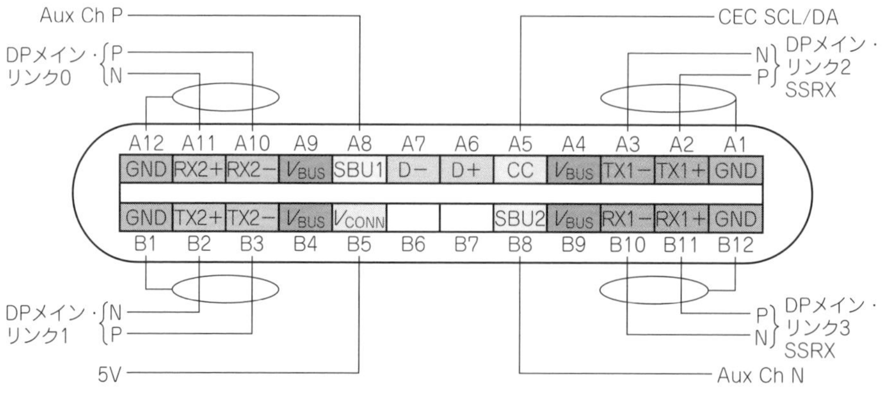

〈図6〉USB Type-Cコネクタを使うDisplayPortの信号配置(DPオルタネート・モード)

■ 2.4　波形例

DisplayPortソース機器は，シンク機器を接続し，EDIDをデータ交換した上で，信号を出力します．**図7**はEDIDをエミュレートする機器を装着し，コンプライアンス・テスト用の内部データ・ジェネレータでPRBS7（Pseudo Random Bit Sequence / 7ビット擬似ランダム・ビット・シーケンス）を800 $mV_{p\text{-}p}$で出力して，ソース機器のコネクタにテスト・フィクスチャを装着して取り込んだ2.7 Gbps（HBR）波形です．DisplayPortソース機器のコネクタ端の信号のアイ・ダイヤグラムであり，50 Ωで終端してあります．

図8は**図7**の信号にコンプライアンス・ケーブル・モデルを追加し，さらにイコライザを掛けた，コンプライアンス・テスト条件の波形の一例です．

■ 2.5　ほかの規格との共存

近年のDisplayPortは，DisplayPort単体ではなく，1種類のコネクタを通して他の規格との共用が図られてきました．**表2**に共用している規格をまとめます．現

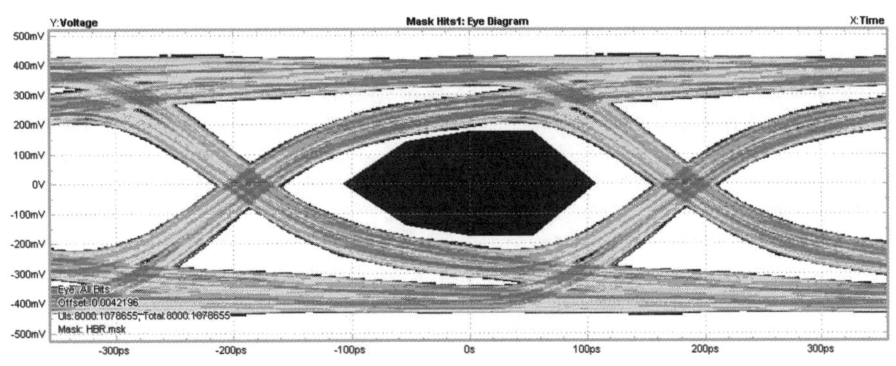

〈**図7**〉 **DisplayPortソース機器のコネクタ端の信号のアイ・ダイアグラム**（2.7 Gbps）

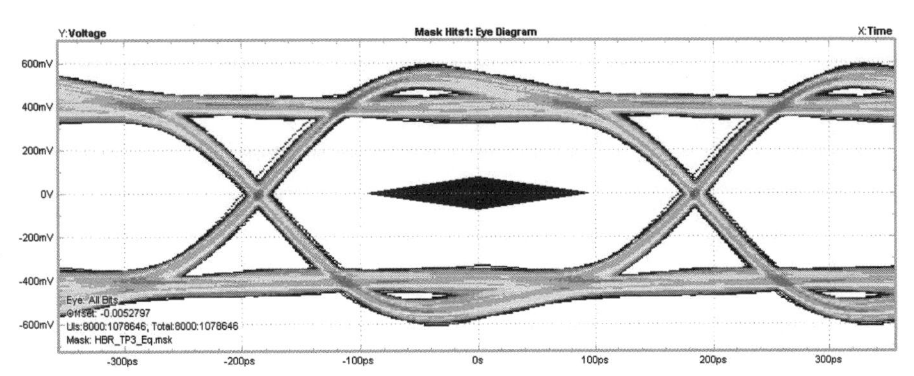

〈**図8**〉 **図7に対しコンプライアンス・ケーブル・モデルを追加し，さらにイコライザを適用した信号のアイ・ダイアグラム**

〈**表2**〉 **DisplayPortと共用する規格**（現在DisplayPortはHBR3 8.1 Gbpsまで）

<table>
<tr><th colspan="2" rowspan="2">規格</th><th rowspan="2">Thunderbolt 1/2</th><th colspan="2">Thunderbolt 4</th><th rowspan="2">USB3.2</th></tr>
<tr><th>Thunderbolt 3</th><th>USB4</th></tr>
<tr><td colspan="2">コネクタ</td><td>Mini DP</td><td colspan="3">USB Type-C</td></tr>
<tr><td colspan="6">共存規格</td></tr>
<tr><td></td><td>内包（トンネリング）</td><td>• DisplayPort
• PCI Express</td><td>• DisplayPort
• PCI Express</td><td>• DisplayPort
• USB3.2
• PCI Express（オプション）</td><td>（なし）</td></tr>
<tr><td></td><td>ネイティブ</td><td>• DisplayPort（デュアル・モード）</td><td colspan="3">• USB3.2</td></tr>
<tr><td></td><td>オルタネート*</td><td>（なし）</td><td colspan="3">• Multifunction：DisplayPort 2レーン＋USB3.2 1アップリンク/1ダウンリンク
• DisplayPort：1，2，4レーン（デュアル・モードのサポートなし）</td></tr>
</table>

＊注▶USB3.2ではオルタネート・モードはオプション

在のDisplayPortはHBR3の8.1 Gbpsまでです．

いまどきはUSB Type-Cコネクタの利用が主流です．とくにノートPCなどのモバイル機器ではコネクタ数を減らす意味もあり，この傾向は今後ますます拍車がかかるでしょう．実際，すでにApple社のPCでは電源コネクタを含めてUSB Type-C以外のコネクタを装備していないほどです．

共用の仕方は，各規格の物理層に切り替える方法とDisplayPortのパケットを共通的なパケットに内包（トンネリング）して転送させる方法の2種類があります．前者は「互換モード」とも呼ばれる「オルタネート・モード」で実現され，USB Type-CのCC線（Configuration Channel）を使用したUSB-PDプロトコルを利用して，ケーブル，デバイスが所望の規格をサポートしていることを確認した上で切り替えます．これは“DisplayPort Alt Mode on USB Type-C Standard（DisplayPort Alt Mode）”で規定されています．後者はThunderbolt 3やUSB4が該当します．

USB Type-CのUSB3.2は，こういった手順を踏まずに，あたかもネイティブなUSB3.2ポートとして使用できます．

2.6 DisplayPort 2.0

次世代DisplayPortとしてDisplayPort 2.0（DP 2.0）が2019年6月22日に発表されました．8Kに対応するためにUSB Type-Cコネクタを使用し，最高のUHBR20は20 Gbps×4レーンで80 Gbpsデータ転送レートに対応します．USB4の物理層を利用し，128b/132b符号化を採用しています．

またDP 2.0を反映してDisplayPort Alt Modeも2.0が発行され，USB4とDP 2.0をUSB Type-Cコネクタを通してオルタネート・モードで切り替えて利用できるようになります．

2.7 eDP

ノートPCやタブレットの内蔵ディスプレイとの接続にはDisplayPortをベースに開発されたeDP（embedded DisplayPort）が使用されます．これは後編で説明する予定です．

3 HDMI

3.1 概要

HDMI（High-Definition Multimedia Interface）は，おもにテレビとディスクレコーダ，ゲーム機などを接続し，映像や音声などを1本のケーブルにまとめて送ることができる規格として，家電メーカを中心に2002年に策定されたインターフェースです．**表3**に世代をまとめます．

PCとディスプレイ間で使用されていたDVIをベースに，音声伝送やディジタル・コンテンツなどの不正コピー防止のための著作権保護機能，色差伝送機能などAV家電向けに改良したものです．そのため，AV家電ではHDMIが普及しています．ただしPCとて家電分野でのHDMIとの接続性を高めるために対応を図っており，インテル社のPCではDisplayPortデュアル・モードによってHDMIのディスプレイも接続できます．

3.2 DisplayPortとの差異

DisplayPortと大きく異なるのは，映像データのマッピングはチャネル依存で3レーンあり，加えてクロック・レーンが必要でデータ・レートの1/10の周波数のクロック（5.94 Gbpsでは1/40の周波数）を伝送しま

〈表3〉HDMIの進化

規格バージョン		1.0/1.1/1.2/1.2a	1.3/1.3a	1.4/1.4a	2.0	2.1
策定時期		2002年12月		2009年5月	2013年9月	2017年11月
最高ビット・レート		1.65 Gbps	3.4 Gbps		5.94 Gbps	12 Gbps
データ帯域幅		4.95 Gbps	10.2 Gbps		17.82 Gbps	48 Gbps
符号化		TMDS				16b/18b
信号線（差動ペア数）		データ3，クロック1				データ4
サポート	解像度	1080p	1440p	3840×2160（30 Hz） 4096×2160（24 Hz）	3840×2160（50/60 Hz） 4096×2160（50/60 Hz）	7680×4320（50/60 Hz） 10240×4320（50/60 Hz）
	色深度	24ビット	24，30，36，48ビット			
主な追加サポート		• RGB，YCbCr 4：4：4，YCbCr 4：2：2 • Type-Aコネクタ	• ディープ・カラー（10，12，16ビット） • Type-Cミニ・コネクタ	• 3D画像 • ARC • HEC • Type-D（マイクロコネクタ） • Type-E（車載用）コネクタ	• 4：2：0フォーマット • アスペクト比21：9 • 32オーディオ・チャネル（3D音響） • 最高オーディオ・サンプリング周波数1536 kHz • ダイナミック・オート・リップ・シンク	• DSC • eARC • FRL • VRR • ダイナミックHDR（高ダイナミック・レンジ） • リフレッシュ・レート120 Hz

注▶**ARC**：Audio Return Channel，**DSC**：Dynamic Stream Compression，**eARC**：enhanced Audio Return Channel，**FRL**：Fixed Rate Link，**HEC**：HDMI Ethernet Channel，**TMDS**：Transition Minimized Differential Signaling，**VRR**：Variable Refresh Rate

す．一方，DisplayPortはパケット化して転送するため，レーン幅の自由度が高く，1，2，4レーンで転送できます．これゆえ，HDMIでもHDMI 1.4b Alt Mode on USB Type-C Specificationがありますが，4レーン必要なので，USB3.2とは同時使用(マルチファンクション)はできません．しかも現時点ではシンク側は従来のHDMIタイプAのため，USB Type-Cコネクタによって被る恩恵はソース機器側のみであり，ソース-シンク間の電源供給はできません．HDMI2.1からはクロック不要になりましたが，3 Gbps/6 Gbpsでは3レーン，6 Gbps/8 Gbps/10 Gbps/12 Gbpsでは4レーン使用します．なお，6 Gbpsは3レーン/4レーンどちらも対応可能です．4レーン・モードでは従来のカテゴリ2ケーブルに代えてHDMI2.1で新たに規定されたカテゴリ3のケーブルが必要です．

その他，HDMI 1.4からは，映像や音声伝送のみならずAV機器のネットワーク接続用のEthernet (HDMI2.1から廃止)やオーディオ・リターン・チャネルも追加された点もDisplayPortとは異なります．

3.3 信号と回路形式

DisplayPortはPCI ExpressやUSB3.2と同じAC結合で8b/10b符号化を使用していますが，HDMIでは回路形式やデータ符号化として**図9**に示すTMDS (Transition Minimized Differential Signaling)を採用しています．回路はソース側がシンク側から電流を吸い込む形式で，8b/10b符号化同様に8ビットを10ビットに符号化しますが，EMIや消費電力抑制のためにデータができるだけ変化しないように符号化される点は信号の変化を増加させる8b/10b符号化とは大きく異なります．HDMI2.1からは16b/18b符号化に変更されています．ただし，回路形式は従来と変わりなくTMDSを使用しています．

3.4 信号線

図10にHDMIの信号線，また**図11**と**図12**にコネクタの信号配置を示します．

表4はHDMI 1.4以降のケーブルが持つHDMIチャネル以外の信号線です．ARCとはシンク機器であるテレビで受信した音声をHDMI入力端子からHDMIソース機器であるAVアンプなどのAV機器に送る機能です．HECはIPベースの100 Mbpsの双方向全二重Ethernet(100BASE-TX)を使ってHDMIケーブル1本でAV機器をネットワークに接続できるようにする

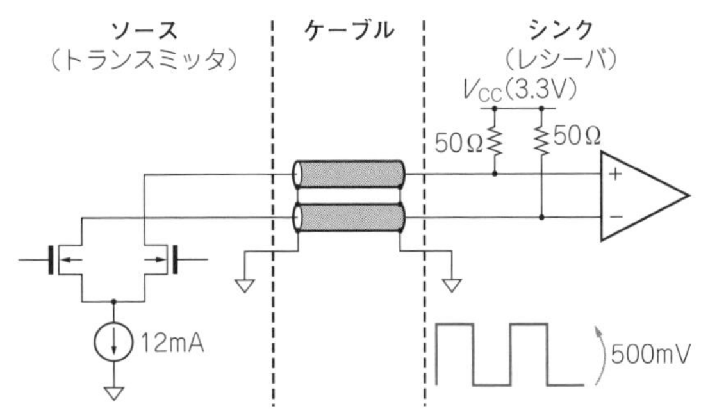

〈図9〉HDMI伝送路(TMDS)の等価回路

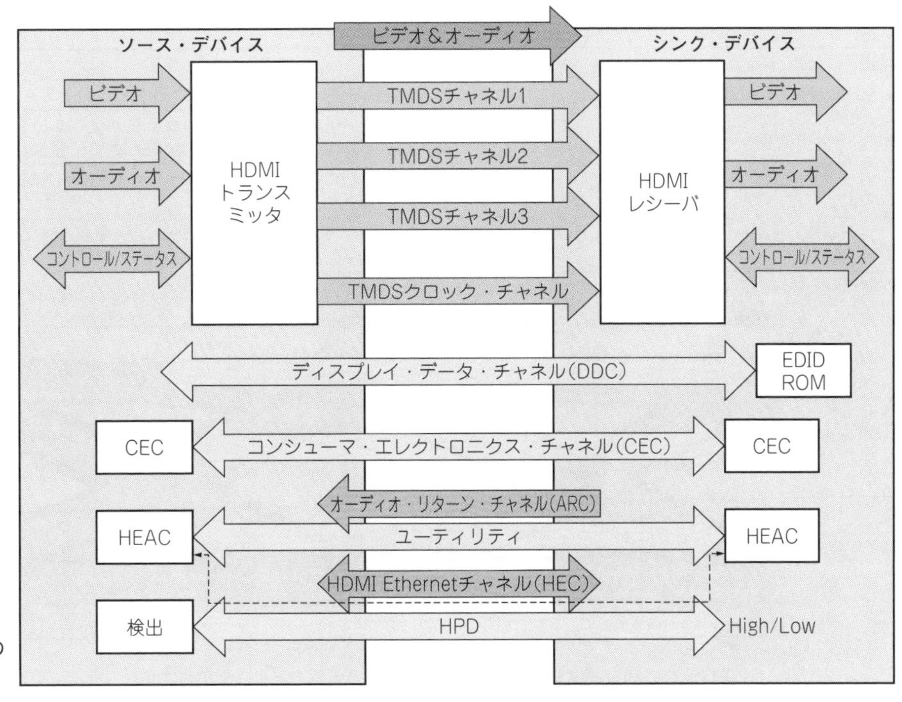

〈図10〉HDMIの信号線

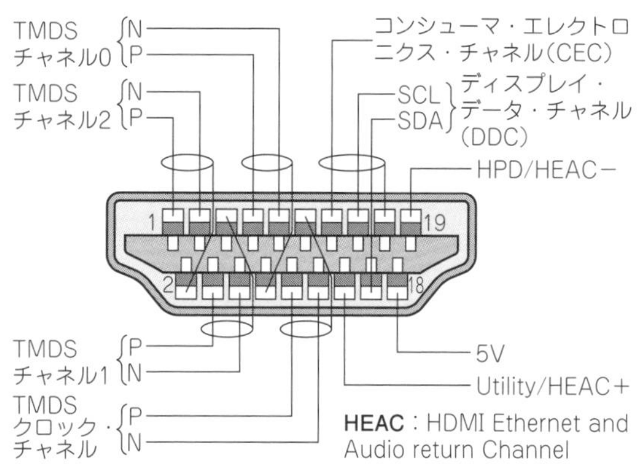

〈図11〉 HDMIの標準コネクタ(タイプA)

ことが狙いです．

シングル・ツイスト・ペアで信号線本数を削減するためにUtility/HEAC＋とHPD/HEAC－で共用します．HECは差動，ARCはHECの差動線路上を同相で転送していましたが，HDMI2.1からはこの線路をARC専用化し，最大8チャネルの24ビット，非圧縮192 kHzオーディオを伝送できるeARC(Enhanced Audio Return Channel)がサポートされています．

3.5　波形例

HDMIソース機器は，DisplayPort同様にシンク機器を接続し，EDIDデータ交換の上で，信号を出力します．図13は，ソース機器のコネクタにテスト・フィ

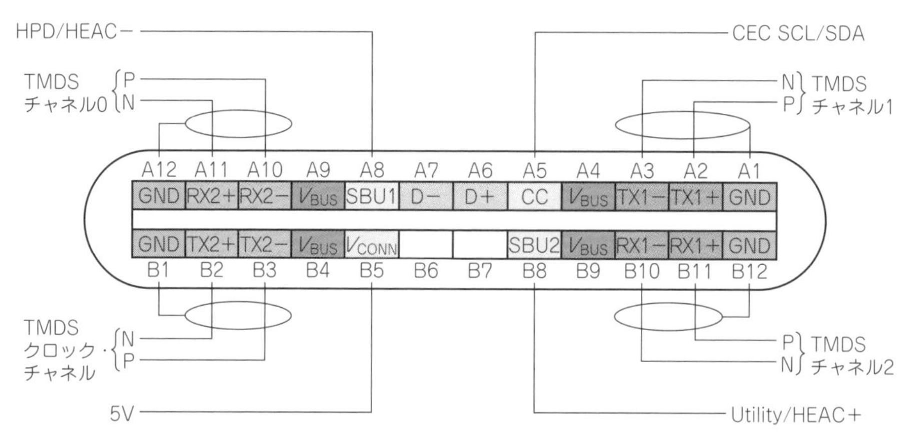

〈図12〉 USB Type-Cコネクタを使うHDMIの信号配置(USBオルタネート・モード)

〈表4〉 HDMI 1.4以降のケーブルが持つHDMIチャネル以外の信号線

信号名	意味	説明
HPD	Hot Plug Detect	電源投入/切断およびプラグ挿入/取り外しイベントをモニタする．
DDC	Display Data Channel	ホットプラグ検出後にソース/シンク間で取り交わすEDIDデータ，メタ・データ/InfoFrame，およびHDCP通信に使用する．I^{2}C仕様．
CEC	Consumer Electronics Control	HDMI接続を介して他のCEC対応デバイスのリモート制御を可能にする単線双方向バス．
HEAC	HDMI Ethernet and Audio return Channel	HDMIデバイスにHEC(HDMI Ethernet Channel)とARC(Audio Return Channel)を追加する．

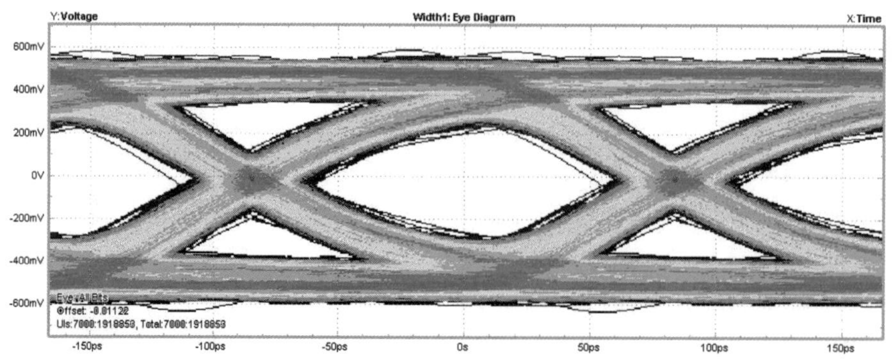

〈図13〉 HDMIソース機器のコネクタ端における信号のアイ・ダイヤグラム(5.94 Gbps)

〈写真1〉USB Type-Cコネクタを使ったHDMIケーブル

クスチャを装着して取り込んだ5.94 Gbpsの波形です．3.3 VのDCバイアスを加えて50 Ω終端してあります．ソース機器コネクタ出口の信号です．

4 ディスプレイ系インターフェース特有な技術

ディスプレイ用インターフェースが送るデータが画像伝送に特化しているゆえ，ほかのインターフェース規格と異なる点があります．

● ダウンストリーム転送

目的が画像ソース機器からシンク機器であるディスプレイへ画像データを伝送し表示するだけなので，双方向性伝送の必要がありませんから片方向だけです．

● コンテンツ・プロテクション

ディスプレイ・インターフェースで転送される画像には著作権で保護されているコンテンツも多いです．そのためDPCP(DisplayPort Content Protection)またはHDCP(High-bandwidth Digital Content Protection)によってデータをコピーできないようにするオプションがあります．

● データ圧縮

DSC(Dynamic Streaming Compression)によりデータの広帯域化に対して，物理層の高速化を図らなくてもよいようにソース側でデータ量を圧縮して送信し，シンク側でデータを伸長するオプション機能があります．

圧縮方法としては，放送やBlu-rayなどで利用されているMPEGと異なり，レイテンシが低く，データの圧縮率は低く抑えられ，伸長した際の画像は圧縮前の画像とほぼ等しい画像が得られますが，多少劣化を伴う(Lossy)な不可逆圧縮技術を採用しています．

● 前方エラー訂正

FEC(Forward Error Correction)自身は画像データに特化した技術ではありませんが，画像データは垂れ流しであり，エラーが生じても再送しません．そこで転送中に発生したある程度のエラーを修正できるようリード・ソロモン符号を使用するオプションがあります．250シンボル(1シンボル＝10ビット)に対して4シンボルのリード・ソロモン符号を付加したRS(254, 250)符号化によって2シンボルまでのエラーが修正されます．2シンボル内であればエラー・ビット数に関係なく修正できるので，バースト的に生じたエラーにも対応します．

● オルタネート・モードでのUSB3.2, Thunderboltとの共存

前述したUSB3.2とDisplayPortを切り替えたり共存できるオルタネート・モードと同様に，HDMIでもUSB Type-Cコネクタを使った“HDMI 1.4b Alt Mode on USB Type-C Specification”が策定されています．HDMI(1.4b)は伝送にあたり，データ3本，クロック1本の合計4本の信号線が必要で，USB Type-Cの高速差動線路4組をすべてHDMIで占有するため，USB3.2との共存(マルチファンクション)はサポートされません．また現時点では**写真1**のようにソース側のみType-Cコネクタを使用し，シンク側は従来と同じHDMIタイプAコネクタを使用しています．そのため，Type-Cコネクタが持つ恩恵の享受はソース側のみで，かつソース/シンク間の受給電は対応できません．

なお，オルタネート・モードでは，USB PD(Power Delivery)で接続された機器やケーブルどうしで供給電圧/電流や向きをUSB Type-Cコネクタ/ケーブルにあるCC(Configuration Channel)を通してネゴシエーションしますが，そのしくみを利用してUSB Type-Cで通すプロトコルを決定します．つまりオルタネート・モードを利用する機器はUSB PDを搭載している必要があります．

● 後編へつづく

次回は内部ディスプレイ・インターフェースなどについて解説します．

はたけやま・ひとし　元テクトロニクス社/ケースレーインスツルメンツ社

製作＆実験

24 GHz帯に音声を乗せて準ミリ波帯を体験する

なんちゃって5G！ FMトランシーバの製作

漆谷 正義
Masayoshi Urushidani

1 はじめに

最近は新聞やTVなどで通信インフラの新技術“5G”(ファイブジー)の話題で持ちきりですよね．スマホなどのIT機器の普及/発達により，通信回線に乗る動画などの情報量が膨大になり，通信速度の限界を皆が感じていたところでした．5G技術は，これを解決する救世主として大きな期待がかかっています．

5G技術は複雑多岐にわたり，現在始まっているのは通称「サブ6」と呼ばれる6 GHz以下を使うサービスです．今後はミリ波に近い準ミリ波の28 GHz帯を使うことが予定されています．5G技術にあやかるだけでは，なかなかその中味は実感できません．そこで，5Gで使われる周波数帯に近い，24 GHz帯のトランシーバを作ってみました．名付けて「なんちゃって5G！FMトランシーバ」(**写真1**)です．

この製作は実用性よりも，実験を通じてミリ波の性質，とくに波長，指向性，反射，干渉，偏波，フェージング，遮蔽(しゃへい)物による減衰などを体感することに主眼を置いています．

2 ミリ波と5G技術

2.1 搬送周波数が高ければ相対的に広い帯域が得られる

動画などの膨大な情報量を伝送するためには，基本的に広い周波数帯域が必要となります．半世紀前，ラジオからテレビの時代になったときは，MF(中波)やHF(短波)から，一挙にVHF(超短波)やUHF(極超短波)へと搬送周波数が高くなりました．これによって相対的に帯域幅を広く取ることができるからです．

セルラー無線でも同様に，4Gの1～3.6 GHz(センチ波)から，5Gでは28 GHzなどの，より短波長な準ミリ波の電波が使われます．

図1のように，3～30 GHzはマイクロ波帯と呼ばれ，衛星通信/衛星放送，無線LAN，ETC，レーダーなどに広く利用されています．マイクロ波のうちミリ波に近いセンチ波は準ミリ波と呼ばれています．

2.2 フェージングが悩みのタネ

無線の搬送周波数がセンチ波やミリ波になると，フェージングの影響が顕著になります．これは山や建物などの反射や，通信機器が移動することにより，到来電波の位相差による強弱が発生する現象です．フェー

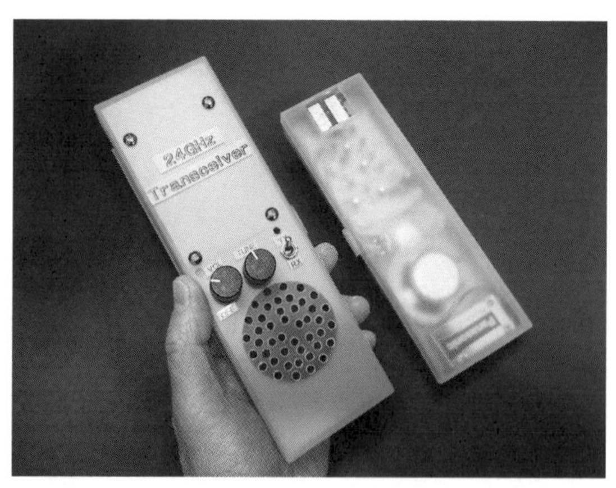

〈写真1〉製作した「なんちゃって5G！FMトランシーバ」

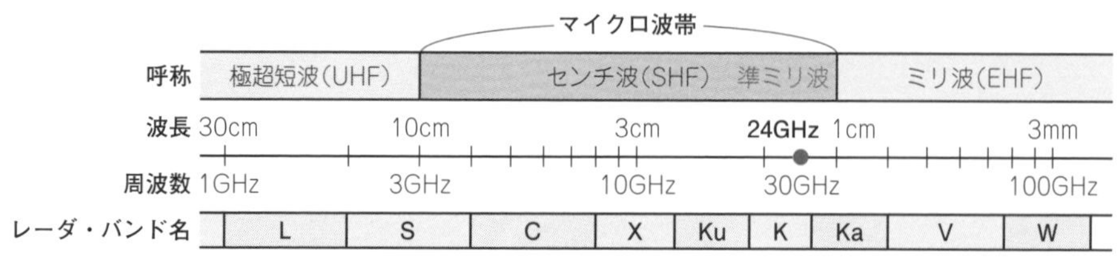

〈図1〉マイクロ波帯の呼称，波長，周波数，レーダ・バンド名

ジングにより，電波が減衰して一時的に無くなることさえあります．併せて波形ひずみも発生します．

私たちがスマホで移動しながら会話しても，何ら不都合を感じないのは，通信方式や回路技術のおかげで，フェージングの影響を著しく軽減できているからです．

今回は，あえてフェージング対策をせずに，準ミリ波帯で通信してみます．そして，通信にあたってどのような現象が起きるのかを試し，5Gの要素技術への興味と理解を深めたいと思います．

3 24 GHz帯ドップラ・センサの流用を検討する

3.1 モジュールの外観と内部

24 GHz帯送受信にはドップラ・センサ・モジュールIPM-165(**写真2**，ドイツInnoSenT社製)を使います．

写真2(a)に示す表側は，プリント基板上にパッチ・アレイ・アンテナが送受4個ずつ配置されています．向かって左が送信，右が受信アンテナです．

写真2(b)に示す裏側は，送受信回路が実装されており，金属ケースでシールドされています．シールド・ケースと基板の間には電波吸収体を挟んで反射の影響を無くしています．

写真3は金属ケースを外した内部基板です．上部の四角い素子が24 GHzの発振器です．本モジュールは各国の電波法に則って製造/販売されています．電波法を遵守して使いましょう．

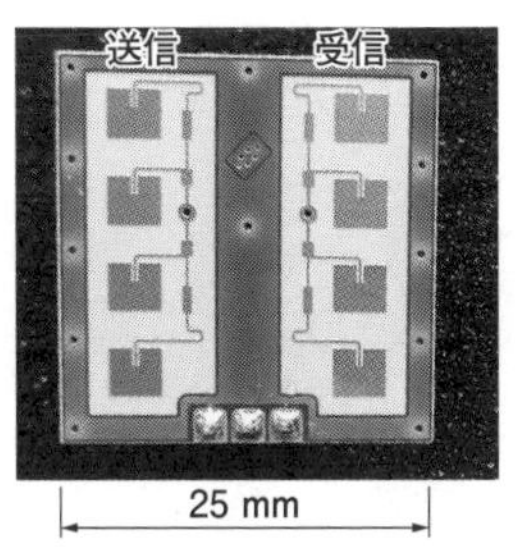

(a) 送受アンテナ

(b) 金属カバー内に送受信回路が入っている

〈写真2〉24 GHzドップラー・センサ・モジュールIPM-165(InnoSent社)

受信アンテナへ
24 GHz 発振器
送信アンテナへ
Vcc IF GND
ラット・レース・ミキサ回路
分配器

〈写真3〉IPM-165の内部基板

3.2 24 GHz帯ドップラ・センサ・モジュールの構成と動作

モジュールの構成を**図2**に示します．

先の**写真3**中央付近にある三つのスルーホールは，右が送信アンテナ，左が受信アンテナにそれぞれつながっています．下の円形パターンはラット・レース回路で，ミキサの一部です．この円周上にミキサ・ダイオードが接続されています．各所に見える扇型のパターンはラジアル・スタブと呼ばれ，バイパス・コンデンサの働きをします．

24 GHzの発振器ICの出力は，分配器を経て送信アンテナとミキサにつながります．受信アンテナからの信号は，同調回路を経てミキサで24 GHz発振器出力と混合され，受信周波数と24 GHz発振器の周波数との差に相当する，IF信号として出力されます．

このモジュール本来の動作は，ドップラ・センサです．送信アンテナの電波が，動体で反射され，受信アンテナに入ってきます．動体で反射してきた信号はドップラ効果によって周波数が変化するので，送信周波数との差の周波数がIF信号としてモジュールから出力されます．この周波数は動体の移動速度に比例するので，周波数を電圧に変換すれば動体を検出したり，速度を測ることができます．このモジュールは，自動ドアの人感センサなどとして使えます．ドップラ周波数は0～数kHzのオーダであり，野球ボールなどのスピード・ガン[3]として応用することもできます．

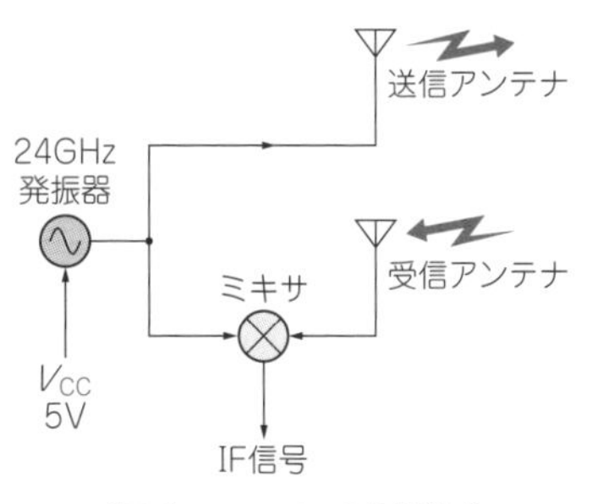

〈図2〉IPM-165の内部構成

■ 3.3 IPM-165の仕様

24 GHzドップラ・モジュールIPM-165の仕様を**表1**に抜粋します.

発振周波数のばらつき(個体差)が,±100 MHzと大きいことに気づきます.これはそのままIF周波数のばらつきになります.この点がトランシーバを製作する上で,最大のネックになりそうです.

出力は16 dBmです.0 dBmは1 mWですから$10^{16/10}$で,約40 mWに相当します.

発振周波数の温度ドリフトが−1 MHz/℃なので,風や発熱源などによる温度変動があると,数MHzのドリフトがあり得ることを念頭に置きます.

受信時のIF出力オフセットが±300 mVと大きいですが,DCカットすれば問題ありません.信号レベルは,ドップラ・センサとしての出力を想定したもので,トランシーバとして使う場合は,1桁以上小さくなります.ノイズ・レベルも無視できないレベルです.

アンテナ・パターンは**図3**のように水平面の半値角が垂直面に比べて広く,動体検知を意図したものと思われます.トランシーバの場合にも好ましい特性です.

消費電力は5 V40 mA(0.2 W)以下なので,乾電池で動作可能です.

〈表1〉ドップラー・センサ・モジュールIPM-165の仕様

項目		min	typ	max	単位
●送信側					
発振周波数		24.05	−	24.25	GHz
出力		−	16	−	dBm
温度ドリフト		−	−1	−	MHz/℃
●受信側					
IF出力オフセット		−300	−	300	mV
信号レベル		563	−	855	mVpp
ノイズ・レベル		−	−	116	mV
●アンテナ・パターン					
フルビーム幅(−3 dB)	水平	−	80	−	deg.
	垂直	−	35	−	deg.
サイド・ローブ抑圧	水平	−	12	−	dB
	垂直	−	13	−	dB
●電源					
供給電圧		4.75	5	5.25	V
供給電流		−	30	40	mA

■ 3.4 IPM-165をトランシーバとして使うには

24 GHz帯は,フェージングの影響で振幅変動が大きく,IF出力のS/Nもよくないので,AM変調は適しません.今回は振幅変動に強いFMとしました.このモジュールは,1 Mbpsくらいのパルス変調に応答するので,複雑にはなりますが,PCMにすれば,さらに良い結果が得られると思います.

以上から,製作するトランシーバは**図4**に示す構成としました.発振器の電源および変調器と復調器の電源を送受で切り替えています.送受信する1組のトランシーバは周波数関係が互いに逆ヘテロダインである必要があります.また,その周波数差(IF周波数)は後

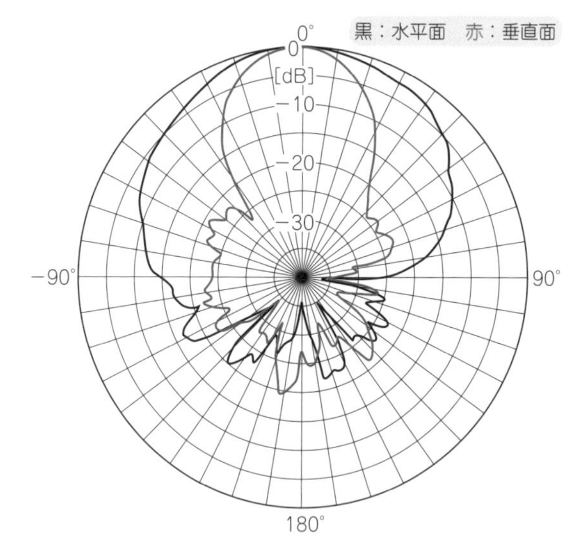

〈図3〉IPM-165のアンテナ・パターン

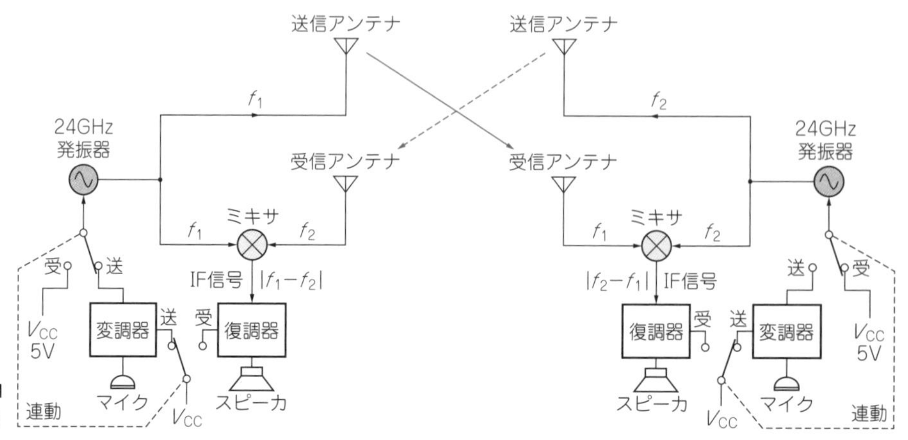

〈図4〉24 GHz帯FMトランシーバの構成

述するFM復調器が動作する周波数でなければなりません．

3.5 2個のモジュールがもつ周波数差の問題

表1を見ると，2個のモジュールの発振周波数の差は，最大で24.25－24.05＝0.02 GHzつまり，200 MHzです．任意に2個を選んだ場合，IF周波数が0～200 MHzのどこかに分布するわけです．

実際に2個購入して組み合わせてみると，たまたまですが，IF出力の観測結果は**図5**のように10 MHz以下でした．これならダイレクトにFM復調できます．そこで，製作の方針として，入手した2個の周波数差が10 MHz以下の場合と10 MHzを越える場合とを分けて，2通りの回路を設計しました．

3.6 IPM-165にFM変調をかける

モジュールの電源電圧を変化させると，出力周波数がわずかながら変わります．アプリケーション・ノート[1]には**図6**のような特性が示されています．

この図によると，電源電圧V_{CC}(5 V)を±10 %変化させることで，発振周波数が10～20 MHz変化します．電源電圧の変化に対する応答速度は最大1 Mbpsと高速なので，音声帯域(最大20 kHz)では十分です．したがって，モジュールの電源電圧V_{CC}を音声信号で変調すれば，数MHzデビエーションのFM変調をかけることができます．

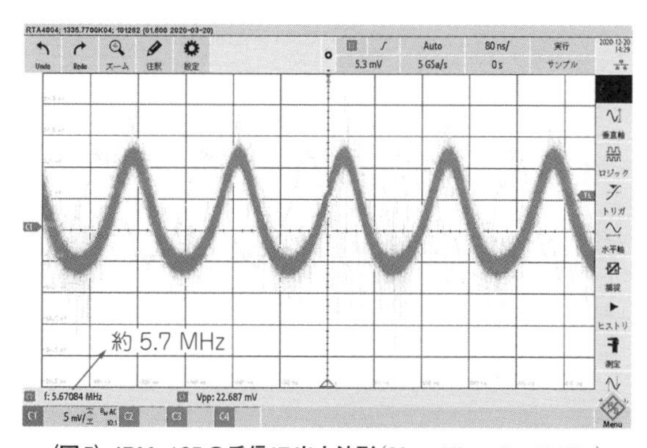

〈図5〉 IPM-165の受信IF出力波形(80 ns/div.，5 mV/div.)

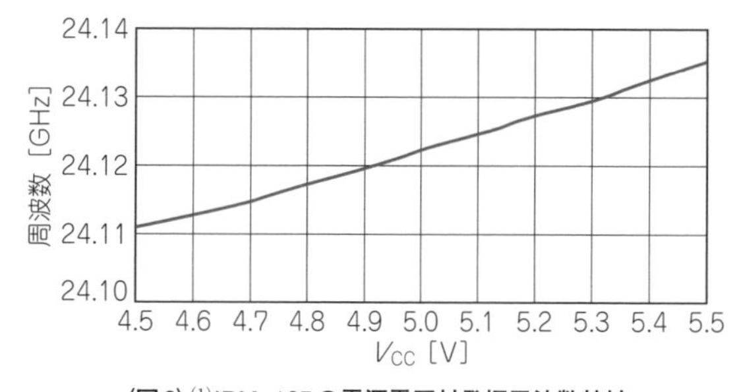

〈図6〉[1] IPM-165の電源電圧対発振周波数特性

図7は無変調時のIF信号です．キャリヤ周波数は電源電圧V_{CC}の調整により4 MHzに移動しています．スペクトル幅が1 MHz程度あるのは，**図5**のようにノイズを多く含むためです．

図8は，1 kHzでFM変調をかけたときです．V_{CC}への重畳振幅は1 V_{pp}程度，このときの帯域幅は1 MHz程度です．

4 24 GHzトランシーバの回路設計

以上の検討に基づいて，トランシーバの回路を設計します．

4.1 送信回路

送信のFM変調は，モジュールの電源電圧V_{CC}(中心電圧5 V)を±0.5 Vの範囲で変化させることで対応します．この変化範囲は，**表1**の±0.25 Vを越えていま

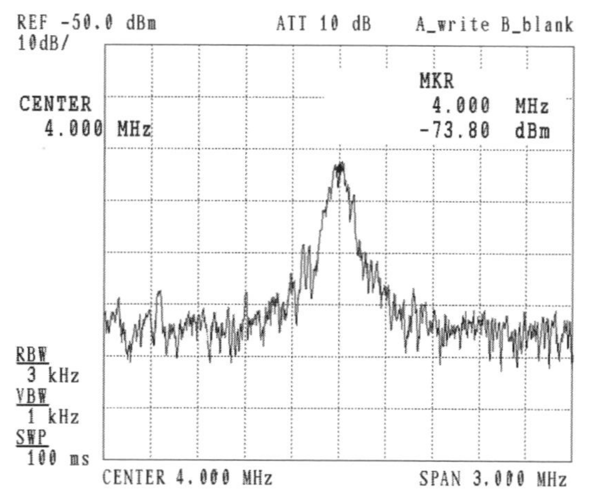

〈図7〉 IPM-165の受信IFスペクトル(無信号時；中心周波数4 MHz，スパン3 MHz，10 dB/div.)

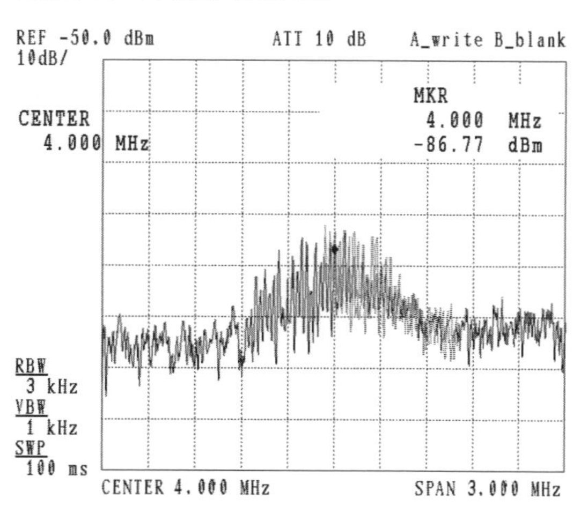

〈図8〉 IPM-165の受信IFスペクトル(1 kHz FM変調波；中心周波数4 MHz，スパン3 MHz，10 dB/div.)

すが，**図6**に示すメーカの文献(1)では±0.5 Vで実験しているので，これにしたがっています．

変調は電圧可変型3端子レギュレータの電圧設定端子(ADJ)に音声信号を重畳する方法が簡単です．インピーダンスが数kΩと高いので，変調に電力を要しません．

4.2 受信回路

● IF帯域が4 MHz±1 MHzとなるようにする

受信周波数は，モジュールの周波数可変範囲内で任意に選ぶことができます．注意が必要なのは，低いIF周波数(10 kHz以下)はドップラ効果の影響があること，高いIF周波数(10 MHz以上)は，FM復調が難しく，リミッタ回路の帯域が確保できない点です．以上から，IF帯域が4 MHz±1 MHzとなるように受信周波数を選びました．

受信機のFM復調は，文献(2)のPLL方式では，十分なS/Nが得られませんでした．モジュールの周波数変動(ドリフト)によりIF周波数が数MHzになることがあり，PLLが追随しないことが原因です．

実験の結果，搬送波の変動が大きい場合は，パルス・カウント方式のFM復調器が適していることがわかりました．

● 全回路

全体の回路は**図9**のとおりです．モジュールのIF出力から得られるFM信号は，**図5**のように数十mVなので，増幅および振幅制限して矩形波にする必要があります．このため差動増幅によるリミッタ回路を復調器の前に入れています．

リミッタ回路(Tr_1とTr_2)は，10 MHz程度の帯域が必要です．トランジスタのf_Tが500 MHz以上で，h_{FE}の大きいものを選びます．汎用の2SC1815($f_{T(min)}$ = 80 MHz)ではゲイン不足であり使えません．

モジュールの電源電圧設定は，送信と受信では異なり，とくに受信時は適宜チューニングが必要です．このため，可変電源を二つ用意して送受で切り替えるようにしました．

● パルス・カウント方式FM復調器の動作

FM復調器の動作を**図10**と**図11**により説明します．

図10のTr_1はリミッタ回路です．IF信号は音声信号V_{AF}によってFM変調された信号**a**です．これはリミッタ回路で矩形波**b**に整形され，C_2と次段の入力抵抗で微分します．そこからダイオードD_1により立ち下がりだけを取り出すと波形**c**となり，Tr_2のコレク

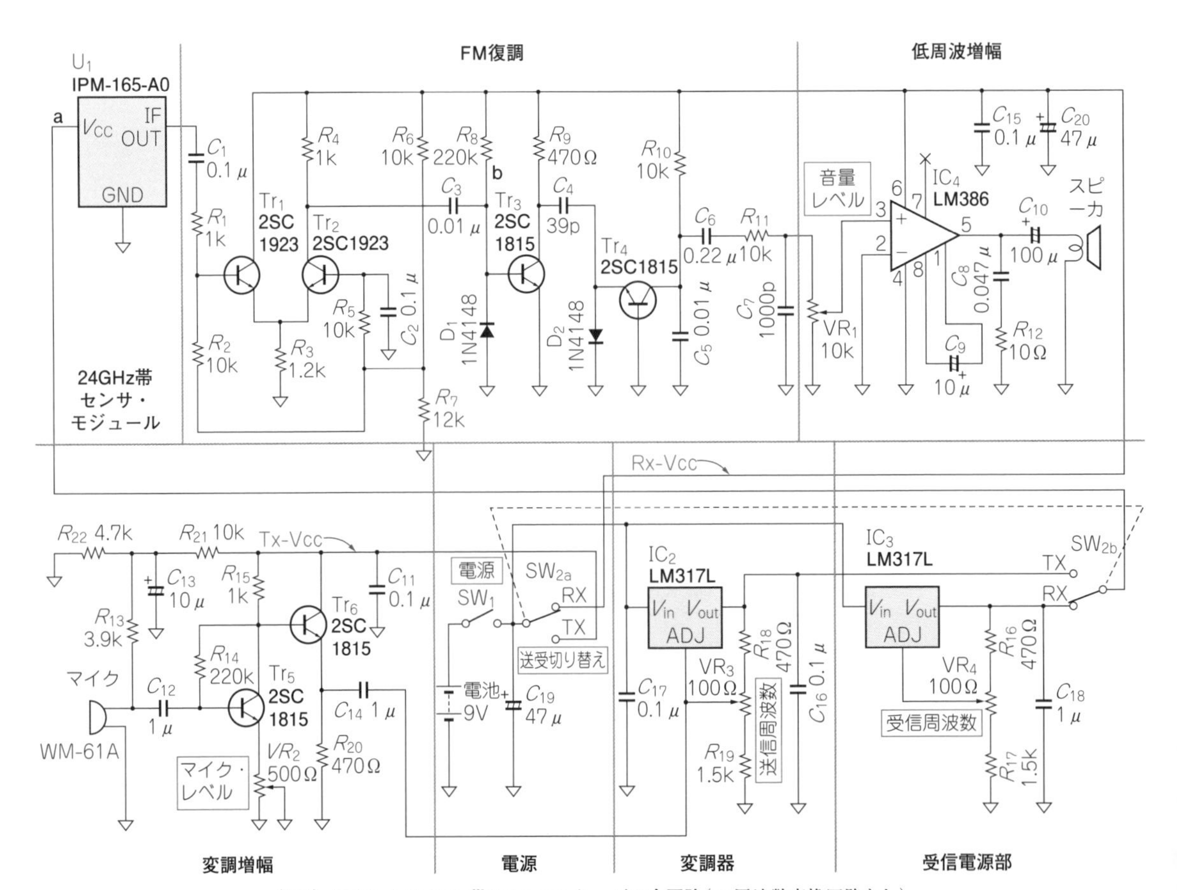

〈図9〉製作した24 GHz帯FMトランシーバの全回路(IF周波数変換回路なし)

タには波形**d**が出てきます．

波形**d**を見ると，パルス幅が一定で，パルス数がV_{AF}の電圧が低いところが密，高いところが疎になっています．これをR_4とC_4からなるLPFで積分すると，元の音声信号V_{AF}と同じ波形**e**が出てきます．

パルス・カウント方式は，周波数とは単位時間あたり波の数であるという定義をそのままハードウェアにしたものです．回路が簡単，リニアリティが良い，ひずみが少ない，同調回路が無く無調整であるなど優れた方式です．欠点は，動作周波数が高すぎると矩形波がなまってパルスが抜けてしまうことで，搬送周波数10 MHz程度が限界です．また，復調感度が低いので，

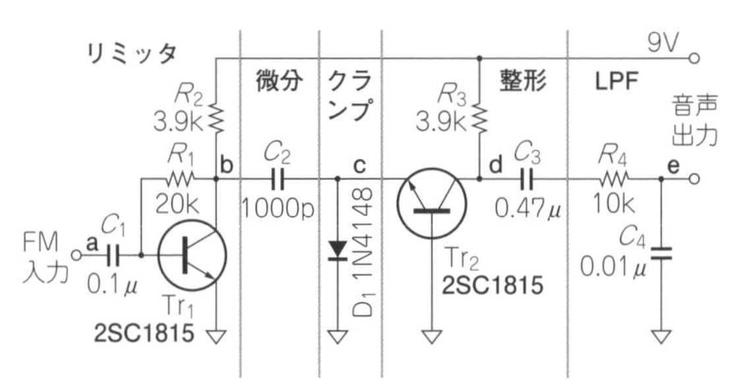

〈図10〉パルス・カウント方式のFM復調回路

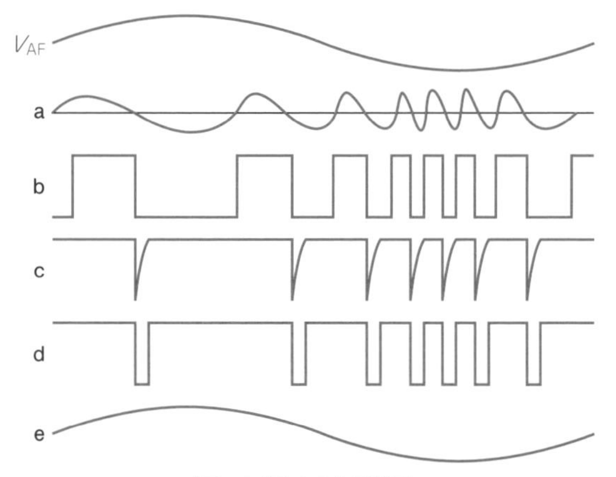

〈図11〉図10の各部波形

今回は送信側でデビエーション（周波数偏移）を大きく取ることで対処しました．

5 24 GHzトランシーバの製作

5.1 基板の組み立てとケースへの組み込み

図9の回路は部品点数が少なめなので，**写真4**のように，小さ目のユニバーサル基板にまとめることができます．**写真4(b)**は裏面のはんだパターンです．**図12**は，部品面から見たパターン図です．

筐体（**写真5**）は100円ショップで売っていたペンシル・ケースを流用しました．この材料は準ミリ波を少し吸収するようなので，ケースのアンテナ部分には角穴を空けました．

5.2 モジュールのIF周波数のばらつきを測定する

図13のようにしてIF周波数の個体差を測定します．うち1個（Aとする）を送信側とし，残り7個（それぞれB～Hとする）を受信側としてIF周波数を測定します．**表2**はIPM-165を計8個入手し，IF周波数を測

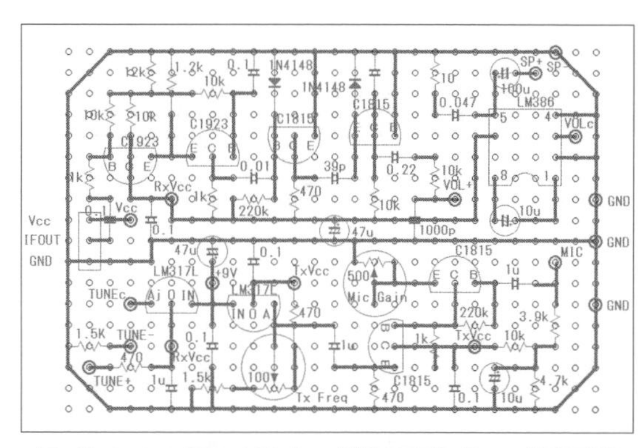

〈図12〉24 GHz帯FMトランシーバ基板の配線パターン（部品面視）

(a) 部品面

(b) 配線面

〈写真4〉ユニバーサル基板に組んだ24 GHz帯FMトランシーバ

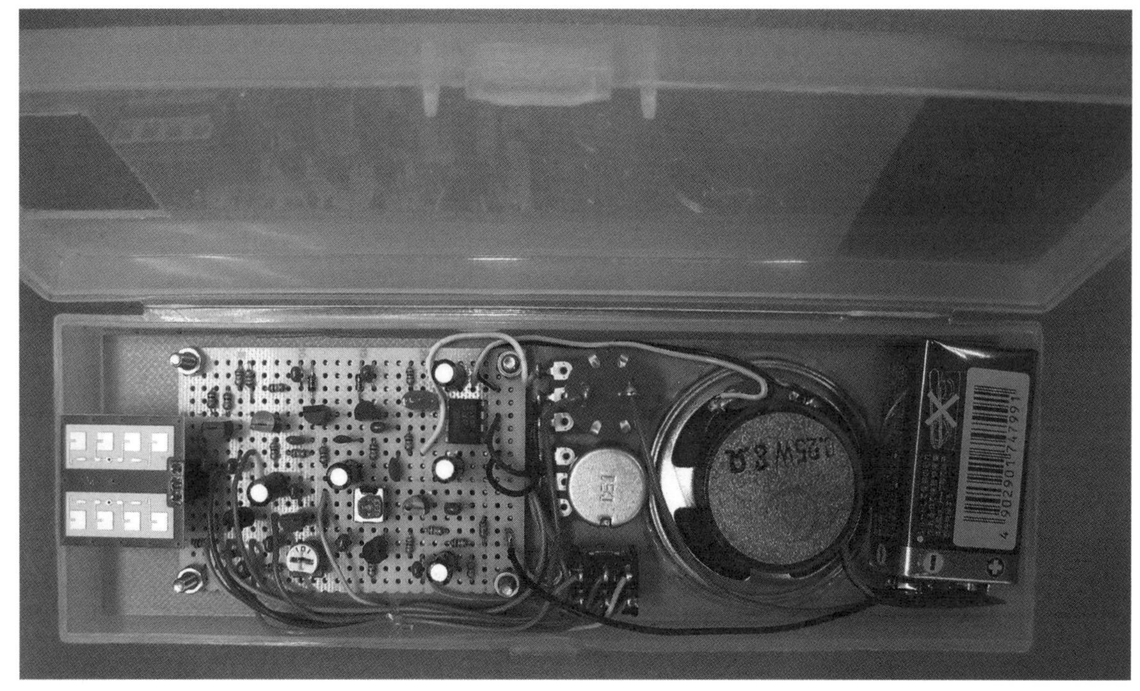

〈写真5〉ケースに収納した24 GHz帯FMトランシーバ

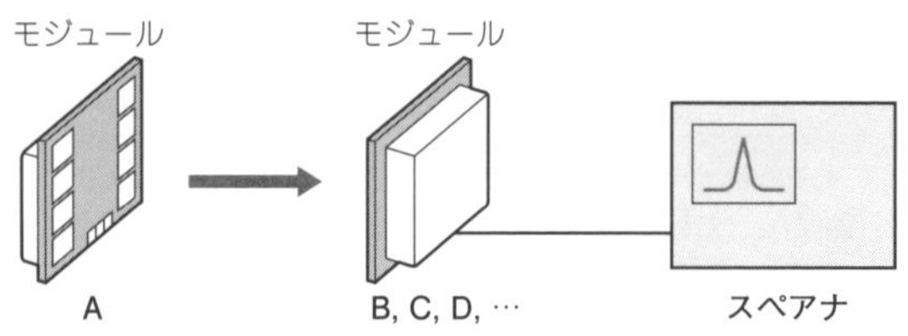

〈図13〉IF周波数の個体差を測定する

定した結果です．

送信側モジュールAのV_{CC}を調整すれば，さらに±5 MHzほど変化できますが，経時的な周波数変動に対する余裕を持たせるために，AはV_{CC}=5 V固定としておきます．

Bは，Aに対してゼロ周波数を含むので，互いに周波数を一致させることができます．Aに対しては，これ以外に使えるモジュールはありません．**表1**から互いに1 MHz程度の余裕を持って，周波数範囲が重複しているのは，AB，BG，BH，CD，CE，CF，CG，CH，DE，DF，DG，EF，EG，EH，FG，FH，GHという17通りの組み合わせです．8個から2個選ぶ組み合わせの数は，全部で28通りですから，2個購入したとき，この対が使える確率は，17/28＝60 %となりました．

■ 5.3 IF周波数を5 MHz以下の帯域に変換する

運悪くモジュールどうしの周波数が5 MHz以上離れていた場合でも，IF周波数を5 MHz以下に変換すれば**図9**の回路が使えます．

〈表2〉モジュールのIF周波数の個体差

モジュール番号	受信IF周波数［MHz］		
	V_{CC} ＝4.5 V	V_{CC} ＝5.0 V	V_{CC} ＝5.5 V
B	−1.86	11.43	17.29
C	16.36	16.57	28.86
D	21.64	30.50	38.36
E	16.64	26.07	29.00
F	14.07	21.64	32.07
G	13.36	21.21	29.64
H	13.21	19.50	22.14

注▶送信側はモジュールA（V_{CC}＝5 V固定），受信側電源電圧（V_{CC}）：可変

注意しなければならないのは発振周波数が常に変動することです．IF周波数は，受信側の局発周波数と送信側周波数の差ですから，どちらも変動します．実際に見ている間に数MHzぐらい変化します．

図9の回路は1～5 MHzの範囲の信号を復調できるので，周波数変換によってこの範囲にIF周波数を持ってくれば復調できます．

● 局発にはコム・ジェネレータを使う

IF周波数のばらつきを0～100 MHzとすれば，局発周波数は，これと5 MHz差の5～105 MHzとなります．局発を単一周波数のサイン波で作るのが常套手段ですが，IF帯でも同調操作が必要で，操作が複雑になってしまいます．

そこで0～100 MHzの範囲で一様にスペクトルが分布するようなコム(comb)・ジェネレータを使って**図14**のような回路で周波数変換します．スペクトル間隔は，余裕を持って4 MHzおきとしました．

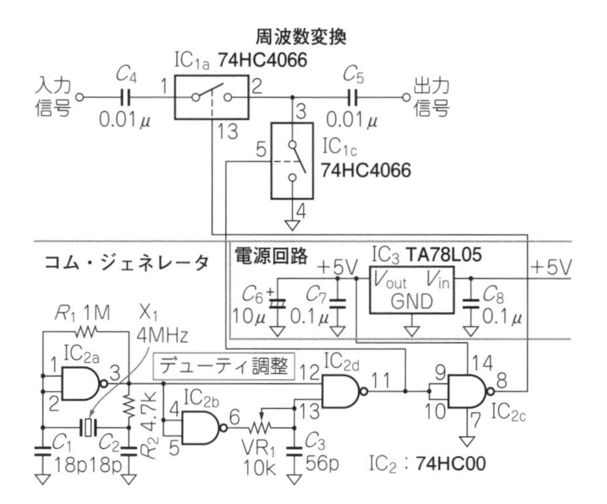

〈図14〉コム・ジェネレータと周波数変換回路

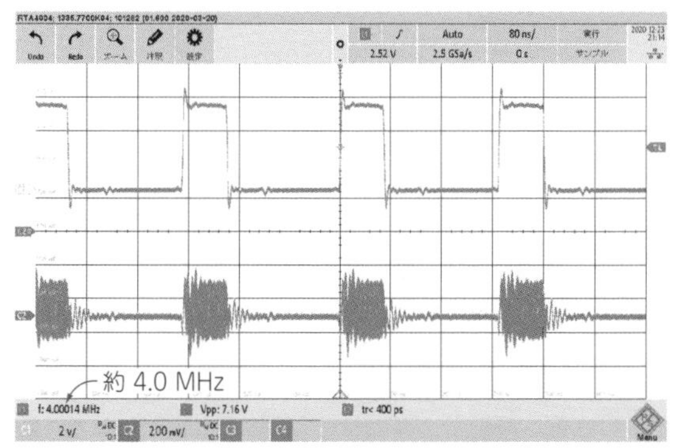

〈図15〉コム・ジェネレータの信号(上)と周波数変換出力(下)(上：2 V/div.，下：200 mV/div.，80 ns/div.)

図14の下段がコム・ジェネレータです．コム・ジェネレータは，矩形波のデューティを50 %からずらして，図15上のような幅の狭い矩形波を生成する回路[5]です．このスペクトルは図16のように，矩形波の周波数(4 MHz)の整数倍が100 MHz以上の高域まで一様に伸びています．図16のマーカ(28 MHzの◆印)で示すような谷は矩形波のデューティにより変化します．

● アナログ・スイッチICによる周波数変換回路の実験

周波数変換には，図14上のようなアナログ・スイッチIC(74HC4066)を使いました．IF出力を周波数変換回路の入力につなぎ，出力をリミッタ回路に接続します．出力波形は図15下のようになります．

周波数変換器の出力スペクトルは，図17のようなものです．IF入力信号は，21 MHzとしました．

この場合，周波数変換された信号は，次のような複数の周波数付近に分布します．

- (4 MHz×6) − 21 MHz = 3 MHz
- (4 MHz×7) − 21 MHz = 7 MHz
- 21 MHz − (4 MHz×4) = 5 MHz

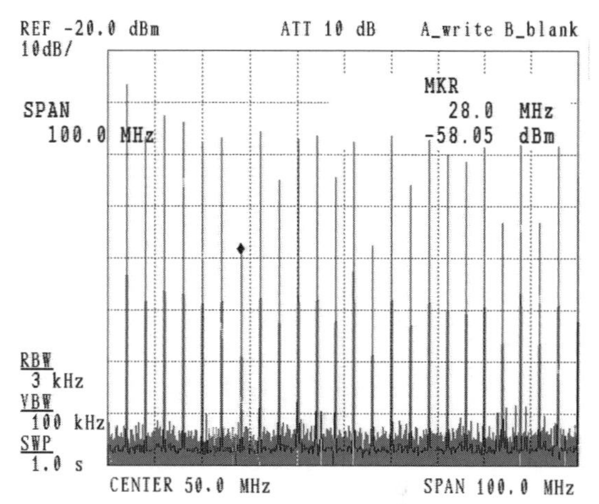

〈図16〉コム・ジェネレータのスペクトル(中心周波数50 MHz，スパン100 MHz，10 dB/div.)

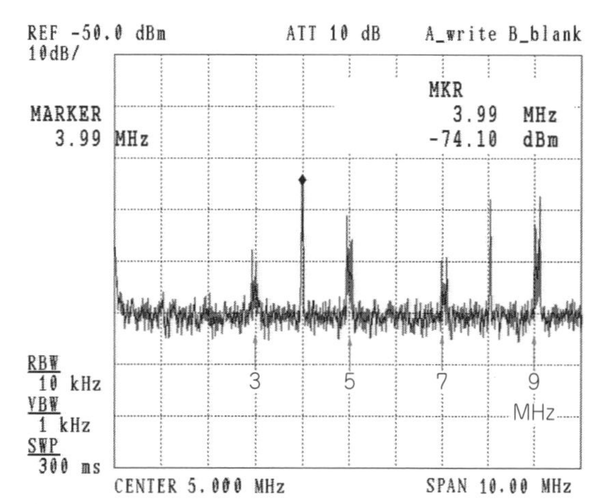

〈図17〉IF周波数が21 MHzの場合の変換結果(中心周波数5 MHz，スパン10 MHz，10 dB/div.)

- 21 MHz − (4 MHz×3) = 9 MHz

このほかに4 MHzと8 MHzの成分がありますが，これは局発の信号そのものです．IF信号のスペクトルはFM変調されているので幅がありますが，局発4 MHzとその整数倍の高調波は幅がごく狭く，FM変調がかかっていない，つまり信号成分ではないことがわかります．

● 実際の周波数変換回路

スペクトルが拡がるため，周波数変換後の信号レベルが低くなり*S/N*が落ちます．これを補うために，*GB*積の大きいOPアンプでリミッティング・アンプを構成しました．最終的な周波数変換回路は図18のとおりです．最大100 MHzのIF周波数帯域を4 MHz以下に変換します．

周波数変換はOPアンプ初段トランジスタのベース-エミッタ間ダイオード特性を利用したベース注入型です．この回路の出力(b点)は，図9のクランプ回路

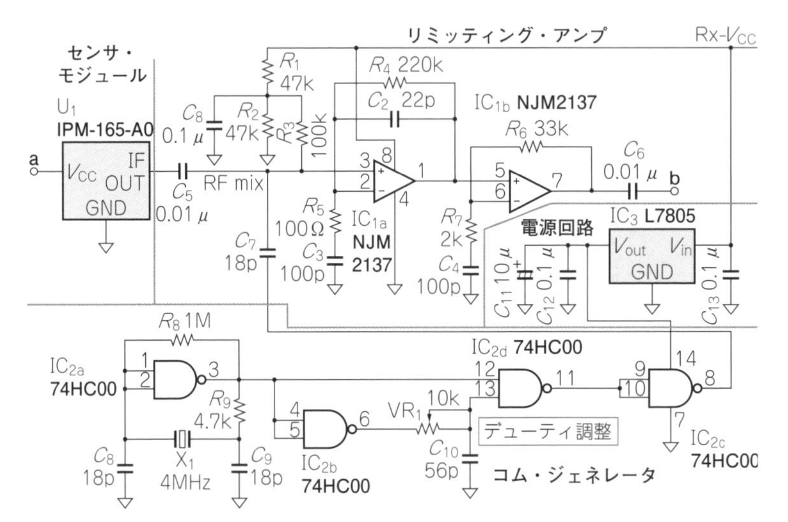

〈図18〉 **IF周波数変換回路**（最大100 MHz帯域のIF周波数を4 MHz以下に変換する）

Tr_3のベースb点に接続します．

この回路は，図14よりスプリアスが増えるので，特性としてはよくないのですが，同調はかえって取りやすくなります．スプリアスにより，復調中心周波数(4 MHz)近辺に，複数のFMキャリヤが存在しますが，FMの弱肉強食の原理で，強い方の信号が弱い信号を抑えてしまうので，音声は判別できます．

6 ミリ波ならではの体験ができる

IPM-165のビーム・パターンは図3のようにブロードなので，アンテナを真っ直ぐに対抗させせなくても通信できました．また，ビームの経路を手で遮(さえぎ)ると通信できなくなることから，ビームがごく細いことが実感できます．距離によるビームの拡がりも小さいです．

室内では，マルチパスの影響が顕著で，定在波も頻繁に立ちます．機器を前後に動かすと，フェージングにより，短い間隔で音が途切れるので，波長が短い準ミリ波であることが実感できます．

金属板を使うと反射のようすもわかります．また，プラスチックでも種類により，減衰するものとそうでないものがあり興味深いです．その他，スリットを使った干渉の実験などにも使えると思います．

7 おわりに

24 GHz帯という5Gの運用周波数帯に近いところで，FMという単純な方式ではありますが，通信ができ，この周波数帯の特性を体感できました．

モジュールの周波数ばらつきと周波数変動が予想以上に大きく，前者はコム・ジェネレータによる周波数変換で，後者は電源電圧を変えて適宜同調を取ることで対処しました．

通話距離は良好に聞き取れるのが10 m程度，*S/N*は悪いものの何とか聞き取れる距離は50 m程度でした．

フェージングの影響があり，通信は必ずしも安定とはいえません．今後はPCMにしてスペクトル拡散などの実験をしてみたくなります．読者の皆様も，ぜひチャレンジしてほしいと思います．

◆参考文献◆

(1) Application Note Ⅲ; "IPM-165, a universal Low Cost K-Band Transceiver for Motion Detection in various Applications", InnoSenT GmbH.
https：//www.innosent.de/
(2) 漆谷正義：「マイクロ波FMワイヤレス・マイクの製作」，RFワールドNo.8，pp.62～67，2009年12月，CQ出版社．
(3) 辻 正敏：「シンプルなスピード・ガンの製作」，RFワールドNo.33，pp.26～37，2016年2月，CQ出版社．
(4) Data Sheet IPM-165；Version 8.5-02.04.2014，InnoSenT GmbH.
(5) 小宮 浩：「コム・ジェネレータの原理と応用」，RFワールドNo.22，pp.108～118，2013年5月，CQ出版社．

うるしだに・まさよし

歴史読物

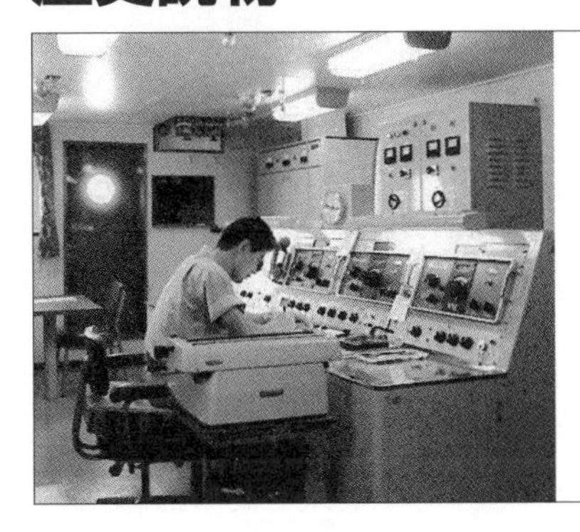

安全性が軽視されて起きた
大型専用船の連続沈没事故を振り返る

魔の海域とSOSモールス通信

中条 大祐
Daisuke Chujo/JA3MOL

日本は島国です．エネルギーの約90 %，食料の約60 %を海外からの輸入に頼っています．そして輸入量の約99.8 %，輸出の約99.9 %は船舶によって運ばれます．

かつて日本商船隊と呼ばれる数多(あまた)の貨物船が日本人によって運行され，私たちの腹を満たし，社会を支え発展させてきました．外航貨物船に乗り組む日本人は1974年には約5万7000人いましたが，現在は約2000人にすぎません．貨物船の実質保有船腹数が日本はギリシアに次いで世界第2位ながら，日本の外航貨物船の乗組員は，今やほとんどが外国人だそうです．

本稿は1958年(昭和33年)から外航船に無線通信士として乗り組み，30年間にわたり海上籍で活躍され，世界196港(延べ1250港)，73か国を巡り，地球をおよそ75周された筆者による回顧録です．　**〈編集子〉**

1 船という「小社会」

船上から見渡す限りの水平線は，ゆるやかに円弧を描きます．その真ん中をポツンと1隻(いっせき)の船が白い航跡をなびかせて今日も航(ゆ)海きます．巨大船が，真っ赤に燃えながら沈みゆく夕闇の太陽に呑まれていきます．

毎日観る光景です．地球の営みです．そんな海を進む1隻の巨大船は，地球の円弧にポツンと描かれた1点にすぎません．孤独な巨大船の中でも，乗組員たちは小さな社会を形成しています．ここでいう小社会とは，大洋を航海中または港に停泊中の大型船内におけるすべての営み/実態を指し，船舶無線通信士(以下通信士と略す)の立場で記述します．

1.1 揺れる鉄の箱

数か月間，土を踏むことがない「鉄の箱」の中で船員たちはどのような仕事をし，どのような生活をしているのか，そしてどのような精神状態にあるのでしょうか．航海中の船内生活は，人間の精神力と忍耐力および，その心情/精神面の格闘とそれを緩和するためのさまざまな行事やレクリエーションを通して，船内融和を醸し出す努力をしています．**写真1**はその一部です．

過去，大型船の海難事故や事件に関しては細かく調査/分析が行われ，裁判も結審しているなど，多くの情報が公開されています．ところが，海上における人命の救助/財貨の保全等に欠かすことのできない船舶の情報通信について，その重要性と責務と実態，そして船の運命共同体となって働いていた「通信士」に関する記事は見当たらないようです．

大時化の中で沈みつつある遭難船の乗組員が助かる唯一最後の可能性，それはSOSを無線発信し，救助を求めることです．多くの人命救助の裏方には必死に他船との通信を担う「通信士」の存在を忘れてはならないと思います．沈没直前まで必死にキーを叩いて救助を求めるのです．情報通信の重要性は今も昔も変わりません．むしろ現代はICT(情報通信技術, Information and Communication Technology)なしでは世界が成り立ちません．

(a) 船内秩序を維持するために開催される船上運動会．東光山丸のデッキ1周は約600m．

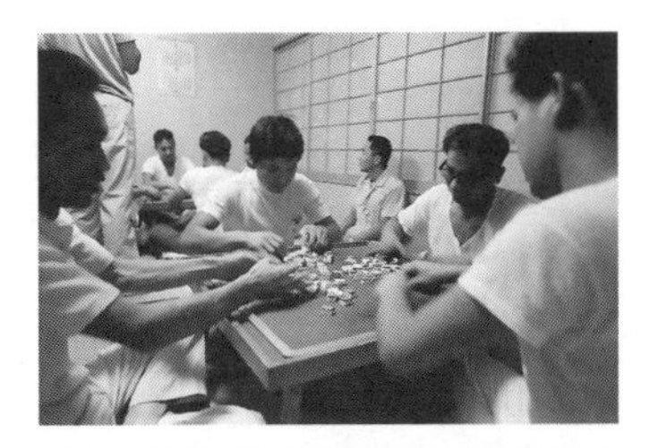

(b) 50畳ほどある畳部屋で麻雀を楽しむ．ほとんどの乗組員が集う．横ではカラオケを歌っている．

(c) GPSが無かった時代は六分儀で天体を観測して，本船の位置を出した．計算に約30分かかる．

〈写真1〉航海中の船内生活

■ 1.2 昭和とともに歩んだ激動の「船の小社会」

電波法や国際法によって守られてきた船舶無線通信士による船舶相互の海上救難/安全政策は，徐々に機械化，自動化，衛星通信化そして国際化の波にのまれてゆきました．

「鉄の箱」は物理的に揺れるばかりではありません．大切なのは「揺れる人(乗組員とその家族や恋人)のこころ」だったろうと思います．

そして私は昭和天皇の崩御とともに海の通信業務と決別し，平成とともに新しい人生の門出を歩むことになりました．それは「陸(おか)」という異次元の世界への羽ばたきでした．こうして昭和とともに生きた私は船員としての生涯を終えました．

■ 1.3 安全性が軽視されて起きた大型専用船の連続沈没事故

戦後20年が過ぎ，世界的に見て驚異的といわれるほどの順調な高度成長と未曾有の繁栄を続けていた日本の貿易量は，99 %以上が海上輸送に依存していました．

大量生産/大量消費の時代を背景に，世界貿易の急速な拡大によって船舶も大型化，専用船化，高速化，そして大量造船の時代へと，繁栄を後押しました．そんな大量生産につきものの経済性を優先する体制を実現する労働問題や材質の変化も加速しました．次々と竣工する大型船舶にも「工期」と「経済性」という魔物が潜み，安全性は軽視されて，大量生産時代の真っただ中で「大型専用船の連続沈没事故」が発生しました．

昭和44年から約1年の間に，霞が関ビル相当の大型新造専用船4隻が，同海域で船体が半分に折れて沈没し，その後も類似の沈没事故が合計8件発生し，野島崎東方海上が「魔の海域」(ブラック・ゾーン)と呼ばれるようになりました．魔の海域は本当にあるのでしょうか？**表1**と**図1**は，この間にブラック・ゾーンで沈没した大型船とその位置関係をまとめたものです．

この海域は自然現象による大波の合成で生じる「三角波」が多発生する海域ではありますが，実は船舶の大量生産による手抜き工事も原因であることが判明しています．

日本経済の急速な発展の裏には，生産管理のひずみと大きな犠牲が付きまといました．それらは新造船から数年を経て明るみに出ることになりました．船体の強度を形成する鉄板の溶接部の欠陥(鉄板の溶接部の手抜き工事)による「溶接はがれ」が脆性破壊として徐々に成長するには数年が必要でした．

巨大エンジンの振動や積み荷による船体のひずみ，そして自然の猛威である巨大波浪に対して何の防御も持たない鋼鉄船は，大波に揉まれ揉まれて徐々に脆性破壊が進行し，船体が折損するまで数年がかかりました．その間，数回にわたる船舶検査があり，溶接部の亀裂を発見しながらも漏水現象が見られないため修理することなく無視され，やがて船体の破断(折損)が現実となったのです．

ぼりばあ丸もかりふぉるにあ丸も船首部が破断し，極めて短時間に沈没したことが共通しています．設計/建造/検査に問題があったのではないでしょうか？

両船は，いずれも重量物である鉱石を満載しており，破断が始まると急速に船体が分断され，真っ逆さまに日本海溝6000 mの海底へ沈没していったと思慮されます．深海のため船体の調査もできず，遺留品もなかったため「謎の海難事件」として詳細は未解明のままです．

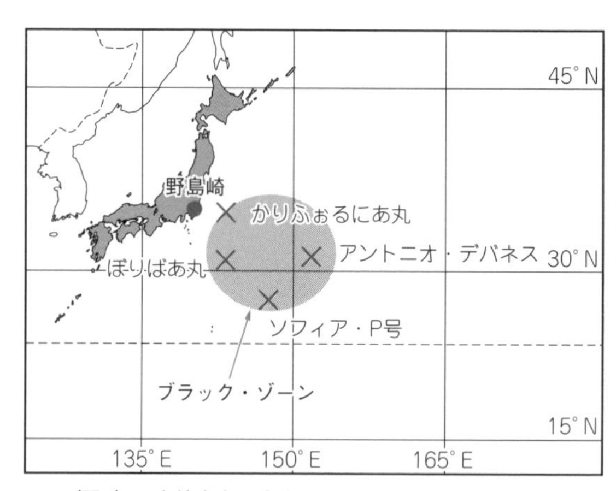

〈図1〉野島埼東方で連続して発生した海難事故の位置

〈表1〉1969～1970年にかけて野島崎東方で発生した海難事故

船名	重量トン	船籍	運航会社	建造年月 遭難年月日	造船所 船種	説明
ぼりぼあ丸	約54000	日本	ジャパンライン	1965年10月 1969年1月5日	IHI(東京) 鉱石運搬船	船首部折損により野島崎南東270マイルで沈没．乗組員33名中2名救助．31名が行方不明．
ソフィア・P	約19000	リベリア	－	(－) 1970年1月6日	タンカー	突然沈没．原因不明．
アントニオ・デマデス	約24000	リベリア	－	(－) 1970年2月7日	貨物船	突然沈没．原因不明．
かりふぉるにあ丸	約61000	日本	第一中央汽船	1965年9月 1970年2月10日	三菱造船(横浜) 鉱石運搬船	船首部折損により北緯38°10′，東経143°55′で沈没．乗組員29名中24名救助．5名が行方不明．

この連続海難事故によって多くの船員の尊い命が失われ,更にその幾倍もの家族や恋人/友人が哀しみました.

2 荒れる海と無線通信士の仕事

■ 2.1 時化の実況――侮るなかれ「水，波，海」がもつ力

上述した海難/沈没事故は巨大波浪のせいだけで片付けられるものではありません．この海域では，時として風力が10を越え，また波高13 m，うねり長100 mを越えるような大時化（おおしけ）になると，方向が異なる大波が合成されて三角波が発生していることは，過去の観測データや各船から気象庁に報告していた観測データからも推測可能と思われます．また，航海中もそれとおぼしき現象を多くの船乗りが経験しています.

通常，海面から十数mの高さにある船のブリッジから前方をワッチ(見張り)していると，貨物船は次々に押し寄せてくる大波に向かって進みます．およそ数分～十数分に1回程度で大波が合成されて巨大波となり，その波の向こう＝すなわち水平線＝が見えなくなるような猛烈な巨大波が本船に近づいてきます．それに向かって船は進みます．まるで巨大な「水の山」が襲ってくるかのようです.

ブリッジでワッチしながら巨大波を認識し，本船への波の攻撃が予測されると，航海士は船舵を切って波を避けたり,より安全な角度で大波に対処します.しかし次の瞬間，船は潜水艦のように船首が巨大波の青波に飲まれてデッキが海中に潜るも，次の瞬間に貨物船はしたたかに「しゃくり」ながら浮かび上がってきます.

もし,巨大波を横または後から受けると,大型船といえども,ひとたまりもなく横転してしまいます.だから船は大波に向かって舵を取って進みます.強烈なピッチング(縦揺れ)は船体をバウンドさせ,それにローリング(横揺れ)で振り飛ばされそうな加速した横振れが襲います．そして低気圧が通過し天候の回復を待つこと十～数十時間の激闘です.私たち乗組員は,海やうねりなどの無限とも思われる自然の力に逆らわないことが航海の安全につながることを知っています．このような大時化に出会っても危険や不安と思うことはありませんでした．船の安全神話をとことん信じていました.

30年間の船乗り経験で数十回，大時化に遭遇したことがあります．全長200 m前後の大型船でも，船は大きく揺れ，ローリングにピッチング，それに船の上部では振り飛ばされるような強烈でしゃくり上げるようで急激な傾斜「逆振り子」に加えて，船の前方と後方がねじれるような，軋みとひずみのような現象が感じられ，その時船内では，物品がことごとく右へ左へ，また前へ後ろへと飛び回る有様は，長い乗船経歴を持つ船員ならほとんどの人が経験しています.

「船酔い」などといった甘ったれた事態ではありません．必死です．自室では固定されたベッドの端とか鉄板床に溶接 または チェーンで固定された机とか,ソファの端につかまったりして，自分の身の安全とバランス態勢をとりながら飛び回る物品を捕まえようとします.しかし,時には足を滑らせて床に転がれば,鉄板にリノリウムを貼っただけの床の上をそのまま右へ左へと体が滑り激しく移動し，ベッドやロッカーや壁にぶち当たります．何かが割れ，壊れます．打ち所が悪いと怪我をすることもあります．ベテラン船員たちは馴れた身のこなしで散らばった室内を整理します.

■ 2.2 時化と無線通信士の職場

写真2は当時の無線室内のようす，**写真3**は送信機と私のスナップです．無線当直中の場合は，鎖で船の床鉄板につないで固定されている椅子に座り，左手でコンソール・テーブルに捕まり，自分の身体を支えながら，右手で受信機を操作して感度や混信等の電波状態を勘案して，船舶局からの呼び出しを待ち受けるためCQを連送している海岸局を探します．そして送信機を設定して，更に右手では，逃げ回る電鍵を握り，モールス電信で通信を行うことになりますが，この握っている電鍵も滑ったり移動するので，それを捕まえながらの通信はかなり熟練が必要です.

通信士は外部との連絡手段を唯一に引き受けている責任があるので，大時化だからといって「船酔い」で通信を休止するわけには行きません．緊急のときこそ重要な職務であり，最後まで船と運命をともにする運命/宿命にあります.

陸上局との通信が終了し，無線業務日誌(ログブック)に記載しようと思ったら，ログブックはコンソール・テーブルの遠くへ飛んで行っていることがあり，運が良ければ，次の揺れ戻しで自分の前にログブックは戻ってきます.

信じられないような状況ですが，これが時化た船舶

■ 筆者紹介

1937年　三重県鈴鹿市出生
1958年　国際航海に就航する船舶の船員となる(船舶無線通信士)
1988年　船員(船舶無線通信士)終了
1988年　第1種電気通信事業に従事
2004年　食品加工会社に従事
2006年　古稀を越えて生涯学習
2015年　論文：「廃棄物の再資源化・スマート水素社会」

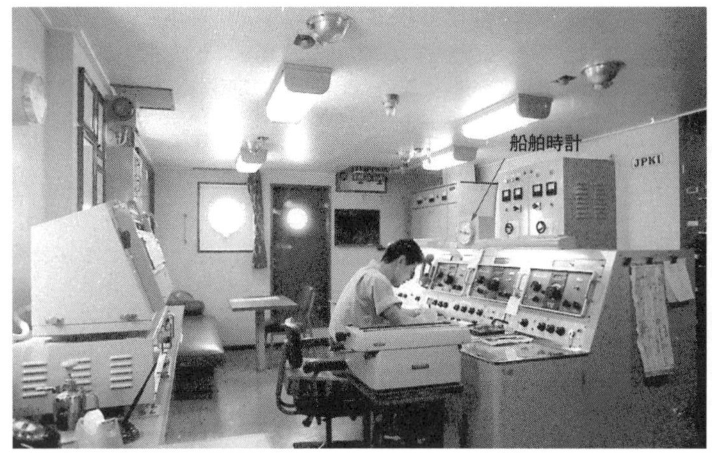

〈写真2〉 無線室内のようす(1970年ごろ，富王山丸/JPKI)

〈写真3〉 送信機と私(1970年ごろ，富王山丸/JPKI)

における無線通信現場の実態です．

このようにして船の動静や気象や警報等々，船の安全のための通信や，一般公衆電報の通信，そしてすべての外部情報の収集を司っている通信士はキーを叩き続けています．そして他船の重要信号(例：SOS等)をワッチし続けて，海上における船舶の相互救助連絡体制をとっていました．

2.3 手書きの天気図

当時，天気図は気象庁から船舶向けに気象データを放送している無線局JMCから放送される，モールス符号による5桁の数列を通信士が長時間聞き取りながら解読し，各観測地点(synops)や洋上船舶からの生の気象観測データをB3判の白紙天気図上(**図2**)に記入していました．低気圧，高気圧，前線，時には台風などの位置と進行方向および等圧線を記入して，約3～4時間かけて天気図を完成させていました．すべて手書きです．

気象警報や台風情報があれば，タイプライタで打つか手書きで天気図に追記し，完成したらチャート・ルームへ置いて当直航海士へ「天気図ができた」ことを知らせます．そして航海士は船長に「天気図ができた」ことを連絡します．天気図の作成は通信士の重要な業務です．

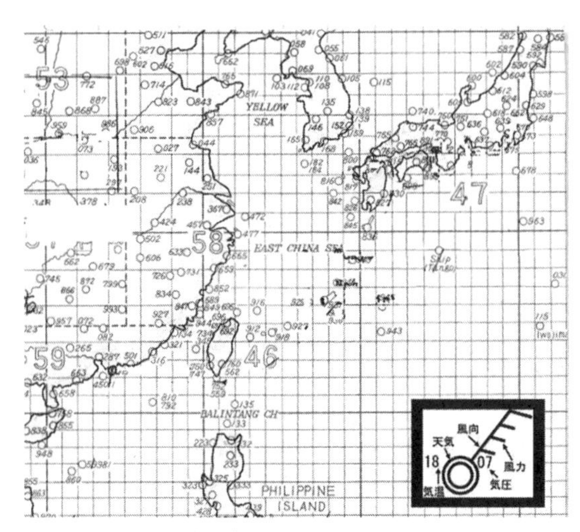

〈図2〉 白紙天気図の一部

時には船長が，天気図のできるのを今か今かと待ち構え，チャート・ルームで待機していることもありました．船長は，天気図が完成するのにかかるおよその時間を知っています．そして天気図を見ると同時に「低気圧はどうなった？」と通信士に声をかけ，船の安全を思う気持ちが伝わってきます．

通信士は「低気圧の中心は北東へ25ノットで進んでおり，本船から徐々に離れて行っていますが，西北西の強い風とうねりが残っており，今暫くはその影響がありそうです」とコメントすると，船長は「うん，そうか」といって天気図を克明に見ていました．そして大きな三角定規2本を使って海図上に1本の線を引き，進むべき進路を記入していました．これが唯一船内で知り得る気象情報であり，通信士の重要な業務なのです．しかし昭和40年代に入ると，ファクシミリ(FAX)の普及により手書きの天気図を作ることはほとんどなくなりました．

2.4 SOS，500 kHz，沈黙時間の制定

1912年に発生した豪華客船「タイタニック号の悲劇」で，1513名の乗客乗員が海の藻屑となった事件はあまりにも有名です．当時SOSの重要性が周知されていれば，近くを航行中の船舶が知ることになり，遥かに多くの人命を救助できたはずでした．この悲劇を機

に翌年，無線電信による遭難周波数を500 kHzに制定すると同時に，国際電気通信条約の付属無線通信規則に遭難信号“SOS”が記されました．

また1927年には船舶相互の重要通信のための時間「沈黙時間」および「500 kHz」を国際遭難周波数と制定し，国際航海に従事する船舶に対して毎時15～18分と45～48分の各3分間500 kHz電波の発射を禁止しました．**図3**は船舶局に設置する時計で，沈黙時間を赤塗りで表示してあり，船舶無線検査における設備義務項目の一つでした．

3 日本の繁栄の陰で起こった大型専用船の連続沈没事故

以下は当時の報道や報告書などを元に，個人的な思いなどとともに記述したものです．

3.1 ぼりばあ丸海難事故(4)

表2はぼりぼあ丸(**写真4**)の概要です．事件は，新造船から4年後に発生しました．検査機関が指摘したにも関わらず見過ごされてきた「手抜き溶接」から脆性破壊が進行し，破断するまで4年が経過しました．

● 沈没事故の概要

1969年1月，鉱石専用船「ぼりばあ丸」は，南米ペルーのサンニコラスから鉱石約5万トンを積んで川崎港へ向け航行していました．**図4**はその航路です．乗組員らは明日は家族の待つ日本へ帰港でき，約2か月半ぶりの家族/恋人との面会に，海は大時化でも内心は喜々としていたことでしょう．

〈図3〉船舶時計に赤色で記された沈黙時間には500 kHzの発射を禁じている

〈表2〉ぼりぼあ丸の概要

呼出符号	JIGV
計画造船	第20次
建造年月	1965年10月
総トン数	33814
重量トン	54342
全長	223 m
速力	15.85ノット(約29.4 km/h)
エンジン出力	1万5000馬力

〈写真4〉ぼりぼあ丸

ペレット状の鉱石は，5区画ある船倉の1，3，5番ハッチに積載され，2，4番ハッチは空という，いわゆる「オルト積」という積載方法でした．例えば1番ハッチに1万トン，3番ハッチに2万トン，5番ハッチに2万トンのようにです．当然ながら船底の鉄板には**図5**のような波状のひずみが生じると考えられ，これが破断原因の一つともいわれています．

船上で新年の祝賀行事があってから3日後の1月4日，日本を目の前にして，海神様「ネプチューン」の気に触れたような，風力階級8の強風と巨大なうねり波を左舷船首から受けながら，安全のため船速を落として航行していました．

船は荒天の中で，大うねり波に揉まれて巨大な船体は大自然の中では木の葉のように揺れ，船体はねじるような不気味な軋み音とひずみと，ばねが跳ね返すような緩やかな弓なりの「しゃくり」ようで不規則な揺れを感じながら目的地に向けて減速して航行していました．

1月5日の午前10時半ころ，日本(野島崎)の南東約270マイル付近で，前方左方向から巨大波を受け，突然，船首部に亀裂が入り，浸水し始め航行不能となりました．

● 退船命令

船長から「船体を放棄する…」と悲痛な決断が船内放送されると，全員が救命胴衣を着け，急いでボート・デッキに集合し救命艇の降下を準備しました．それでもまだ乗組員は「こんな新しい大きな船が沈むわけがない」，「自分は助かる」と楽観し，不沈の安全神話と生存を信じていたようです．

船長から最後通告が発せられた直後，メイン・エンジンは停止，続いて発電機エンジンが停止し，船内電源が無くなりました．主電源を失ったぼりばあ丸の通

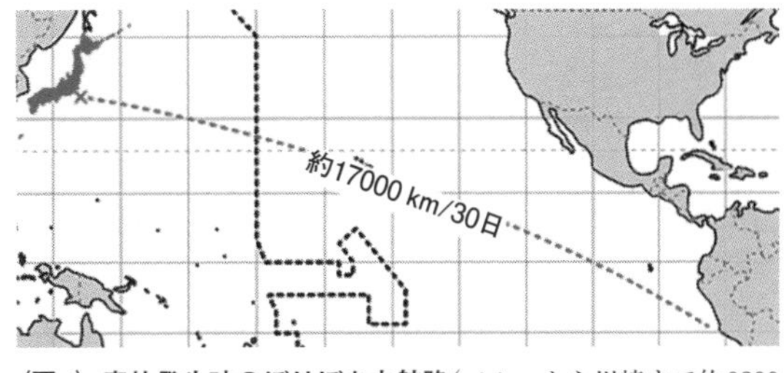

〈図4〉事故発生時のぼりぼあ丸航路(ペルーから川崎まで約9300マイル(約17000 km)，経済速度13ノットとすると約30日)

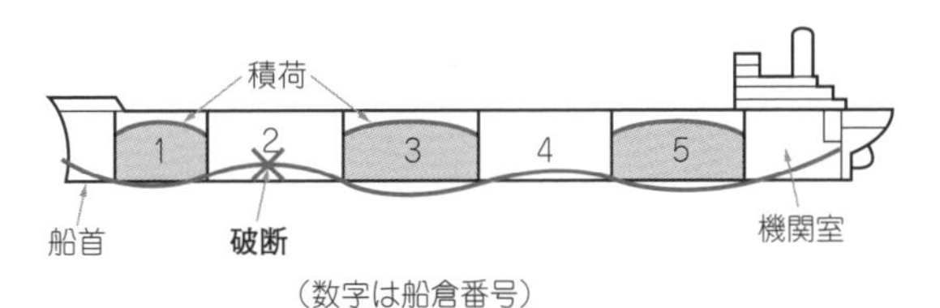

〈図5〉オルト積みをしたぼりぼあ丸の推定図(筆者作成)

SOS　SOS　SOS　D E　J I G V　J I G V　J I G V

Q T H　3 3 - 0 0 N　1 4 4 - 3 6 E

セ ン タ イ カ ゛ オ レ タ 、 マ モ ナ ク チ ン ホ ゜ ツ ス ル

セ ン タ イ ヲ ホ ウ キ シ セ ゛ ン イ ン キ ユ ウ メ イ テ イ

ニ イ シ ゛ ヨ ウ ス ル

シ キ ユ ウ キ ユ ウ シ ゛ ヨ タ ノ ム

〈図6〉 遭難通信の内容（SOSの上線は字間を空けず続けて打つことを表す．）

信士は無線室に残り，最後に残された非常用電源（バッテリ）で，外部へ連絡するため非常用無線機を起動し，最後の生きる望みを託して，付近を航行中の船舶へ救助を求めました．

● 発信された遭難通信の実際

“SOS　SOS　SOS”は海上輸送に携わる者にとっては生死を分ける極めて重いものです．

実際には**図6**のように発信されました．

霞が関ビル（地上147 m）より巨大な大型専用船が大波によって真っ二つに折れ，沈没する最後の通信連絡です．通信士が必死に打電する情景が目に浮かびます．乗組員全員が救命艇の乗艇準備をしてボート・デッキへ集合しても，船長はブリッジで指揮し，通信士は沈没の直前まで他船の救助を求めてキー（電鍵）を叩いていたに違いありません．

次の瞬間，船体は大きく傾き，周囲の物体が飛び散る中で，通信士は逃げる間もなくコンソール・テーブルにつかまり，身体を支えながらモールス電信を打ち続け，救助を求めたことでしょう．

このSOS信号を受信した健島丸は現場へ急行しましたが，わずか数マイル先にたどり着いたとき，ぼりばあ丸が船首部を真下に垂直になって沈没してゆく姿を目撃しました．その後，現場に到着したときにはその姿はなく乗組員の捜索を開始しました．このSOSがなければ外部へ情報を伝えるすべがなく，遭難の事実も乗組員の救助もありません．船舶にとって最後に生き残る手段がSOS無線電信でした．

不幸中の幸いというにはあまりにも悲しいですが，漂流している4～5名を発見し，救助活動が行われました．しかし，波浪8 mという大時化の中での捜索/救助作業は難航を極めたものの2名の救助に成功しました．残念ながら，他の数名の姿を再発見できなかったことは誠に悲しいことです．

■ 3.2　かりふぉるにあ丸海難沈没事故[5]

● 船舶の概要

半年前に沈没した「ぼりばあ丸」と同年に建造され，同船型でほぼ同じ大きさ/仕様（**表3**）です．

事件は，建造から5年後に発生しました．

● 最後の正月

第一中央汽船の大型専用船「かりふぉるにあ丸」（**写真5**）は，1月23日，ロサンゼルスで鉄鉱石ペレット約6万トンを6セクションある船倉すべてに船積みし，和歌山に向けて出港しました．**図7**がその航路です．

1970年2月9日も，いつものように冬の「魔の海域」（ブラック・ゾーン）は平穏に航海させてはくれません．風力10，波浪8 mを越える荒天が続き，野島崎東方海上は低気圧の通り道です．冬の北太平洋は静かな

〈表3〉 かりふぉるにあ丸の概要

項目	内容
呼出符号	JPTT
計画造船	第20次
建造年月	1965年9月
総トン数	33814
重量トン	56474
全長	218 m
速力	17.55ノット（約32.5 km/h）
エンジン出力	1万7000馬力

〈写真5〉 かりふぉるにあ丸

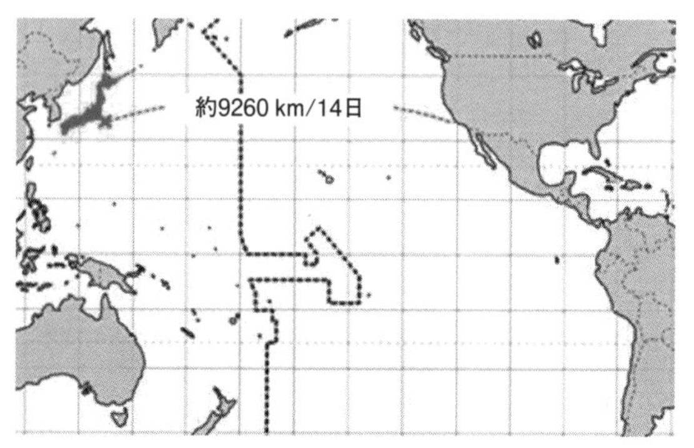

〈図7〉 事故発生時のかりふぉるにあ丸航路

日などほとんどありません．

日本を目前にして，明後日には家族の待つ和歌山港へ入港します．船員らは日本を出るときに約束した休暇中の家族との計画を楽しみにしていたことでしょう．

● 船体が折れた

風力10の強風と連日の荒天で大きくなった波高8 mを越える「うねり波浪」が重なり合って「合成波」となり，巨大うねりが船の行く手を阻んでいました．

午後10時30分ごろ，野島埼の東方約320 km（北緯35°10′，東経143°55′）の地点で，自然が造る合成大波（三角波）を次々と受け，とくに大きな波が本船を襲った次の瞬間，船体のフォクスル（fo'c'sle）（前部）に亀裂が入り，浸水が始まりました．6万トンの鉱石を積載した本船は瞬く間に船首部が折損し沈没したものの，まだ船の主要部やエンジン・ルームおよび乗組員居住部は浮揚していました．しかし航行不能に陥っていました．

船長は間もなく沈没すると判断し，10日午前0：20に「船体放棄」を決断しました．そして，船内放送で「フォクスルが折れた．本船は浸水している．船体を放棄する．総員乗艇部署につけ！」と告げ，退船の体制をとりました．と同時に無線部へSOS遭難信号の発射を命じ，他船の救助を求めました．

● 24名の命を救ったモールス電信による遭難通信

主エンジンが停止し船内電源も無くなりました．通信士が非常用電源を使って補助無線設備を起動して発信した遭難信号とその内容は**図8**の通りです．

この遭難通信がかりふぉるにあ丸の乗組員24名の命を救いました．

● 勇気ある行動が22名を救助

SOSを聞いた付近の船舶が救助に向かいました．現場は大型船が致命的な損傷を受けて遭難/沈没するほど大時化の状態でした．

かりふぉるにあ丸は自らの救命ボートを降下しようと試みましたが，両舷の救命ボートはすべて着水に失敗して流失し，自ら脱出/生存するすべを失っていました．しかも，着水して救命艇を操縦する予定だった要員6名は海中に放り出され，艇長は重傷を負っていました．

国際遭難周波数をワッチしていて，遭難信号SOSを受信し，緊急事態の発生を知った船舶の無線通信士は，直ちにその遭難信号を受信したという確認“QSL”を返信します．そして，船長に報告した上で救助体制をとった船舶が多数ありました．そして最寄りの海岸局だった銚子無線が裁量局となって通信をコントロールしました．

遭難信号を受信した船舶で最も近くを航行中の特殊冷凍貨物専用船「あおてあろあ号」（6428トン，大阪商船三井船舶，ニュージーランド船籍，**写真6**）の外人通信士がSOSをキャッチして船長に報告し，速やかに救助に向かいました．

かりふぉるにあ丸からは事前情報として「乗組員29名中23名在船/健康，6名漂流」等の情報を確認し，救助体制をとりました．

遭難通信を聞いてから約6時間後の午前4時ごろ「かりふぉるにあ丸」の近くに到着しましたが，夜明け前であり波浪が高く，視界がほとんどない大時化の海上で直ちに救助できる状態ではありませんでした．

しばらく両船間で救助について無線連絡し，救助の手順を打ち合わせていました．このとき，乗船していた技術指導員（野田機関長）が日本語で無線電話によって連絡できたので，スムースに救助準備と救助活動ができたといわれます．

● 俺が救命艇へ乗る！

救助に向かう，あおてあろあ号の乗組員は，特殊技術指導員の日本人2名以外は全員外国人でした．この

〈写真6〉 あおてあろあ号

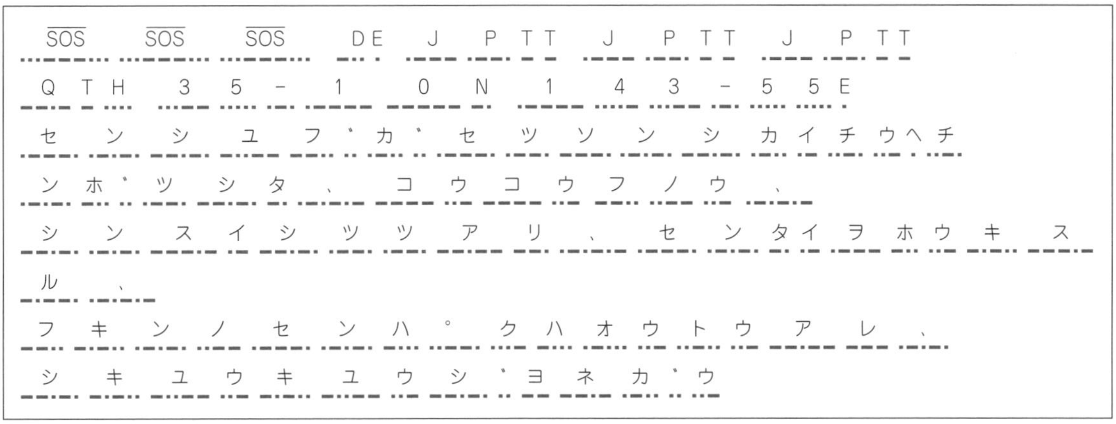

$\overline{SOS}$ $\overline{SOS}$ $\overline{SOS}$ DE J P T T J P T T J P T T
Q T H 3 5 - 1 0 N 1 4 3 - 5 5 E
セ ン シ ユ フ ゛ カ ゛ セ ツ ソ ン シ カ イ チ ウ ヘ チ
ン ホ ゛ ツ シ タ 、 コ ウ コ ウ フ ノ ウ 、
シ ン ス イ シ ツ ツ ア リ 、 セ ン タ イ ヲ ホ ウ キ ス
ル 、
フ キ ン ノ セ ン ハ ゜ ク ハ オ ウ ト ウ ア レ 、
シ キ ユ ウ キ ユ ウ シ ゛ ヨ ネ カ ゛ ウ

〈図8〉 遭難通信の内容

〈写真7〉[5]**22名を救助し，あおてあろあ号へ戻る救命ボート**（大阪商船三井船舶社内報，昭和45年3月号）

大時化の海上に，木の葉のように小さな救命艇を着水させ，かりふぉるにあ丸の乗組員を救助して無事自船に戻らなければなりません．命の保証はありません．

ブリッジに集合していた幹部サロン士官，操船関係者らの顔々を見回して誰を乗艇させるか指名できる雰囲気ではありません．そのとき，本船の特殊技術を指導するため乗船していた日本人の内田操機手が手を挙げ，名乗り出ました．

本船の正規乗組員ではない，いわばお客さんの指導員（先生格）が率先して手を挙げたのをきっかけに，次々と操船オフィサと操舵手（いずれも外人）が名乗りを上げ，自らの意思で乗艇する希望者が内定しました．船長にとってこれほど嬉しく勇気づけられることはなかったでしょう．

こうして「救助隊」は速やかに救命艇に乗り，荒れ狂う波間に救命艇を無事着水させ，エンジンを起動して，木の葉のように揉まれながら，およそ8mもある荒波の間に々奮闘し，かりふぉるにあ丸への接舷に成功します．高さが5m以上もあるデッキ（甲板）から降下された縄梯子に高い波浪が重畳し，救命艇への収容は困難／危険を極めたようです．

救助を待ち構えていた乗組員が次々に整然と縄梯子を伝って救命ボートに収容され，乗組員22名，しんがりを勤めたサード・オフィサが乗艇収容されました．**写真7**はそのようすです．

しかし，かりふぉるにあ丸の船長は一人「わしぁ船に残る，みんな行ってくれ」といって救命艇への乗船を拒否しました．数回説得しましたがその意志は固く，更に説得する時間は無いため，救命艇の艇長は船長の説得を諦め，船長を除く全員22名の乗組員を乗せ，再び荒れ狂う荒波の中をあおてあろあ号へ向け舵を切り，内田は必死の思いでエンジンを回し続けました．

あおてあろあ号へ帰船し，全員を船上へ確保，救命艇から最後に内田が本船の甲板に降り立ち，救助は成功しました．

その後，間も無く（約20分後），かりふぉるにあ丸は折損部から真っ逆さまに，巨大な渦を巻きながら，海底深く沈没していきました．

● 船員法と船長の殉職

自動車専用船「えくあどる丸」も自分の救命艇を降下／着水させ，先にかりふぉるにあ丸で救命艇の降下／着水に失敗して放り出された6人のうち，漂流していた4人を発見しました．そして荒天／大波の中で救命艇を着水させ，決死の覚悟で救助に当たり，2名を救助しましたが，他の4名は再発見できず行方不明となりました．

この救助活動の成功は，あおてあろあ号の救命艇を操作した機関長と操機手の勇敢な行動と高度な操船技術，それに普段の訓練があったからだといわれています．勇気ある行動を讃えたいものです．後に大阪商船三井船舶で社内表彰されました．

● 最後退船義務

残念だったのは，かりふぉるにあ丸船長は脱出が可能だったにも拘わらず，最後の言葉を残して退船を拒否したことです．22名が救命ボートに乗り移り，無事本船から離れ，あおてあろあ号に収容されたのを確認した船長は，没する船と運命をともにしたことです．

この船長の行動は船員法第12条が頭の中にあったのかも知れません．正義感の強い船長だったといわれます．誠に悲しい．同法に準拠したとしても脱出は許されたでしょう．船員法は「殉職しろ」とはいっていません．しかし，拘束しているように解釈できます．

亡くなったその家族／恋人／関係者はどれほどの悲しみに暮れたことでしょうか．

この事故は単に関係者のみではなく，海運界に働く多くの船員／海事関係者にとって，家族や恋人や友人が離れていったことは深刻／重大と考えます．

機会があればその切なる想いと悲しみや悶える乗組員の姿／想いを語りたいものです．

◆参考・引用文献◆

(1) 朝日新聞／産経新聞，昭和45年2月．
(2) 当時の新聞各社記事および「日本財団図書館」
(3) 海難審判の議事録
(4) 大阪商船三井船舶㈱(MOL)社内報「うなばら」，No.52，昭和44年2月号．
(5) 大阪商船三井船舶㈱(MOL)社内報「うなばら」，No.63，昭和45年3月号．
(6) 中条大祐；「友よ！ 君の名は？ 第2部 揺れる鉄の箱」，192p.，万能書店，2019年3月29日．
https://dps-ec.com/shop/shopdetail.html?brandcode=000000009026&search=

ちゅうじょう・だいすけ　元商船三井通信士 

歴史読物

漁業用船舶無線と
私設海岸局にまつわる栄枯盛衰

日本水産における漁業用無線通信の系譜

第2回 戸畑移転と戸畑漁業無線局の開設

加島 篤
Atsushi Kajima

5 戸畑移転と漁業無線局の設置

5.1 戸畑漁港

共同漁業が根拠地を下関から戸畑に移転した経緯については，日本水産社史に詳細な記述があり，ここでは割愛します．1929(昭和4)年1月12日，戸畑冷蔵㈱の冷凍工場が戸畑漁港一文字埠頭に完成し，氷と石炭の補給を目的に共同漁業のトロール船が寄港を始めます[3]．同年11月26日に鉄道省の戸畑駅と戸畑漁港を結ぶ戸畑市営臨港鉄道が完成し[100]，12月15から共同漁業の戸畑移転が開始されました[3]．昭和5年2月には戸畑魚市場株式会社，4月に中央水産販売所を改称した日本水産株式会社(以下，日本水産［II］)の戸畑営業所が設立され，戸畑漁港の各施設が急ピッチで整備されました．

写真5.1は昭和5年の戸畑漁港を描いた俯瞰図です[101]．左側の八尺岸壁には二号上家(1階：手繰船用荷揚場と魚市場，2階：関係会社の事務所と魚函製造工場)が，右の二十尺岸壁には一号上家(1階：トロール船用荷揚場，2階：焼竹輪加工工場)と戸畑製罐株式会社(後の東洋製罐戸畑工場)の4階建ビルが建っています[102]．一号上家の背後に広がる建物群は，戸畑冷蔵の冷蔵/冷凍/製氷工場です．

戸畑移転と前後して，共同漁業の事業面にも変化が見られます．昭和3年に長崎海運から第一玉園丸など4隻を取得し[103]，昭和4年ごろに博多トロール株式会社の5隻(第一博多丸，第二博多丸，第三博多丸，第六博多丸，第七博多丸)と大海トロール㈱の1隻(豊漁丸)の運用を委託されました[69]．これら10隻のスチーム・トローラは，すべて中波送信機を装備しています[22][104]．

関係会社では，以西底曳網漁を営む豊洋漁業㈱と扶桑漁業㈱が，根拠地を下関から戸畑に移転しました[3]．豊洋漁業は，匿名組合 七田組漁業部を母体に大正14年11月に創立され[69]，昭和5年末には11組の手繰船(50トン未満の木造船10隻と70トン級鋼船12隻)を有し，戸畑移転後も新造船の増備を行っています[3]．一方の扶桑漁業は，昭和3年5月に樺太漁業㈱の事業を継承して創立され，3組の手繰船(50トン未満の鋼船6隻)で操業しました[69]．これらの手繰船にも戸畑移転の前後から無線電信機の装備が始まり，第一船として昭和4年5月に豊洋漁業の能肥丸に安中電機製作所製75 W瞬滅火花式中波送信機が装備されています[105]．

〈写真5.1〉 戸畑漁港俯瞰図(昭和5年頃，絵葉書「戸畑漁港全景」，加島 篤所蔵)

キャプション末尾の†印：
ニッスイパイオニア館所蔵資料を表しています．

5.2 福岡県遠洋底曳網水産組合の設立

1931(昭和6)年11月30日，福岡県は福岡県遠洋底曳網水産組合(以下，福岡遠洋水産組合)の設置を許可しました[106]．昭和8年発行の「福岡県水産概論」によると，同水産組合の設立趣旨は「本縣ニ許可ヲ有スル總噸數三十五噸以上ノ漁船ニ依ル機船底曳網漁業者ヲ以テ組織シ，漁獲物，需要品等ノ共同出荷購入等總ヘテ共同ノ利益増進ニ資スルト共ニ漁業違反ニ就テハ深甚ナル反省ヲナシ健全ナル発展ヲ目的トシ」で，設立時の組合員34名，所属船94隻でした[107]．当初，組合事務所は福岡県庁内に置かれましたが[108]「組合の主導権は戸畑根拠の豊洋漁業が握っていた」といわれています[109]．

漁業組合は漁業権の享有行使を目的とする団体です．一方，水産組合は漁業権の享有行使は許されず，明治33年4月施行の重要物産同業組合法が準用されました[110]．同法第4条では「同業組合設置ノ地區内ニ於テ組合員ト同一ノ業ヲ營ム者ハソノ組合ニ加入スヘシ」と規定しています[111]．したがって，福岡遠洋水産組合は県内の全底曳網業者を糾合して組織されたと考えられます．

表5.1は，福岡県統計資料[112]～[114]による昭和初期の沖曳網漁業の状況で，機船底曳網漁業(手繰網漁)も含まれています．当時，汽船底曳網漁は農林大臣(大正14年4月，農商務省は農林省と商工省に分割)の許可漁業で[115]，機船底曳網漁は根拠地を管轄する地方長官(知事)の許可漁業でした[116]．昭和4年における福岡市根拠の漁船は20隻で，昭和5年には40隻と倍増しています．平均トン数は20トン未満で，多くが玄界灘など近海で操業する小型漁船と推測されます．昭和5年の戸畑市の漁船30隻は，下関から戸畑に根拠地を移した豊洋漁業と扶桑漁業の手繰船で，平均トン数は62トンです．なお，五島列島の玉之浦を根拠とする徳島県九州出漁団(機船底曳網漁)が大挙して福岡市に移転するのは，昭和9年でした[117]．

福岡遠洋水産組合は，35トン以上の漁船で機船底曳網漁を営む事業者の団体で，昭和6年の組合設立時に福岡市根拠の小型漁船は加入していないと考えられます．一方，同水産組合が戸畑漁港に設置した漁業用私設海岸局は，共同漁業のトロール船と通信を行いました．したがって，共同漁業も福岡遠洋水産組合の組合員で，組合設立時の所属船94隻の大半は戸畑根拠の手繰船とトロール船と判断されます．なぜ，共同漁業は傘下の豊洋漁業を通じて，福岡遠洋水産組合の設立を図ったのでしょうか．

〈表5.1〉昭和初期における福岡県内の沖曳網漁業

年次	根拠地	隻数	合計 トン数	漁獲量 [貫]	販売収益 [円]
1929年 (昭4)	福岡市	20	380	478 120	443,855
	戸畑市	0	0	0	0
1930年 (昭5)	福岡市	40	627	614 000	451,350
	戸畑市	30	1 874	2 187 405	902,250
1931年 (昭6)	福岡市	40	589	580 550	420,390
	戸畑市	30	2 000	3 150 798	1,134,695

注：漁船は全て動力船

5.3 漁業用私設海岸局

● 漁業用海岸局の始まりは県水産試験所から

日本における漁業用私設海岸局の濫觴(らんしょう)は，1921(大正10)年1月に設置された静岡県水産試験場の中波無線設備で，漁業指導船富士丸との通信が目的でした[20]．昭和7年末までに，福島，青森，高知，茨城，岩手，千葉，三重，神奈川の8県が県水産試験所に中波送信設備を設置しました[20]．先発した無線局は開局時に瞬滅火花式送信機を設置しましたが，後発組は当初から真空管式送信機を導入しています．

逓信省は，一般商船との通信で多忙を極める官設海岸局の負担を考慮し，大正10年の静岡県水産試験場を皮切りに，各県の水産試験場に漁業用私設海岸局の設置許可を与えました[118]．大正13年2月の逓信省通牒198号「漁業用無線通信ニ關スル件」[8]では，激増する漁業通信に対して新たな官設海岸局は設けず，代わりに府県や組合に私設海岸局の設置を認める方針を示しています．この規制緩和によって，漁業組合や水産組合を施設者とする漁業用私設海岸局の設置が可能になったと考えられます．

● 漁業組合や水産組合の漁業用私設海岸局

1925(大正14)年8月の焼津漁業組合を筆頭に，昭和7年まで開局した漁業組合や水産組合の漁業用私設海岸局を**表5.2**に示します[20][22][119]～[129]．昭和4年以降に開局した無線局では，送信周波数の1000 kHzを漁業専用周波数の1364 kHzに変更しています．全局が東洋無線電話㈱(後の東洋通信機．以下，東洋無線)製の真空管式中波送信機を採用し，無線電信(A1AおよびA2A；旧電波型式A1およびA2)と無線電話(A3E；旧A3)で所属船と通信を行いました．東洋無線は，大正14年に焼津漁業組合に真空管式無線機を納入して以来，漁船用真空管式小型無線機の製造で急成長し，兄弟会社で軍用無線機製造の明昭電機㈱とともに水晶振動子の製造や応用技術に定評がありました[130]．

焼津漁業組合は，組合事務所に無線機器を設置する費用9,350円のうち3,000円を遠洋漁業奨励法第11条第2項による交付金で賄っています[131]．同法の交付金は漁船とその設備(機関，保蔵設備，無線装置等)が主な対象で，漁業組合の陸上無線機器に対する補助は特例だった可能性があります．

〈表5.2〉漁業組合および水産組合所有の私設海岸局

施設者名	施設許可日	開局日	呼出符号	電波型式と施設許可時の送信周波数［kHz］	送信電力［W］
焼津漁業組合	1925年(大14) 3月7日	1925年(大14) 8月5日	JBAB (JOF)	A2A：500，1000 A3E：571	A2A：500 A3E：250
須崎浦漁業組合	1927年(昭2) 4月13日	1927年(昭2) 7月11日	JMCB (JOM)	A1A：500，1000，A2A：500，1000 A3E：1000	A1A，A2A，A3E：125
枕崎漁業組合	1927年(昭2) 9月20日	1928年(昭3) 7月6日	JMDB (JON)	A1A：1000，A2A：500 A3E：1000	A1A，A2A：500 A3E：350
御前崎漁業組合	1928年(昭3) 8月9日	1929年(昭4) 4月27日	JOE	A1A：1000，A2A：500，1000 A3E：1000	A1A，A2A：500 A3E：350
油津漁業組合	1928年(昭3) 11月2日	1929年(昭4) 4月27日	JOB (JOY)	A1A：1000，A2A：500，1000 A3E：1000	A1A，A2A：500 A3E：250
海土町漁業組合 (第1装置：海土町，第2装置：触倉島)	1928年(昭3) 12月12日	1929年(昭4) 8月10日	第1 JOP	同上	同上
			第2 JOQ	同上	A1A，A2A：150 A3E：75
室戸浦漁業組合	1929年(昭4) 6月18日	不明	JOT (JOZ)	A1A：1364，A2A：500，1364 A3E：1364	A1A，A2A：500 A3E：250
長崎県遠洋底曳網水産組合	1929年(昭4) 11月20日	1930年(昭5) 7月20日	JOU (JPZ)	同上	同上
渡波浜漁業組合	1929年(昭4) 12月8日	1930年(昭5) 6月24日	JOV	同上	同上
三崎町向ヶ崎漁業組合	1930年(昭5) 5月5日	1931年(昭6) 12月31日	JOW	同上	同上

注：昭和6年までに開局したもの．括弧付きは変更後の呼出符号．無線機器製造者は全て東洋無線．

大正14年6月，農林省は漁業共同施設奨励規則を公布しました[132]．同規則は，漁村経済の振興を目的に船揚場や船溜，水産物の製造，養殖，加工，貯蔵，運搬，販売の設備，漁船救難用設備の設置に対し奨励金を交付するもので，漁業組合や水産組合など公的団体が対象です．漁船救難設備とは，救難船とその格納庫，航路標識，霧笛信号，警報信号装置および漁港に設置する無線電信電話設備で，補助金の上限は設備購入費用の60%，大正14年から昭和9年までの10年間に46か所，231,077円が交付されました[133]．**表5.2**では，焼津と室戸浦を除く8か所の私設海岸局が，本奨励金の交付を受けて設置されています(予算額に対する補助金の交付割合は平均51.7%)[134]．

表5.2中，須崎浦漁業組合(高知県)，長崎県遠洋底曳網水産組合，渡波浜漁業組合(宮城県)，三崎町向ヶ崎漁業組合(神奈川県)の4か所の私設海岸局は，水産試験場など県施設の構内に設置されています．これは，各組合と水産試験場が共同で設置を計画した結果で，漁業共同施設奨励金を初めとする国や県，町からの補助金を得るため，暫定的に組合の共同施設として設置申請を行ったと考えられます[135]．事実，4局は昭和2年から昭和12年にかけて順次施設者名を組合から県に変更し，県営の私設海岸局となりました[136]～[139]．

長崎県遠洋底曳網水産組合は，林兼商店などの問屋と徳島県九州出漁団の船主達により結成されています[140]．昭和5年，同水産組合は農林省と長崎県の補助により手繰船3隻に中波送受信機，約40隻に中波受信機を装備し[141]，同年7月には農林省の漁業共同施設奨励金を受けて，長崎市大浦元町の長崎測候所構内に漁業用私設海岸局を設置しました[127]．しかし，問屋達の意向により，船団が根拠地とする五島列島の玉之浦から100 km以上離れた長崎市内に無線局を設置した結果，通信が不便で操業上の効果も低く，手繰網漁の不況によって無線局の維持にも支障が生じたと云われています[141]．

● 私設海岸局の設置許可と農林省の期待

以上を総合すると，昭和初期の段階では特殊な事例を除き，民間企業である水産会社が私設海岸局の設置許可を受けることは困難だったと考えられます．したがって，共同漁業が豊洋漁業に指示して福岡遠洋水産組合を設立した背景には，①公的団体である組合として漁業用私設海岸局の設置許可を得ること，②漁業共同施設奨励事業の奨励金の交付を受けることの2点があったと推察されます．昭和7年度，農林省は同組合の無線電信設備に対し，予算額17,600円の60.0%に当たる10,560円の漁業共同施設奨励金を交付しています[134]．

遠洋漁業の振興を掲げる農林省が，本邦初の漁業用短波私設海岸局に大きな期待を掛けていたことがわかります．

〈表5.3〉戸畑漁業無線局年表

年	月日	戸畑漁業無線局および関連事項
1931(昭6)	11月30日	福岡県遠洋底曳網水産組合設立
1932(昭7)	2月	通信省に私設無線電信無線電話施設許可願書提出
	10月	短波帯で施設許可を再申請
	12月8日	通信省が福岡県遠洋機船底曳網水産組合の私設無線電信電話施設許可
1933(昭8)	3月3日	短波無線鉄塔2基完成
	5月1日	私設無線電信電話施設運用開始(短波2波，出力200 W，呼出符号JPY)
1934(昭9)	6月7日	第2装置増設許可
	9月	増波および増出力(短波4波，最大出力2 kW)，鉄塔1基増設
	10月29日	通信執務時間を無休に変更
	11月16日	戸畑無線電信取扱所となる 戸畑郵便局との間に単信式有線電信回線を架設
1935(昭10)	–	オーストラリア北西岸，メキシコ湾出漁船との交信開始
1936(昭11)	6月29日	戸畑無線電信取扱所，共同ビルに移設(鉄塔1基増設)
	11月10日	福岡県遠洋底曳網水産組合，共同ビルに機器設置変更
1937(昭12)	3月31日	共同漁業が日本水産に社名変更
	10月25日	ペルー経済文化使節団，戸畑無線電信取扱所視察
	12月	南氷洋捕鯨船団と通信開始
1938(昭13)	–	戸畑管内漁船の減幅電波廃止，短波化完了
1942(昭17)	12月24日	福岡県遠洋底曳網水産組合から日本水産に施設者名義変更
1943(昭18)	3月31日	日本海洋漁業統制設立
	6月14日	日本水産から日本海洋漁業統制に施設者名義変更
1944(昭19)	9月18日	福岡県遠洋底曳網水産組合解散
1945(昭20)	–	GHQの指示により短波2波(最大出力200 W)に縮小
1946(昭21)	4月2日	日本海洋漁業統制から日本水産戸畑支社に施設者名義変更
	9月1日	漁業用無線周波数改正 戸畑無線局短波3波，中短波2波許可(最大出力500 W)
1949(昭24)	1月1日	呼出符号変更(JFN)
1950(昭25)	12月20日	福岡県戸畑漁業無線協会設立
1951(昭26)	1月1日	電波監理委員会，福岡県戸畑漁業無線協会海岸局許可 日本水産から同協会に施設者名義変更
	4月18日	公正取引委員会，福岡県戸畑漁業無線協会に対し漁業用海岸局の設置と経営を許可
1952(昭27)	–	送信機2台換装(最大出力1 kW)，12 M，16 MHz帯新設
1955(昭30)	–	全国短波割当，同時期に以西4局の時間調整運用開始
1957(昭32)	–	27 MHz帯無線電話(10 W)装備，ホイップ・アンテナ設置
1958(昭33)	7月	若戸大橋の電波影響調査開始(～昭37年10月)
1959(昭34)	–	22 MHz帯装備
1967(昭42)	9月	無線設備の全面更新開始，送受信アンテナ展張替，送信機2台換装，短波帯二重通信開始
1971(昭46)	–	年間通信量最大(専用信52500通，公衆電報59600通)
1972(昭47)	11月	注意信号受信警報装置設置，ホイップ・アンテナ増設
1976(昭51)	2月	受信用回転式八木アンテナ(12 M，16 MHz用)設置
1977(昭52)	7月	27 MHz帯SSB送受信機(25 W)設置
1980(昭55)	6月	SSB(4 M，6 M，12 M，16 M，22 MHz帯)シリーズ指定 送信機1台換装(1 kW SSB，電信兼用)
1983(昭58)	4月	狭帯域直接印刷電信波(F1B)2シリーズ指定
	9月	鉄塔3基の補強工事実施
	7月13日	狭帯域直接印刷電信，北洋海域主体に運用開始
1985(昭60)	6月	送信機1台換装(1 kW SSB，電信兼用) 印刷電信装置増設，RTTYによる二重通信可能に
1996(平8)	11月30日	戸畑漁業無線局閉局

■ 5.4 戸畑漁業無線局の誕生

● 本邦初の漁業用短波私設海岸局

表5.3は戸畑無線局の年表で，運営組織(免許人)の変遷や無線設備の更新履歴を記しています．1932(昭和7)年2月，福岡遠洋水産組合は戸畑漁港の私設無線電信電話の設置許可願を逓信省に提出しました[20]．

中波送信設備の設置については，陸軍省と海軍省の双方が難色を示したとされ，逓信省は関門地区での商船通信や軍用無線への影響を考慮して，同水産組合に対し短波での再申請を勧奨しています．同年10月，福岡遠洋水産組合は短波私設海岸局の申請を行い[20]，同年12月8日付で設置許可を得ました[142]．施設者名は「福岡県遠洋機船底曳網水産組合」で，組合設立時の名称に「機船」が加わっています．大正10年11月に施行された機船底曳網漁業取締規則によると，機船底曳網漁業とは手繰網漁などスクリュー・プロペラ推進船で行う底曳網漁で，共同漁業が営む汽船トロール漁業は含まれません[116]．

私設海岸局の設置申請に際して，豊洋漁業を筆頭とする機船底曳網漁の組合であることを強調するように，逓信省から指導を受けたのかも知れません．設置目的は，水産組合所属の漁船との漁撈に関する通信で，無線電信法第2条第6号「主務大臣ニ於テ特ニ施設ノ

〈表5.4〉初期の戸畑漁業無線局（概要と無線設備）

施設者名	福岡県遠洋機船底曳網水産組合
施設目的	組合所属船との間の漁撈に関する通信に使用
機器設置場所	戸畑市汐井崎24番地
呼出符号，呼出名称	無線電信：JPY，無線電話：福岡県遠洋水産
通常通達距離	不定
通信執務時間	不定
短波送信機	東洋無線製No.179（水晶制御真空管式，送信電力200 W）
電波型式，周波数[kHz]	A1A，A3E：3700，5420
空中線	T型（水平部30 m，垂直部22.5 m，4条）
無線鉄塔	自立式無線鉄塔2基（鴻池組製造，地上高35 m）
受信機	東洋無線製No.195（4球オートダイン短波受信機，4球オートダイン中長波受信機）
電源	三相220 V 50 Hz（九州電気軌道より受電）
予備電源	5馬力石油発動発電機（友野鉄工所製）1台

必要アリト認メタルモノ」による特別許可でした．

● **送信設備**

1933（昭和8）年3月3日にアンテナ鉄塔が完成し[143]，同年5月1日に本邦初の漁業用短波私設海岸局が開局しました[144]．開局当時，福岡遠洋水産組合は組合員37名，所属船102隻でした[145]．無線局の概要と初期の無線設備を**表5.4**に示します[20][142][146][147]．無線電信室は，合同水産工業（共同漁業の関係会社で冷蔵，冷凍，製氷，水産物加工を担当，昭和7年5月に戸畑冷蔵から社名変更[3]）が所有する二号上家3階に設置されました[148]．設置費用は，無線電信電話機一式11,550円，電信室および電源室の設置工事費3,512円，アンテナ鉄塔2基の建設費3,396円で合計18,458円でした[10]．担当者は通信士6名（全員が海軍出身者）と女性事務員2名で，通信量は1日当たり，受信が約35通，発信が約10通だったと記録されています．

短波送信機は水晶制御真空管式で，漁業用私設海岸局で実績のある東洋無線製でした[20]．電波型式はA1AとA3E，送信周波数は3700 kHz（81 m）と5420 kHz（55 m）で送信電力は200 Wです．戸畑無線局の開局を控えて，箕面丸（473トン）など新造のディーゼル・トローラ4隻は中波送信機（第1装置）とともに200 Wの短波送信機（第2装置）を搭載しました[149]～[152]．短波送信機は自励発振式で，4球オートダイン式短波受信機も装備され，その後出漁した南シナ海では漁場と戸畑無線局の通信も円滑に行われました[20]．

● **送信設備の増強**

1934（昭和9）年6月7日，逓信省は戸畑無線局に対し送信装置（第2装置）の増設を許可しました[153]．**表5.5**に示すように，第2装置は日本無線製の2 kW水晶制御式短波送信機で，新たに8530 kHz（35 m）と12650 kHz（24 m）が増波され，A1AおよびA2A波の送信出力が2 kWと日本有数の大出力短波海岸局となりました[20][30][145]．

〈表5.5〉戸畑漁業無線局の無線設備（昭和9年の増設分）

短波送信機（第2装置）	日本無線製SLA2000AG（水晶制御真空管式，送信電力2 kW）
送信管	日本無線製S1000Sg×2本
電波型式及び周波数[kHz]	A1A，A2A：5420，8530，12650
空中線	送信用3面（設計施工：日本無線）
無線鉄塔	自立式無線鉄塔1基増設（鴻池組製造）
受信機	日本無線製RHS1G32（10球スーパーヘテロダイン式短波受信機）

● **無線電信取扱所に指定**

同年10月には通信執務時間が不定から無休に変更され[154]，11月には無線電信取扱所に指定されて戸畑無線電信取扱所となっています[155]．指定の根拠は，無線電信法第6条「主務大臣ハ命令ノ定ムル所ニ依リ私設の無線電信又ハ無線電話ヲ公衆通信又ハ軍事上必要ナル通信ノ用ニ供セシムルコトヲ得」[42]と考えられます．その結果，福岡遠洋水産組合の所属船を対手とする漁業通信に加えて，一般船舶向けの公衆電報の取り扱いが開始されました（電報配達業務は除外）．無線電信取扱所の指定に合わせ，東南東に約500 m離れた戸畑郵便局から単信式有線電信回線が引かれました[20]．

戸畑無線電信取扱所の位置は「戸畑市汐井崎24番地福岡県遠洋機船底曳網水産組合事務所構内」で[155]，当初は福岡県庁内に置かれた組合事務所が戸畑漁港に移転されたことがわかります．なお，昭和9年末ごろの同水産組合は組合員31名，所属船131隻で，所属船のうち76隻が無線電信機を装備していました[156]．

■ 5.5 漁業用短波私設海岸局設置の経緯

前述のように，逓信省と軍部は戸畑漁港における中波私設無線電信電話の設置計画について協議を行っています．昭和2年のワシントン第3回国際無線電信会議の後，逓信／陸軍／海軍の3省は新条約と規則に準拠した国内の電波統制について協議を重ね，昭和3年12月に「陸海逓三省電波統制協定事項」を定めています[8]．

昭和4年10月には三省電波統制協議会が発足し，陸上に設置する公衆通信用，官庁用または私設の無線電信電話施設について，必要に応じて三省間で事前に協議することが決定されました．協議が必要とされた主な項目は，①三省協定上の協議すべき周波数に該当，②A1A，A2A，A3E以外の電波を使用，③500 Wを超える送信電力，④既設陸上軍用局から5 km以内の設置，⑤軍施設の境界内およびその境界域から外方1 km以内の設置の5点です．

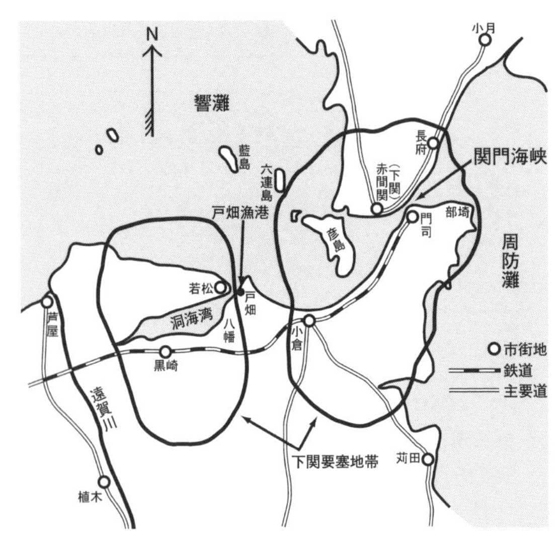

〈図5.1〉(157) **下関要塞地帯と戸畑漁港の位置**(官報 明治32年陸軍省告示第7号の図「下ノ関要塞地」より)

図5.1に示すように，当時の北九州五市(門司，小倉，八幡，戸畑，若松)は市域の大部分が明治32年に陸軍が設定した下関要塞地帯に含まれ，戸畑漁港は要塞地帯の境界線に近接していました(157)．下関要塞司令部は，朝鮮海峡や関門海峡，陸軍造兵廠のある軍都小倉，八幡製鐵所を中心とする洞海湾沿岸の重工業地帯の防衛を担当し，響灘に浮かぶ島々にも砲台を配置しました．

戸畑無線局開局の経緯について，当時逓信省電務局無線係長だった長津 定は次のように証言しています(158)．

(1)昭和初期から，逓信省に対し関門地区(関門海峡周辺地域)への漁業用海岸局設置の要望が相次いで上申された．しかし，逓信省，陸軍省，海軍省による三省電波統制協議会は，漁業用通信周波数1364 kHzが軍用周波数帯(1100～1600 kHz)にあるため，海岸局設置に難色を示していた．

(2)呼出応答周波数，遭難周波数である1364 kHzは使用頻度が高く，軍用通信との混信が危惧されていた．また，多くの漁船が搭載する瞬滅火花式送信機が発射するB電波も問題だった．

(3)昭和7年春，共同漁業の秘書課長である小川 恭氏が逓信省電務局を訪れ，戸畑漁港への無線局設置の上申を行った．

(4)逓信省は，通信輻輳地域における漁業通信の共存策として，福岡遠洋水産組合に短波海岸局を許可する方針を決め，陸海軍に打診した．陸軍は快諾し，許可に慎重だった海軍も後に承諾した．

(5)当初，漁業用短波周波数は2～6 MHzの枠内に留め，8 MHz以上は遠距離公衆通信用として漁業通信には認めない方針だった．後に，戸畑無線電信取り扱所を設置する際に8 M，12 MHz帯を併せて指定した．

本証言から，戸畑漁港への中波私設海岸局の設置計画は，三省協定による協議の対象となる項目①②⑤に該当したことがわかります．併せて，無線局の設置許可の申請で共同漁業が主導的な役割を果たしたことも確認されました．さらに，昭和8年の戸畑無線局開局時に設置された第1装置(電波型式A1A，A3E，周波数3700，5420 kHz，出力200 W)は専用通信用で，昭和9年に増設された第2装置(A1A，5420，8530，12650 kHz，2 kW)は公衆電報取扱用として許可されたことがわかりました．

■ 5.6 戸畑漁業無線局誕生の舞台裏

大正後期の下関港は遠洋漁業の一大根拠地で，当地に漁業用海岸局の設置を求める運動が繰り返されたことは想像に難くありません．中でも，無線装備のトロール船を多数所有する共同漁業は，運動の急先鋒だったと推察されます．下関港の漁業用海岸局設置が難航する中，共同漁業は昭和4年12月に根拠地の戸畑移転を発表しました(3)．その後の戸畑無線局開局によって，近接する下関港への私設海岸局設置は棚上げされた可能性があります．下関漁業無線局の開局は，終戦後の昭和20年12月でした(159)．

● 三省電波統制協議会の方針

長津氏によると，三省電波統制協議会は550～1100 kHzをラジオ放送，1100～1600 kHzをおもに軍用通信に割り当てる方針を持っていました(158)．昭和4年12月の放送用私設無線電話規則改正でラジオ放送用周波数は550～1500 kHzと規定されましたが(160)(161)，昭和8年12月に許可された日本放送協会の名古屋中央放送局第2放送(1175 kHz，出力10 kW)(162)は，特例だったと推測されます．その後，昭和11年7月に全国規模で放送用周波数の変更が行われ，同放送も990 kHzに変更されました(163)．

要塞地帯である関門地区は軍用通信の重要性が高く，混信の原因となる漁業専用波(1364 kHz)の使用は厳しく制限されていたと考えられます．戸畑無線局の開局以前から，共同漁業は帰港するトロール船に対し事前に僚船の漁況を無線で収集し，入港後に営業所に報告するように定めていました(10)．同社が響灘周辺での社船の無線使用を厳しく制限していたことがわかります．関門地区に中波私設海岸局が設置されれば，周辺海域で500 kHz(呼出/応答用)や1364 kHzを使った漁船との通信が活発になります．また，多くの漁船が旧式の瞬滅火花式送信機を搭載するため，発射されるB電波が軍用無線や公衆無線通信と混信する危険性があります．

実際，関門地区には逓信省が管轄する公衆無線電話が存在しました．大正15年9月，同省は門司郵便局に無線電話設備を設置し，神戸港に続いて近距離船舶を対象とする無線通話試験を開始しました(8)(164)．昭和3年9月に無線電話通話規則が制定されると(165)，同年10月21日に門司郵便局内に門司電話局(呼出名称：門司無線，A3E波313 kHz，出力250 W)が設置され(22)，有線電話と接続した船舶向け公衆無線電話サービスが始まりました．さらに，昭和11年3月には門司郵便局内に無線電信分室が設置され(166)，門司無線局(呼出符号：JGK，A1A波454，500 kHz，出力50 W)として海岸局業務を開始しています(167)．したがって，関門地区への漁業用中波海岸局の設置は極めて困難だったと考えられます．

● 逓信省が短波帯での再申請を内示した背景

一方，短波海岸局を設置した場合は，漁船の送信機も短波用の真空管式に順次更新されると期待できます．通信周波数が短波帯に移り，狭帯域で高調波の少ない持続電波を送出する真空管式への換装が進めば，混信による周辺無線施設への影響は著しく低減されます．逓信省が福岡遠洋水産組合に対して短波帯での再申請を内示した背景には，戸畑漁港特有の立地条件と漁業無線の抱える潜在的な問題があったと考えられます．事実，戸畑無線局の設置後，戸畑根拠のトロール船や手繰船の主送信機は真空管式への切換が進み，昭和13年度には変圧器入力300 W以上の瞬滅火花式送信機は全廃されました(20)．

表5.3から明らかなように，戸畑無線局が設置許可から増波/増出力を経て無線電信取扱所に指定されるまでに要した期間はわずか2年弱です．設置許可の段階ですべてが織り込み済みだったとしても不思議ではありません．そこには，更なる遠洋漁場への進出を目指す共同漁業の意志と，戦時における予備艦艇としてトロール船の活用を目論む日本海軍の思惑，需要が急増する短波海岸局の整備拡充を迫られた逓信省の事情が絡んでいたと考えられます．

● トロール船の無線化や戸畑無線局設置を実現させた真の功労者

昭和6年6月，水産無電協会は漁業用無線通信における短波併用の許可を逓信省に請願しました(168)．昭和4年創立の同協会は，大日本水産会所属の漁業用私設無線電信電話設置者と無線機器製造会社を中心に組織され，共同漁業常務取締役の国司浩助は評議員と理事を兼任していました．共同漁業は南シナ海やベーリング海への出漁経験から，遠洋漁場と戸畑漁港を結ぶ直接通信の必要性を痛感し，短波私設海岸局の設置を計画していた可能性があります．逓信省との折衝に当たった共同漁業秘書課長の小川 恭は，逓信官吏練習所無線通信科(官設海岸局や米国/欧州航路に就航する船舶の通信士養成機関)の4期生で，大正2年2月に同科を修業しています(168)．小川氏に応対した逓信官吏の長津氏も同練習所の6期生でした．小川氏こそ，無線技術に精通したブレインとして国司氏を支え，トロール船の無線化や戸畑無線局設置を実現させた真の功労者かも知れません．

● 海軍の漁業用短波無線に関する思惑

日本海軍は，第1次世界大戦で英国海軍がトロール船や旋網(まきあみ)漁船を大量に徴傭して特設監視艇や特設哨戒艇として活用した事例を参考に，有事の際に海軍艦艇の不足分を民間の商船や漁船で補完する計画を策定していました(169)．昭和6年夏の軍事演習で，海軍軍需部は艦隊への食料補給を共同漁業に依頼し，戸畑根拠の冷蔵運搬船や冷蔵装置を持つトロール船など数隻が奄美大島南端の古仁屋まで派遣されています(10)．昭和7年の演習では，海軍は共同漁業のトロール船海光丸と鞍馬丸，豊洋漁業の手繰船村雨丸と浦風丸の4隻を徴傭し，掃海艇として訓練に参加させました(10)．これは，福岡遠洋水産組合が戸畑無線局の設置を申請した時期と一致します．

海軍は遠距離通信に適した短波の特性にいち早く注目し，大正末から昭和初期にかけて各種の通信実験を重ね，東京海軍無線電信所～佐世保無線電信所間などの主無線通信系や艦隊通信の短波化を推進しました(7)．

昭和2年には本邦初の水晶制御式短波送信機の実用化に成功し，艦船や陸上部隊への装備を進めています．海軍にとって，有事に徴傭した漁船を広大な海域で監視艇や掃海艇として運用するために，短波無線機を装備した漁船と専用の短波海岸局の存在が戦略的に重要です．長津氏の証言のように，当初は漁業用短波私設海岸局の設置許可に慎重だった海軍も，共同漁業との演習を通じてその有用性を強く認識し，経営戦略的な見地から同意したと推察されます．また，戸畑無線局開局後の増波/増出力の許可の際は，一転して海軍の強力な後押しがあった可能性があります．国司氏も昭和11年に行った講演の中で「戸畑漁港の私設無線電信は，国防におけるトロール船隊の重要性を認めた海軍の支援により設置された」と発言しています(10)．

● 官設無線電信局の短波化

当時は官設無線電信局の短波化も進行していました．昭和2年5月1日，東京，大阪，金沢，広島，鹿児島，那覇，基隆，京城の無線電信局(金沢と広島は郵便局)の間に複数の短波通信回線が設置されました(49)．これは陸上電信線や海底ケーブルに障害が生じた場合の予備回線で，船舶向けの短波通信業務は行いません．海岸局では，昭和2年10月10日に落石無線電信局，昭和5年8月5日に銚子無線電信局が短波通信を開始しました(8)．共同漁業が計画する私設海岸局を許可することで，逓信省には建設費や維持費を負担することなく新たな短波海岸局を配置できるメリットがあります．これは，郵便事業の創生期に民間への事業委託によって郵便ネットワークを構築した三等郵便局制度（後の特定郵便局）を連想させます．

● **逓信省が描いたシナリオ**

長津氏の証言では，短波私設海岸局のアイデアを逓信省，共同漁業のいずれが提出したかは明らかではありません．しかし，共同漁業，日本海軍，逓信省の3者の利害が一致した結果，戸畑漁港に本邦初の漁業用短波私設海岸局が誕生したことは明らかです．中波局としての設置許可の申請と不許可，短波局での再申請，低出力短波局の設置許可，増波/増出力の許可，無線電信取扱所の指定という一連の流れは逓信省が描いたシナリオに沿った展開で，段階的な出力増加と増波も漁業用中波私設海岸局を所有する他団体に配慮した措置だったと推察されます．

6 戸畑漁業無線局の設備

6.1 戸畑無線電信取扱所

図6.1は，複数の資料から割り出した初期の戸畑無線局の位置とアンテナ鉄塔の配置です(148)(170)(171)．二号上家の1階は手繰船用荷揚場と魚市場で，若松水上警察署の巡査派出所も置かれていました．2階は共同漁業と日本水産［II］（漁獲物の販売を担当）の事務室，および関係会社の会議室です．3階は砕氷室や魚函置場，魚函材料置場でしたが，一部を改装して戸畑無線局が開設されました(148)(170)．

写真6.1は戸畑漁港のある一文字埠頭で，若松水上警察署の汽艇（ランチ）や魚函を満載した艀（はしけ）が係留されています．屋根に2基のアンテナ鉄塔を載せた大型の建物が二号上家です．昭和9年9月に増設されたアンテナ鉄塔の先端部分が，画面右奥に見えています．一方，昭和11年6月に竣工した共同ビルディングが二号上家の左側に写っておらず，写真はこの期間に撮影されたと推定されます．

図6.2は，二号上家2階と3階の平面図です(148)．3階の魚函材料置場の一画に，初期の戸畑無線局が置かれています．住所は戸畑市汐井崎24番地で(142)，階下は日本水産［II］の事務所でした．**写真6.2(a)**は二号上家2階の廊下で，**図6.2**の2階部分に示す黒丸の位置から矢印の方向に撮影されています．写真右手の引戸が戸畑無線局の入口で「無線電信所」の室名札と3枚の表札（「公衆電報取扱所」「福岡縣遠洋底曳網水産組合事務所」「福岡縣遠洋底曳網水産組合無線電信所」）が確認できます．また，入口上部の看板「郵便切手類売捌所（うりさばきしょ）」には「電信 郵便 切手類」と書かれ，無線電信所が郵便窓口業務を兼務したことがわかります．入口からクランク状の階段を上った突き当たりが無線電信室で，周囲には福岡遠洋水産組合の事務所や洗面所，充電室がありました(148)．電信機や受信機の電源となる鉛蓄電池を充電するため，充電室の床面は耐酸性の被覆が施されていたと推測されます(172)．

写真6.2(b)は戸畑無線局の内部で，**図6.2**の3階部分にある黒丸の位置から洞海湾に面したガラス窓に向かって撮影されたと推定されます．右端の筐体は日本無線製2kW短波送信機，右奥は同送信機用電源装置です．左端には日本無線製10球スーパーヘテロダイン式短波受信機の一部が写っています．これらは昭和9年9月に増設された無線機器で，**写真6.2(b)**はそれ以降に撮影されたことがわかります．大型機器が所狭しと並ぶ無線電信室は狭隘（きょうあい）で，保守作業用のスペースも十分ではないようです．通信士たちの苦労が偲ばれます．

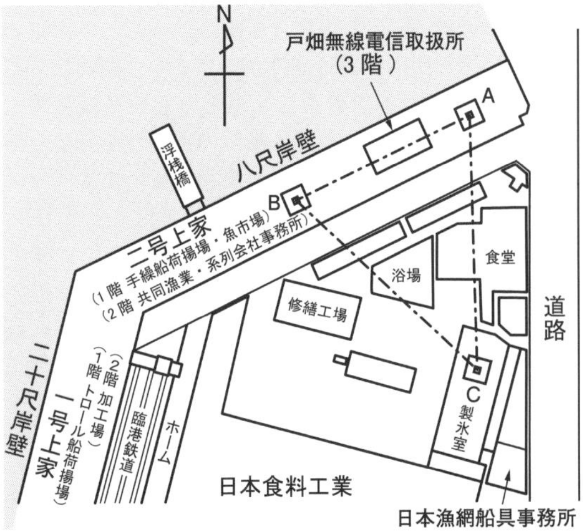

〈図6.1〉昭和11年頃の戸畑漁港と戸畑漁業無線局
（「戸畑漁港陸上建物配置圖」†）

〈写真6.1〉戸畑漁港と二号上家†

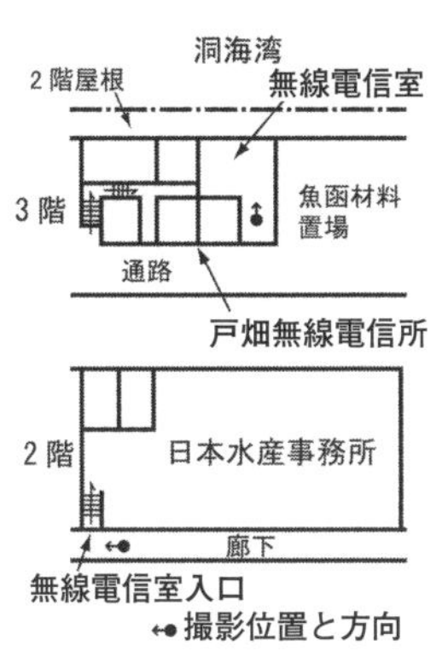

〈図6.2〉昭和9年頃の二号上家平面図(部分)

(a) 無線電信所入口

(b) 無線電信室

〈写真6.2〉初期の戸畑無線電信所†

■ 6.2 送信用アンテナの配置

戸畑無線局では，昭和9年9月の増波/増出力に合わせ，日本無線の設計/施行によりアンテナの整備が行われました[30]．**写真6.3(a)**は整備直後のアンテナ鉄塔で，便宜上右から鉄塔A，B，Cと名付けます(**図6.1**参照)．なお，鉄塔BC間に立つ柱状の構造物は，汽罐場(浴場ボイラ室)の煙突です[148]．二号上家屋上の鉄塔AとBは昭和8年の開局時に設置され，高さ21 m，地上高35 mでした[20][144]．鉄塔Cは，昭和9年の2 kW短波送信機の増設時に五号製氷室の屋上に設置されました．

写真6.3(b)は別角度から撮影したアンテナ鉄塔で，アンテナ線や支線，給電線，碍子等が明瞭に写っています．右端に建設中の共同ビルディングが見えることから，昭和11年ころの撮影と推定されます．鉄塔Cの脚部に見える瓦屋根は，かつて洞海湾入口(現在の若戸大橋橋脚付近)に存在し，内務省による航路拡幅工事で昭和15年に姿を消した中ノ島(別名：かば島)の建物で，近くには戸畑漁港に出入りする船舶向けの旗旒(きりゅう)信号竿(通称：日水信号所)も確認できます[100]．**図6.1**に示すように，3基の鉄塔は底辺24間(けん)，斜辺30間(1間は約1.8 m)の二等辺三角形を描いています．

図6.3は，**写真6.3(b)**の解析と当時の技術資料[393]から推定した戸畑無線局のワイヤ・アンテナ群です．鉄塔AB間には①T型アンテナ(エレメント4条)，⑤傾斜アンテナ1条(鉄塔B上の竹竿から張り下ろし)の二つが確認できます．また，鉄塔BC間に②と③の2面の半波長ダイポール・アンテナ，鉄塔AC間には④アレイ・アンテナ1面が展張されています．①のT型アンテナは開局時に設置された送受信兼用のアンテナで[393]，東洋無線製200 W短波送信機を使った3700 kHzと5420 kHzの送信と，中長波と短波の受信に使われました．⑤の傾斜アンテナも受信用アンテナの一種

(a) 昭和9年頃［写真提供：日本無線㈱］

(b) 昭和11年頃†

〈写真6.3〉戸畑漁業無線局アンテナ鉄塔

と考えられます．②と③のダイポール・アンテナは，エレメント長から5420 kHzと8530 kHzの送信用と推定されます．なお図中のλ'は，送信波の波長に短縮率[173]を乗じた値です．戸畑無線局の設計では，短縮率を0.95に設定しています[393]．④は12650 kHz送信用のアレイ・アンテナで，逓信省式と呼ばれる分岐並列給電型のビーム・アンテナです[49][394]．水平面の鋭い指向性が特徴で，単位アンテナ間の接続線(長さ

λ′/2)を折り返して余分な放射を相殺しています．漁業無線局の運用上，遠距離通信用の12650 kHzに東西方向の強い指向性を求めた結果，ビーム・アンテナが採用されたと推察されます．

②～④の送信用アンテナは，日本無線製2 kW短波送信機から給電されました．給電線は梯子フィーダ（特性インピーダンス602 Ω）で，アンテナとの整合には定在波トラップ（standing wave trap）を使用しています[393]．これは給電線の途中（アンテナ側のインピーダンスが純抵抗となる電圧腹点）に，短い平行線とその終端から分岐するコの字形の短絡線を挿入し，等価的なLとCで整合回路を形成する手法です[395]．アンテナの設計と施工／調整を担当した日本無線の技術報告書[393]には，無線工学に基づいた英文混じりの計算式が流れるような筆致で綴（つづ）られています．計算尺を片手に，対数や三角関数の数表を睨（にら）みながら奮闘する技術者の姿が目に浮かびます．

■ 6.3 共同ビルディングへの移転と公衆電報の取り扱い

1936（昭和11）年6月9日，二号上家と道路を隔てた戸畑市汐井崎開8番地に共同ビルディング（共同漁業戸畑営業所新館）が完成し，6月29日に戸畑無線電信取扱所も同ビル5階に移転しました[175]．一方，福岡遠洋水産組合が所有する無線機器は，4か月遅れの11月10日に設置場所の変更を許可されています[176]．これは，無線電信取扱所の業務には専ら第2装置（2 kW短波送信機）が使用され，A3E波（無線電話）を備えた第1装置（200 W短波送信機）は水産組合所属船との漁業通信専用だったことを暗示しています．

1937（昭和12）年1月，共同漁業は鮮魚卸売の日本水産［Ⅱ］を合併し，4月1日には日本食料工業（旧合同水産工業）を合併して日本水産㈱に改称し[3]，共同ビルディングも日水ビルディング（以下，日水ビル）に名称が変わりました．この結果，戸畑漁港の全施設が新生日本水産の所有となり，12月には戸畑営業所が西部営業所に改称されます．同年，戸畑市と日本水産は漁港のある市営一文字埠頭の払い下げ契約（昭和14年から20か年40期の均等償還）を交わしています[177]．

写真6.4は日水ビルの絵葉書で，下関要塞部による検閲の日付（昭和11年5月26日）から竣工直前に撮影されたことがわかります[178]．右端は二号上家で，日水ビル前の日水岸壁には石油や鉱油を積載する木造船が停泊しています．ビル中央部の5階が，戸畑無線電信取扱所（戸畑無線局）で，屋上の無線塔家（給電線引込口）の上に高さ11 m，地上高114尺（34.5 m）のアンテナ鉄塔が建っています[179]．

図6.4は，日本水産に社名変更後の戸畑漁港の姿です[180]．日水ビルの屋上に第四鉄塔（鉄塔D）が新設されています．AD間は20間（36.4 m），鉄塔CD間は40間（72.7 m）でした．無線局の移転に合わせ送受信アンテナの位置変更や展張替が行われました[393]．**図6.3**に示す①T型アンテナは送信専用となり，③8530 kHz用送信アンテナは1波長ダイポール・アンテナに改修されました．受信用の逆L型アンテナも複数設置されています．

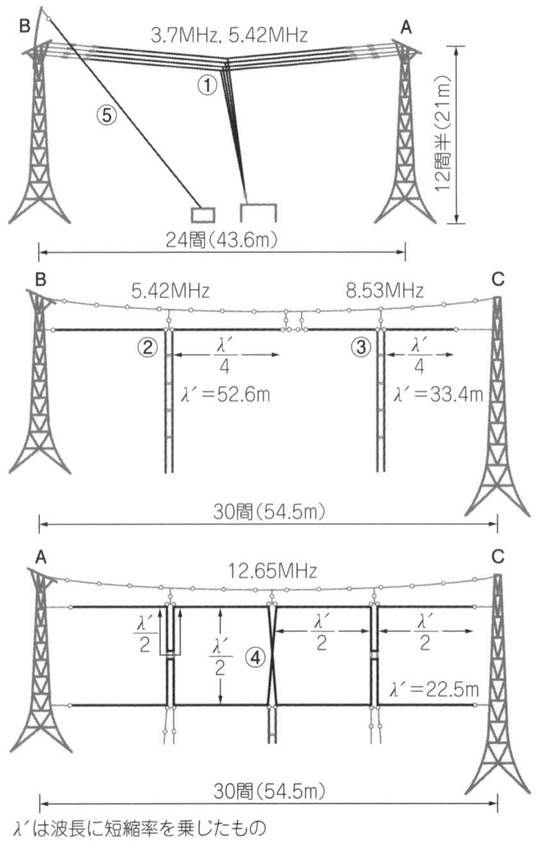

〈図6.3〉戸畑漁業無線局アンテナの推定図（昭和11年初頭）

〈写真6.4〉共同ビルディング（後の日水ビル）（昭和11年，絵葉書「共同漁業株式會社戸畑營業所全景」，加島 篤所蔵）

図6.5は，移転後の戸畑無線局の平面図です[181]．無線装置のある無線電信室と事務室は，洞海湾を眺望するビルの正面側に配置されています．陸電室には電信機が置かれ，戸畑郵便局と有線電信回線で接続されました．電池室には据置用鉛蓄電池が置かれています．戸畑無線局の長中波受信機や短波受信機の大半は電池駆動で，電源トランスや整流回路は内蔵していません．真空管フィラメント用のA電池(端子電圧8V)の充電には電動発電機(精電舎製，入力AC220V，最大出力DC20V 15A)，真空管回路のプレート電源用のB電池(端子電圧96V)の充電には亜酸化銅整流器を使いました[146][393]．後者は，金属整流器の一種である亜酸化銅整流体(cuprous oxide rectifier)[182][183]を使った全波整流用ダイオード・ブリッジです．また，無線機器用の非常用交流電源として，6階のエレベータ機械室に石油発動発電機(友野鐵工所製，5馬力)が設置されています[20][146]．

写真6.5はニッスイ戸畑ビルに現存する旧陸電室の受付窓口で，逓信省徽章(〒)をあしらった透かし彫りで装飾されています．事務室前にも同じデザインの窓口があり，いずれもビルの新築時に設置されました[184]．〒マーク入の窓口は，ここが逓信省所管の公衆電信取扱所であることを示しています．一方で戸畑無線局は福岡遠洋水産組合の私設海岸局であり，組合員の日本水産とその関係会社が社船と業務連絡を交わす場合は，窓口を通さず直接無線室と電文をやり取りし，重要な通信は暗号電報として発受したと考えられます．

〈図6.4〉昭和10年代後半の戸畑漁港と戸畑漁業無線局(「戸畑漁港陸上建物及附近見取圖」†)

日水ビルの竣工から5か月後の昭和11年11月1日，ビル1階に三等郵便局の戸畑漁港郵便局が開局しています[185]．同局は郵便物の集配は行わず，電信事務では日本水産宛や同社の肩書のある電報に限り窓口交付で配達しました[186]．ここで，戸畑無線局と戸畑漁港郵便局の間に専用電話が引かれていたと仮定して，日水ビルにおける公衆電報の流れを推定します．

①日本水産が国内外に電報を差し出す場合は，陸電室の窓口を利用する．
②陸電室が受信した日本水産宛ての電報は，専用電話で戸畑漁港郵便局に転送して窓口で社員に手渡す．
③陸電室が外部から受信した船舶宛ての電報は，無線電信室から無線電報として発信する．
④戸畑漁港郵便局の窓口で受付た船舶宛の電報は，専用電話で無線電信室に転送し，無線電報として発信する．
⑤無線電信室が受信した船舶からの無線電報は，有線電信回線で戸畑郵便局に転送され，宛先に配達される．

ここで，④は船員の家族が出漁中の船員に電報を差し出す場合，⑤は出漁中の船員が家族に電報を差し出す場合に相当します．

なお，**図6.5**で示した日水ビル5階の戸畑無線電信取扱所事務室の受付窓口(〒マーク入)は，当初船舶向け公衆無線電報の受付として設置されたものの，戸畑漁港郵便局の開局によって閉鎖された可能性があります．これは漁船の位置や漁獲量など業務関係の情報が集中する無線電信室に，外部の人間を近づけないためと考えられます．

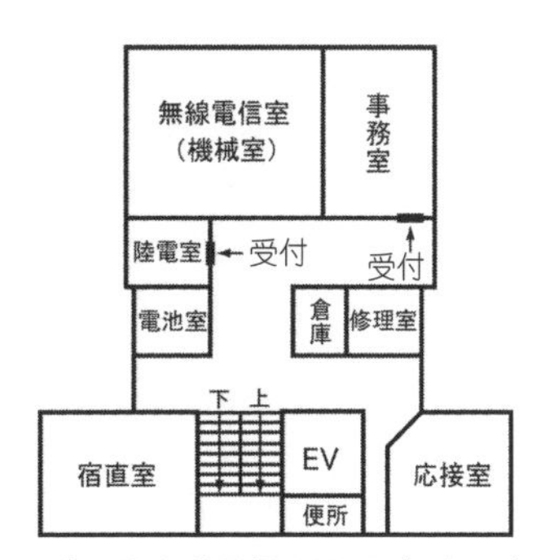

〈図6.5〉戸畑無線電信所平面図(昭和10年代)

(a) 窓口の木枠

(b) 装飾板

〈写真6.5〉現存する戸畑無線電信取扱所の陸電室受付窓口(撮影：加島 篤)

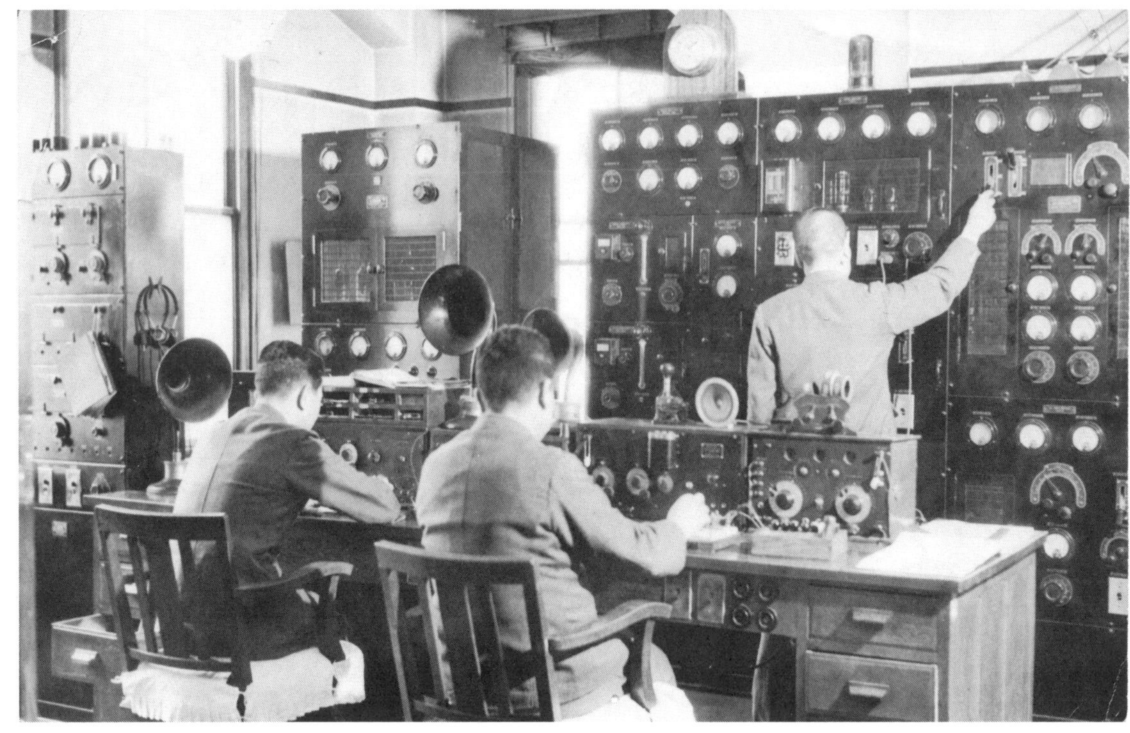

〈写真6.6〉日水ビル移転後の戸畑漁業無線局無線電信室 †

■ 6.4 移転後の無線電信室

写真6.6は日水ビル5階の無線電信室で，撮影時期は不明です．

● 2 kW水晶制御式短波送信機SLA2000AG

写真右奥の筐体は，第2装置の日本無線製2 kW水晶制御式短波送信機(SLA2000AG型，電信専用機)で，逓信省が昭和8年に採用したTV1104型短波送信機[49]をベースに開発が行われました[396]．日本無線の社史にも本機の写真が掲載されています[30]．

3分割されたパネルの左端には水晶発振回路を納めた恒温槽が上下に並び，恒温槽には水銀温度調節器（mercury thermostat）[53]が付属しています．水晶発振回路は2セットあり，それぞれが3個の水晶振動子(2710 kHz，2132.5 kHz，3162.5 kHz)を実装し，送信周波数に応じて切り替えます．バッファ回路に続く逓倍回路(2段)では，発振周波数を逓倍または4逓倍しています．キーイングによる変調は逓倍回路の増幅管のプレート電圧を変化させる方式で，A2A波用のトーン信号は800 Hzです．電力増幅部は，励振段が4極送信管UV-812のシングル，終段は日本無線が本装置用に開発した3極送信管S1000Sgのプッシュプル(中和回路付)でした[396]．

● Sシリーズ送信管

日本無線のSシリーズ送信管は，Telefunken社の技術供与を受けて製造した中/短波用送信管で，おもに船舶用送信機で使用されました[187][188]．**図6.6**にS1000Sgの規格表を示します[189]．「2.2 kW中長波用3極送信管」と記されていますが，プレートをバルブ上部，グリッドを下方側部から引き出す構造は，短波帯での使用に適しています．純タングステン・フィラメントの直熱型3極管で，発振管としての最大出力はP_o = 2200 Wでした．プレート電圧E_p = 6000 V，グリッド・バイアス電圧E_g = +10 Vでの静特性は，プレート電流I_p = 150 mA，最大許容プレート損失P_p = 1000 W，プレート内部抵抗r_p = 20.0 kΩ，増幅率μ = 56，相互コンダクタンスg_m = 2800 μSとなっています[30][189]．相互コンダクタンスの表記に米国流のg_mではなくS（Steilheit）を使い，μの逆数である支配率D（Durchgriff）を記載するなど，随所にTelefunken社の影響が感じられます[190]．なお，本管は東京電気(後の東京芝浦電気)が製造するサイモトロンSN-208Cの同等品でした[30][53]．

● 2 kW短波送信機の開発で直面したトラブル

2 kW短波送信機の開発において，日本無線の技術者はさまざまなトラブルに直面しています[396]．

電鍵操作による過負荷継電器の誤動作や，絶縁不良によるアンテナ電流計の焼損，送信管の輻射熱による紙コンデンサからのパラフィン漏出などを解決し，戸畑無線局への納入後も調整作業を続けました．昭和9年8月に逓信省検定官による無線設備の検定が行われ，送信機の絶縁試験や出力試験等が実施されました．通信試験では，戸畑無線局の送信電波を東京無線電信局岩槻受信所(埼玉県岩槻町)で受信し，周波数を精密測

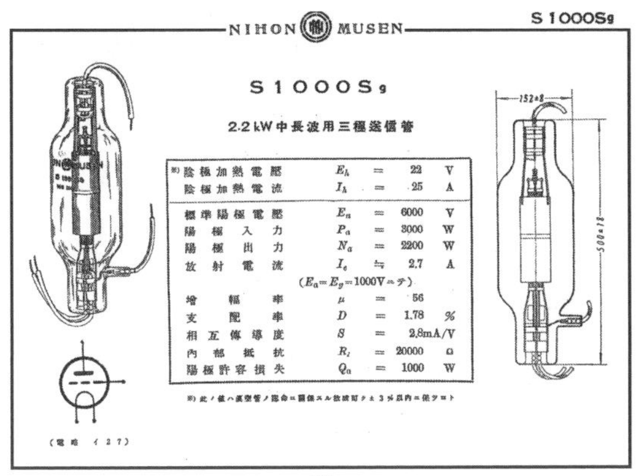

NIHON MUSEN　S 1000Sg

S 1000 Sg

2.2 kW 中長波用三極送信管

※) 陰極加熱電壓	E_h	=	22	V
陰極加熱電流	I_h	=	25	A
標準陽極電壓	E_a	=	6000	V
陽極入力	P_a	=	3000	W
陽極出力	N_a	=	2200	W
放射電流	I_e	≒	2.7	A
	($E_a = E_g$ = 1000V ニテ)			
增幅率	μ	=	56	
支配率	D	=	1.78	%
相互傳導度	S	=	2.8mA/V	
內部抵抗	R_i	=	20000	Ω
陽極許容損失	Q_a	=	1000	W

※) 此ノ値ハ眞空管ノ壽命ニ關係スル故成可ク±3%以內ニ保ツコト

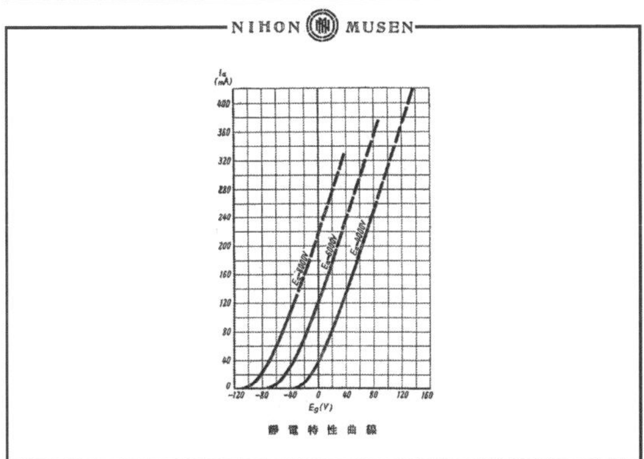

〈図6.6〉送信用3極管S1000Sg規格表［資料提供：日本無線(株)］

定しています(396).

● 電源装置

写真6.6の中央左の筐体は2 kW短波送信機用の電源装置で，網戸越しに大型の整流管が確認できます．**写真6.7(a)**は戸畑無線局への納入前に撮影された電源装置です．下段に並ぶ覗き窓付きの部品は，左端が三相積算電力計，右側の三つが喞子（しょくし）型過電流継電器(plunger type overcurrent relay)(397)と推定されます．当時の戸畑無線局は，電力会社の九州電気軌道から動力用の商用電源(三相220 V 50 Hz)を受電していました(**表5.4**参照)．送信管S1000Sgのプレート用直流高電圧は，三相220 Vを2500 Vに昇圧し，6本の熱陰極水銀蒸気整流管(HX-972A)で三相全波整流しています(396)．送信管以外の真空管にプレート電圧やスクリーン・グリッド電圧を供給する複数の整流平滑回路や，真空管フィラメント用の変圧器も内蔵されています．

● 9球スーパーヘテロダイン式短波受信機

写真6.6の左端に立つ細長い筐体は，日本無線製9球スーパーヘテロダイン式短波受信機です．当初は10球でしたが，戸畑無線局が日水ビルに移転する際に第1検波回路の周波数変換管がUt-6A7(7極管)に変更され，局部発振用の真空管が不要となり9球になりました(393)．電源はすべて蓄電池で，受信管用プレート電圧は96 VのB電池を2個直列で得ています(393)．受信周波数範囲は16.66～30 MHzでした(156)．**写真6.7(b)**は納入前の写真で，内部を撮影した別写真からすべての受信管がST管とわかります．受信機上部に置かれた八角形の装置は，米国製のマグネチック・コーン型スピーカ(RCA103型)(398)で，バッフル板のネットには花模様が織り込まれています．受信機の性能試験の際に使用したと考えられます．

開局当時の送受信機の多くは終戦後まで使用され，昭和25年に福岡県戸畑漁業無線協会に引き継がれました(146)．しかし，引継時の現有設備リストに，9球スーパーヘテロダイン短波受信機は含まれていません．したがって，**写真6.6**は昭和25年以前に撮影されたと考えられます．

● 通信卓の機器とオートダイン受信機

同写真では，2 kW短波送信機の手前に通信卓が置かれ，卓上には複数の受信機とホーン型マグネチックレシーバが並んでいます．右端の受信機は，形状からオートダイン受信機と推定されます．筐体上に露出した3個のハネカム・コイル(L_1～L_3)が特徴で，L_1とL_2は同調コイルの1次巻線と2次巻線，L_3は再生コイルです．L_2は検波用真空管のグリッド，L_3はプレートに接続され，L_2とL_3の結合度を調整してA1A波を再生検波します(49)．受信バンドの切り換えは，コイルの挿し換えで行いました(53)．大正末期に逓信省が設計したオートダイン受信機は，長波帯の15 kHzから中波帯の1500 kHzまでカバーしました(49)．

● 無線電信室内にある貫通端子

写真6.8は，現在のニッスイ戸畑ビルの5階旧無線電信室に残された「無線電信室」の室名札と，天井の貫通碍子（lead-through insulator）です．ビルの完成当時，4組の貫通碍子を通ったアンテナ給電線は，階上の無線塔家(**写真6.4**でアンテナ鉄塔を載せたアーチ状の構造物)から，4基の送信アンテナ(3700，5420 kHz兼用のT型アンテナ，5420 kHz用半波長ダイポール・アンテナ，8530 kHz用1波長ダイポール・アンテナ，12650 kHz用ビーム・アンテナ)へ延びていたと考えられます．**写真6.6**では，右奥の2 kW短波送信機の上部出力端子から天井の貫通碍子に向かって複数の導体が延びています．

無線電信室内を撮影した**写真6.6**には，昭和8年5月の開局時に設置された第1装置(福岡県遠洋水産組合の東洋無線製200 W水晶制御式短波送信機)が写っていません．**写真6.8**に示す貫通碍子の位置から，同送信機は日本無線製2 kW送信機の右手に置かれたと推定されます．200 W送信機は，終段管の励振回路に組み込まれた吸収管（absorber tube）で，キーイングや振幅変調を行う吸収管式低電力変調を採用していました(49)(191)．

● 終戦直後のGHQ/SCAPによる送信波制限

終戦直後，GHQ/SCAP（General Headquarters, the Supreme Commander for the Allied Powers）(連合国軍最高司令官 総司

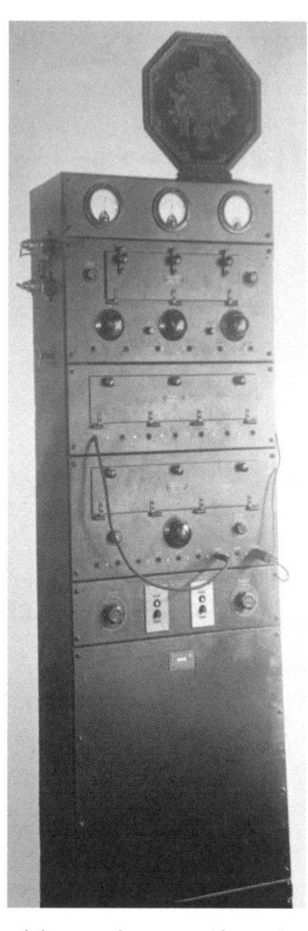

〈写真6.7〉
戸畑漁業無線局に納入された無線装置
(昭和9年)[資料提供：日本無線㈱]

(a) 2kW短波送信機用電源装置

(b) スーパーヘテロダイン式短波受信機

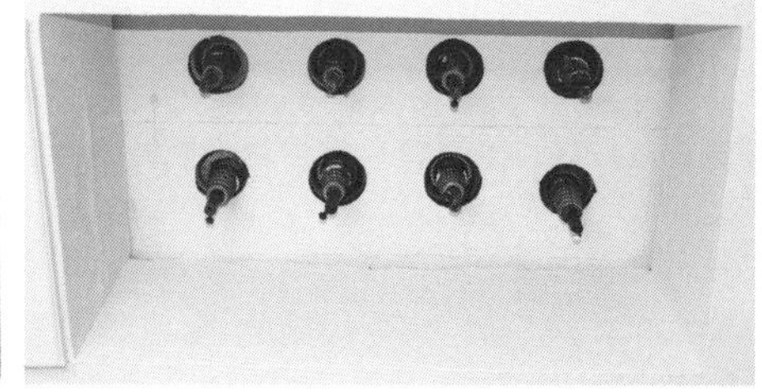

〈写真6.8〉 **無線電信室入口の室名札と天井の貫通碍子**
(撮影：加島 篤)

(a) 室名札

(b) 貫通碍子

令部)は戸畑無線局の送信波を電信用の短波2波に制限しました[145]．その際，中短波無線電話用の200 W送信機は，予備機に回った可能性があります．翌昭和21年9月にGHQ/SCAPは制限を緩和し，電信用の短波3波と電話用の中短波2波の使用を許可しました[192]．このとき，A3E波の送信が可能な200 W送信機が復活したと考えられます．

● **次回へつづく**

第3回は短波私設海岸局の業務内容です．

◆ 参考文献 ◆

(†ニッスイパイオニア館所蔵資料)
(100)「戸畑市史」，第二集，戸畑市役所発行，1961年．
(101) 絵葉書「戸畑漁港全景，戸畑冷藏株式會社漁港部發行(昭和五年十一月二十日下關要塞司令部許可濟)」
(102)「卸賣市場調査記」，株式會社共同魚菜卸賣市場発行，1936年．
(103) 官報 第456號，遞信省告示 第1666號，1928年7月5日．
(104) 官報 第266號，遞信省告示 第2514號，1927年11月16日．
(105) 官報 第716號，遞信省告示 第1548號，1928年5月22日．
(106)「福岡縣公報」，第1號，福岡縣告示 第1號，1932年1月7日．
(107)「福岡県水産試験研究機関 百年史」，福岡県水産海洋技術センター発行，1999年．
(108) 三井田恒博；「近代福岡県漁業史」，海鳥社，2006年．
(109) 社内文書「日本水産50年史 社史編纂用資料」†
(110) 熊木治平；「漁業法早わかり 附錄・漁業法實施問答」，豊國新聞社発行，1902年．
(111) 官報 第5001號，法律第35號，1900年3月7日．
(112)「昭和五年 福岡縣統計書」，第三編 勸業，福岡縣発行，1932年．
(113)「昭和六年 福岡縣統計書」，第三編 勸業，福岡縣発行，1933年．

(114)「昭和七年 福岡縣統計書」, 第三編 勸業, 福岡縣發行, 1934年.
(115) 官報 第7730號, 農商務省令 第3號, 1909年4月6日.
(116) 官報 第2744號, 農商務省令 第31號, 1921年9月22日.
(117)「徳水三十五年の歩み」, 徳水㈱発行, 1985年.
(118) 小松三郎；「漁業無線の創設」, 逓信史話(上), 逓信外史刊行会編, 電気通信協会発行, 1961年.
(119) 官報 第3760號, 遞信省告示 第350號, 1925年3月7日.
(120) 官報 第84號, 遞信省告示 第909號, 1927年4月13日.
(121) 官報 第855號, 遞信省告示 第2930號, 1929年11月4日.
(122) 官報 第220號, 遞信省告示 第2078號, 1927年9月20日.
(123) 官報 第486號, 遞信省告示 第1908號, 1928年8月9日.
(124) 官報 第558號, 遞信省告示 第2519號, 1928年11月2日.
(125) 官報 第588號, 遞信省告示 第2806號, 1928年12月12日.
(126) 官報 第739號, 遞信省告示 第1811號, 1929年6月18日.
(127) 官報 第869號, 遞信省告示 第3034號, 1929年11月20日.
(128) 官報 第892號, 遞信省告示 第3336號, 1929年12月18日.
(129) 官報 第1001號, 遞信省告示 第1234號, 1930年5月5日.
(130)「東洋通信機50年史」, 東洋通信機㈱発行, 1988年.
(131)「遠洋漁業奬勵成績」, 農林省水産局發行, 1926年.
(132) 官報 第3852號, 農林省令 第21號, 1925年6月26日.
(133) 石川準吉, 太田康治；「漁業共同施設奬勵事業の話」, 大日本水産會發行, 1936年.
(134)「漁業共同施設奬勵事業實績」, 農林省水産局發行, 1933年.
(135)「漁業無線局50年のあゆみ」, 神奈川県漁業無線局発行, 1980年.
(136) 官報 第855號, 遞信省告示 第2930號, 1929年11月4日.
(137) 官報 第2354號, 遞信省告示 第2775號, 1934年11月5日.
(138) 官報 第2979號, 遞信省告示 第3252號, 1936年12月5日.
(139) 官報 第3283號, 遞信省告示 第3987號, 1937年12月10日.
(140) 大崎 晃；「生成期の長崎機船底曳網漁業」, 法政大学教養部紀要 社会科学編, 第20号, 1974年.
(141) 吉木武一；「以西底曳漁業経営史論」, 九州大学出版会, 1980年.
(142) 官報 第1783號, 遞信省告示 第2229號, 1932年12月8日.
(143) 川下起業；「洞海港物語」, 私家版, 1968年.
(144)「本邦無線電信電話局所設備一覧表」(昭和10年3月末日現在), 遞信省工務局發行, 1935年.
(145)「戸畑漁業無線局の概要」, 福岡県戸畑漁業無線協会発行, 1985年. †
(146) 協定書, 日本水産・福岡縣戸畑漁業無線協會, 1950年12月20日. †
(147)「第17回熊本遞信局管内電気事業要覧」, 熊本遞信局編, 電気協会九州支部発行, 1934年.
(148) 社内資料「戸畑漁港陸上建物配置圖」, 日本食料工業株式會社漁港部, 1934年9月9日. †
(149) 官報 第1833號, 遞信省告示 第246號, 1933年2月10日.
(150) 官報 第1848號, 遞信省告示 第398號, 1933年3月1日.
(151) 官報 第1862號, 遞信省告示 第552號, 1933年3月17日.
(152) 官報 第1874號, 遞信省告示 第736號, 1933年4月1日.
(153) 官報 第2228號, 遞信省告示 第1354號, 1934年6月7日.
(154) 官報 第2349號, 遞信省告示 第2731號, 1934年10月29日.
(155) 官報 第2361號, 遞信省告示 第2838號, 1934年11月13日.
(156)「共同漁業株式會社概要」, 共同漁業株式會社發行, 1934年. †
(157) 官報 第4834號, 陸軍省告示 第7號, 1899年8月11日.
(158) 長津 定；「漁業無線に短波を導入」, 逓信史話(中), 逓信外史刊行会編, 電気通信協会発行, 1962年.
(159) 下関漁業用海岸局, 下関漁業無線協会発行, 1960年.
(160)「日本無線史」, 第7巻 放送無線電話史(上), 電波管理委員會發行, 1951年.
(161) 官報 第881號, 遞信省令 第55號, 1929年12月5日.
(162) 官報 第1835號, 遞信省告示 第269號, 1933年2月14日.
(163) 官報 第2840號, 遞信省告示 第1453號, 1936年6月22日.
(164)「九州の電信電話百年史」, 日本電信電話公社 九州電気通信局編, 電気通信共済会九州支部発行, 1971年.
(165) 官報 第516號, 遞信省令 第44號, 1928年9月13日.
(166) 官報 第2764號, 遞信省告示 第555號, 1936年3月23日.
(167)「本邦無線電信電話局所設備一覧表」(昭和11年3月末日現在), 遞信省工務局發行, 1936年.
(168)「日本無線史」, 第6巻 無線教育および無線團體史, 電波管理委員會發行, 1951年.
(169) 大内健二；「戦う日本漁船」, NF文庫, 光人社, 2011年.
(170) 社内文書「魚函材料倉庫新築工事・在来建物模様替工事仕様書, 株式會社鴻池組九州支店」(1936/8) †
(171) 社内資料「日水能力開発センタ施設工事設計図」(作成年不明) †
(172) 山岡景範；「据置用蓄電池取扱の実際」, OHM文庫6, オーム社, 1952年.
(173)「ハムのためのアンテナ手帳」, オーム社編, オーム社, 1961年.
(174) 欠番
(175) 官報 第2848號, 遞信省告示 第1564號, 1936年7月1日.
(176) 官報 第2958號, 遞信省告示 第2984號, 1936年11月10日.
(177)「八十年史 若築建設株式会社」, 若築建設㈱発行, 1970年.
(178) 絵葉書「共同漁業株式會社戸畑營業所全景(昭和十一年五月二十六日下關要塞司令部檢閲濟)」
(179) 社内資料「共同ビルディング設計圖正面建圖之ニ」, 1935年7月. †
(180) 社内資料「戸畑漁港陸上建物及附近見取圖」(作成年不明) †
(181) 社内資料「共同ビルディング設計圖衛生工事第五階平面圖」, 1935年7月10日. †
(182) 根本忠次郎；「電池と充電器」, 電波科學叢書2, 日本放送出版協會發行, 1948年.
(183) 小谷銕治；「金属整流器とその応用」, OHM文庫84, オーム社, 1958年.
(184) 社内文書「共同ビルディング新築工事仕様書」(作成年不明) †
(185) 官報 第2947號, 遞信省告示 第2861號, 1936年10月27日.
(186) 官報 第2949號, 遞信省告示 第2890號, 1936年10月29日.
(187)「電子管の歴史 エレクトロニクスの生い立ち」, 日本電子機械工業会 電子管史研究会編, オーム社, 1987年.
(188) 對馬米吉；「船用眞空管式無線電信電話」, 厚生閣, 1939年.
(189)「眞空管一覧並に説明」, 日本無線電信電話(作成年不明)
(190) “TELEFUNKEN TASCHENBUCH Röhren Halbleiter Bauteile”, AEG-TELEFUNKEN, 1974.
(191) 官報 第7374号, 電波監理委員会告示 第1081号, 1951年8月8日.
(192)「漁業無線關係周波數一覧表」, 水産無電, 第40號, 水産無電協會發行, 1946年.
編注：(193)～(392)は第3回以降で掲載予定.
(393) 社内文書「戸畑陸上局移転工事に就て」, 研究録第1636号, 1936年7月29日, 日本無線㈱所蔵.
(394) 中上豊吉, 小野孝；「無線電信電話(三) 電波の輻射」, オーム社, 1938年.
(395) 加藤安太郎；「アンテナ」, 共立社, 1937年.
(396) 社内文書「戸畑電信所工事ニ就テ」, 研究録第1081号, 1934年9月11日, (日本無線㈱所蔵)
(397) 電機學校教科書「送電配電後篇」, 電機學校發行, 1943年.
(398) 七歐ラヂオブレテン 第5年度, 七歐無線電氣商會發行, 1932年.

かじま・あつし 北九州工業高等専門学校 生産デザイン工学科 電気電子コース 教授

Appendix

汽船トロール事業に始まり，養殖事業／食品製造やファイン・ケミカル事業へ

日本水産株式会社の略史

加島 篤
Atsushi Kajima

● 国産初の鋼製トロール汽船 第一丸を建造して汽船トロール事業に進出

山口県出身の資産家で「田村汽船漁業部」（現在の日本水産株式会社）を創業した田村市郎（**写真1**）は，1907（明治40）年から朝鮮や露領の水産事業に投資し，明治41年11月に国産初の鋼製トロール汽船 第一丸を建造して汽船トロール事業に進出します．船体設計と漁法の未熟さを痛感した田村は，トロール漁の先進地である英国に第二船を発注します．その際，水産講習所を卒業し英国への留学経験のある国司浩助（**写真2**）を派遣し，国司は明治44年3月に竣工した新造船 湊丸とともに日本に帰国します．明治44年5月，田村は湊丸の到着に合わせ下関市に「田村汽船漁業部」を設立し，国司をトロール事業の責任者に任命しました．

国司は自らトロール船で漁場に行き，荷揚げや市場での販売にも直接携わるなど，トロール事業の発展に心血を注ぎました．その後，田村汽船漁業部は新造や購入によってトロール船を増強し，大正8年9月に共同漁業株式会社となります．

共同漁業はトロール事業以外にも積極的に投資し，昭和初期までの間，豊洋漁業（以西底曳網漁），蓬莱水産（台湾根拠の底曳網漁），日本チクワ製造所（竹輪や蒲鉾の製造），日本魚糧（フィッシュミール製造）などを傘下としました．

投資家でもあった田村氏はトロール漁業以外にもさまざまな事業に投資し，その一つに北洋漁業がありました．田村氏はこの事業から短期間で撤退しましたが，この事業を行っていた日魯漁業の社名は，1990（平成2）年に株式会社ニチロとなるまで続きました．

1929（昭和4）年，共同漁業はトロール漁業の中心地だった下関から戸畑へ根拠地の移転を開始し，漁業を核とする多様な機能を集積した事業拠点を築き上げました．新設された戸畑漁港の広い岸壁には荷揚場や魚市場，竹輪工場，引込線が整備され，共同漁業傘下の戸畑冷蔵の製氷／冷蔵工場や，戸畑製罐（後の東洋製罐）の缶詰用製缶工場も建設されました．

● 三つの技術開発：漁業無線，航続距離の長いディーゼル・トローラ，船内急速冷凍

共同漁業は三つの技術開発により，トロール漁業に大きな変革を起します．

遠洋トロール漁に従事する自社の通信手段を確保するため，大正10年に民間トロール船では初めて宇品丸と武蔵丸に無線電信装置を搭載しました．また1933（昭和8）年5月に本邦初の短波私設漁業用海岸局を戸畑漁港に設置します．昭和2年に航続距離の長いディーゼル・トローラを日本で初めて建造し，昭和5年には船内急速冷凍装置を装備したトロール船を相次いで投入し，オーストラリア北西岸，メキシコ沖，アルゼンチン沖など海外漁場の開拓に乗り出します．

戸畑漁業無線局の設置に際し，逓信省との折衝を担当したのは逓信官吏練習所無線電信科卒で共同漁業の秘書課長を務めた小川 恭（**写真3**）でした．小川は，トロール船の無線化を推進した国司浩助の強力なブレインだったと考えられます．

● 日産コンツェルンの一翼を担う日本最大の水産会社へ

漁業のほか，製氷／冷蔵／冷凍事業や水産加工事業，水産物販売事業を営む共同漁業は，昭和8年に日本産業の鮎川義介を会長に迎え，翌年国司活助が日本産業の常務となり，新興財閥である日産コンツェルンの一翼を担うこととなりました．昭和12年3月に社名を日本水産に変更し，前後して底曳網漁の豊洋漁業と蓬莱水産，母船式蟹（かに）漁の日本合同工船，南氷洋捕鯨の日本捕鯨，戸畑冷蔵を継承した日本食料工業等の関係会社を吸収合併し，日本最大の水産会社となりました．

● 戦時体制へ

しかし，日中戦争が長期化する中で遠洋への出漁が

〈写真1〉
田村市郎
［写真提供：日本水産(株)］

〈写真2〉
国司浩助
［写真提供：日本水産(株)］

〈写真3〉
小川 恭
［写真提供：日本水産(株)］

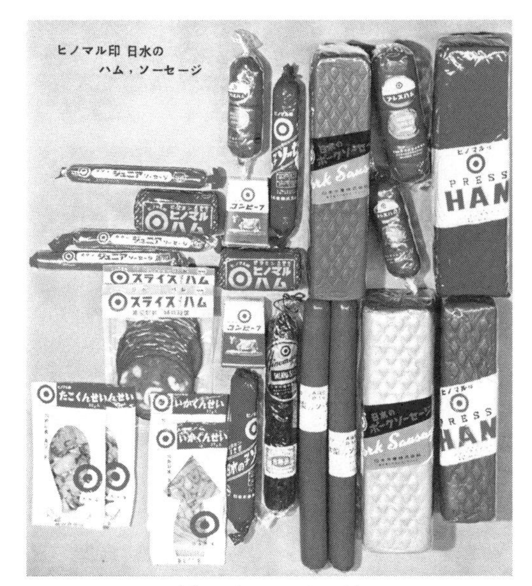

(a) ハム，ソーセージ

(b) 冷凍食品

〈写真4〉1960(昭和35)年頃に製造/販売した製品の例［写真提供：日本水産㈱］

制限されるなど，経営環境が一変します．さらに戦時体制の強化を目的とする水産統制令によって，昭和17年12月に帝国水産統制株式会社が設立され，日本水産は冷蔵運搬船の現物出資や全国に展開する冷凍/冷蔵設備の譲渡に応じました．この冷凍/冷蔵設備のほとんどは，統制令の廃止後に日本冷蔵株式会社(現株式会社ニチレイ)となりました．

昭和19年3月には，日本水産など水産5社が合同し，日本海洋漁業統制株式会社が設立されました．しかし，この戦争により多くの保有船舶と在外資産/海外漁場を喪失し，事業活動は停滞を余儀なくされました．

● 戦後復興と高度経済成長期

終戦後の昭和20年12月，水産統制令廃止により日本海洋漁業統制から日本水産に社名が戻されました．GHQによる厳しい漁場制限(マッカーサー・ライン)の中で，日本水産は残存漁船で以西底曳網漁業を続けました．同ラインの拡大や船舶建造許可を機に，徐々に各種漁撈事業を再開し，さらに海運事業の本格化や，加工事業の缶詰や魚肉ソーセージ/冷凍食品の生産が始まりました．

高度経済成長期に差し掛かると，日本水産は事業規模拡大のため昭和34年から「体質改善5か年計画」に着手します．陸上事業を強化すべく晴海工場と八王子工場を新設，次にトロール事業と海運事業の拡大を図り，大型のトロール船や大型タンカー/鉱石運搬船を建造しました．また，当時は未利用資源だったスケソウダラを活用した洋上冷凍すり身の製造技術を確立し，これを生産する冷凍すり身トロール船を次々に投入しました．また，竹輪，魚肉ソーセージや冷凍食品/缶詰などを製造/販売する食品事業にも注力し，海上事業/陸上事業を両輪が同社の成長を支えました．**写真4**は昭和35年頃の製品例です．

● 200海里時代に入り漁労事業から撤退

世界の沿岸各国は，戦後に次々に領海宣言を表明し，これらによって新たな海洋秩序が確立されていきます．さらに200海里の排他的経済水域(EEZ)(Exclusive Economic Zone)の設定などの動きが加速化し，自由操業の時代は終焉を迎えます．日本水産は，沿岸国の管理下で漁業協定に従った操業を求められ，次第に漁労事業を縮小し，ついには撤退に至ります．

● 海外進出，養殖事業進出，ファイン・ケミカル事業

それを補うべく日本水産は，並行して北米や南米などに事業拠点を設置し，各国の水産物資源へのアクセスを強めていきました．また養殖事業にも進出しており，自社での研究開発に基づいた独自養殖技術を蓄積/活用して，最近では国内でもさまざまな魚種の養殖事業を展開しています．

食品事業では，冷凍食品(家庭用/業務用)，練り製品，魚肉ソーセージ，常温食品のほか，コンビニエンス・ストア向けのベンダ事業も手がけています．また，この30年ほどは青魚の魚油から精製したEPA(エイコサペンタエン酸)の医薬品原料や機能性油脂を主力とするファイン・ケミカル事業にも注力しており，水産/食品と並ぶ重要な事業の柱となっています．

日本水産は，日本を代表する水産/食品会社として，水産物やさまざまな資源から多様な価値を創造して社会への貢献を続けています．

かじま・あつし 北九州工業高等専門学校 生産デザイン工学科 電気電子コース 教授

No.54

通販ガジェッツで広がるRF測定の世界

編　集　トランジスタ技術編集部
発行人　櫻田 洋一
発行所　CQ出版株式会社
〒112-8619　東京都文京区千石4-29-14
電　話　編集 (03)5395-2123
販売 (03)5395-2141
ISBN978-4-7898-4729-2

2021年5月1日　初　版発行
2023年1月1日　第2版発行

定価は裏表紙に表示してあります
乱丁，落丁はお取り替えします
編集担当者　小串 伸一
印刷・製本　三晃印刷株式会社
DTP　有限会社 新生社，美研プリンティング株式会社
Printed in Japan

◆訂正とお詫び◆　本誌の掲載内容に誤りがあった場合は，その訂正を小誌ホーム・ページ(https://www.rf-world.jp/)に記載しております．お手数をおかけしまして恐縮ですが，必要に応じてご参照のほどお願い申し上げます．

RFワールド 世界各国/各地域の携帯電話周波数一覧①

数字：商用サービスの運用周波数帯［MHz］，◎：商用サービスあり，○：商用サービスあり（一部），4G は LTE/WiMAX，HSPA＋を含む．

国名または領土	英名	2G	3G	4G	5G	国名または領土
●アジア						
アフガニスタン	Afghanistan	900/1800	1900/2100	1800	–	アフガニスタン
イラク	Iraq	900	◎	◎	–	イラク
イラン	Iran	900/1800	2100	◎	–	イラン
インド	India	900/1800	900/2100	850/900/1800/2100/2300/2500	○	インド
インドネシア	Indonesia	900/1800	2100	800/850/900/1800/2100/2300	–	インドネシア
ウズベキスタン	Uzbekistan	900/1800	2100	2600	–	ウズベキスタン
韓国	Korea, South	（終了）	2100	850/900/1800/2100/2600	3420～3470	韓国
カンボジア	Cambodia	900/1800	2100	1800	–	カンボジア
北朝鮮	Korea, North	–	2100	–	–	北朝鮮
グアム	Guam	850/1900	850	700/1700	–	グアム
シンガポール	Singapore	–	900/2100	900/1800/2600	○	シンガポール
スリランカ	Sri Lanka	900/1800	2100	[illegible]	[illegible]	
バハマ	Bahamas	1900	850	700	–	バハマ
バミューダ諸島	Bermuda	1900	850/1900	◎	–	バミューダ諸島
パラグアイ	Paraguay	850/1900	850/1900	1700/1900	–	パラグアイ
バルバドス	Barbados	900/1800/1900	2100	◎	–	バルバドス
プエルト・リコ	Puerto Rico	850/1900	850/1700/1900	700/1700/1900	–	プエルト・リコ
仏領ギニア	French Guiana	900/1800	2100	◎	–	仏領ギニア
ブラジル	Brazil	850/900/1800/1900	850/1900/2100	1800/2600	–	ブラジル
ベネズエラ	Venezuela	850/900/1800	900/1900	1700/1800/2100	–	ベネズエラ
ベリーズ	Belize	1900	850	700/1900	–	ベリーズ
ペルー	Peru	850/1900	850/1900	1700/1900	–	ペルー
ボリビア	Bolivia	850/1900	850	700	–	ボリビア
ホンジュラス	Honduras	850/1900	850/1900	◎	–	ホンジュラス
メキシコ	Mexico	850/1900	850/1700/1900/2100	1700	–	メキシコ
●ヨーロッパ						
アイスランド	Iceland	900/1800	2100	1800	–	アイスランド
アイルランド	Ireland	900/1800	2100	800/1800	–	アイルランド
アゼルバイジャン	Azerbaijan	900/1800	2100	1800	–	アゼルバイジャン
アルバニア	Albania	900/1800	2100	◎	–	アルバニア
アルメニア	Armenia	900/1800	900/1900/2100	450/800/1800/2600	–	アルメニア
アンドラ	Andorra	900/1800	2100	◎	–	アンドラ
イギリス	United Kingdom	900/1800	900/2100	800/1800/2600/3500/3600	3400/3600～4000	イギリス
イタリア	Italy	900/1800	900/2100	800/1800/2600	–	イタリア
ウクライナ	Ukraine	900/1800	2100	900/1800/2600	–	ウクライナ
エストニア	Estonia	900/1800	2100	800/1800/2600	○	エストニア
オーストリア	Austria	900/1800	1900/2000/2100	800/2600	–	オーストリア
オランダ	Netherlands	900/1800	900/2100	800/900/1800/2600	○	オランダ
カザフスタン	Kazakhstan	900	850/2100	1800	–	カザフスタン
キプロス	Cyprus	900/1800	2100	◎	–	キプロス

CQ出版社